U0017511

SOUVENIRS ENTOMOLOGIQUES

SOUVENIRS ENTOMOLOGIQUES

法布爾昆蟲記全集 6

昆蟲的著色

法布爾 著

吳模信 等/譯　楊平世/審訂

遠流出版公司

審訂者介紹

楊平世

現任國立台灣大學昆蟲學系教授。主要研究範圍是昆蟲與自然保育、水棲昆蟲生態學、台灣蝶類資源與保育、民族昆蟲等；在各期刊、研討會上發表的相關論文達200多篇，曾獲國科會優等獎及甲等獎十餘次。

除了致力於學術領域的昆蟲研究外，也相當重視科學普及化與自然保育的推廣。著作有《台灣的常見昆蟲》、《常見野生動物的價值和角色》、《野生動物保育》、《自然追蹤》、《台灣昆蟲歲時記》及《我愛大自然信箱》等，曾獲多次金鼎獎。另與他人合著《臺北植物園自然教育解說手冊》、《墾丁國家公園的昆蟲》、《溪頭觀蟲手冊》等書。

1993年擔任東方出版社翻譯日人奧本大三郎改寫版《昆蟲記》的審訂者，與法布爾結下不解之緣；2002年擔任遠流出版公司法文原著全譯版《法布爾昆蟲記全集》十冊審訂者。

主要譯者介紹

吳模信

畢業於北京大學西語系。南京大學教授退休。主要著作及譯作有《黑非洲政治問題》、《傅立葉選集》、《路易十世時代》、《風俗論(中)》、《菲利普二世時代的地中海和地中海世界(第二卷)》、《凱撒》、《猶太教史》、《19世紀法國名家名作選》、《雨果評論匯編》等。

圖例說明：《法布爾昆蟲記全集》十冊，各冊中昆蟲線圖的比例標示法，乃依法文原著的方式，共有以下三種：(1)以圖文說明（例如：放大 11/2 倍）；(2)在圖旁以數字標示（例如：2/3）；(3)在圖旁以黑線標示出原蟲尺寸。

目錄

序

相見恨晚的昆蟲詩人

劉克襄

　　我和法布爾的邂逅，來自於三次茫然而感傷的經驗，但一直到現在，我仍還沒清楚地認識他。

第一次邂逅

　　第一次是離婚的時候。前妻帶走了一堆文學的書，像什麼《深淵》、《鄭愁予詩選集》之類的現代文學，以及《莊子》、《古今文選》等古典書籍。只留下一套她買的，日本昆蟲學者奧本大三郎摘譯編寫的《昆蟲記》(東方出版社出版，1993)。

　　儘管是面對空蕩而淒清的書房，看到一套和自然科學相關的書籍完整倖存，難免還有些慰藉。原本以為，她希望我在昆蟲研究的造詣上更上層樓。殊不知，後來才明白，那是留給孩子閱讀的。只可惜，孩子們成長至今的歲月裡，這套後來擺在《射鵰英雄傳》旁邊的自然經典，從不曾被他們青睞過。他們琅琅上口的，始終是郭靖、黃藥師這些虛擬的人物。

　　偏偏我不愛看金庸。那時，白天都在住家旁邊的小綠山觀察。二十來種鳥看透了，上百種植物的相思林也認完了，林子裡龐雜的昆蟲開始成為不得不面對的事實。這套空擺著的《昆蟲記》遂成為參考的重要書籍，翻閱的次數竟如在英文辭典裡尋找單字般的習以為常，進而產生莫名地熱愛。

　　還記得離婚時，辦手續的律師順便看我的面相，送了一句過來人的忠告，「女人常因離婚而活得更自在；男人卻自此意志消沈，一蹶不振，你可要保重了。」

或許，我本該自此頹廢生活的。所幸，遇到了昆蟲。如果說《昆蟲記》提昇了我的中年生活，應該也不為過罷！

可惜，我的個性見異思遷。翻讀熟了，難免懷疑，日本版摘譯編寫的《昆蟲記》有多少分真實，編寫者又添加了多少分己見？再者，我又無法學到法布爾般，持續著堅定而簡單的觀察。當我疲憊地結束小綠山觀察後，這套編書就束諸高閣，連一些親手製作的昆蟲標本，一起堆置在屋角，淪為個人生活史裡的古蹟了。

第二次邂逅

第二次遭遇，在四、五年前，到建中校園演講時。記得那一次，是建中和北一女保育社合辦的自然研習營。講題為何我忘了，只記得講完後，一個建中高三的學生跑來找我，請教了一個讓我差點從講台跌跤的問題。

他開門見山就問，「我今年可以考上台大動物系，但我想先去考台大外文系，或者歷史系，讀一陣後，再轉到動物系，你覺得如何？」

哇靠，這是什麼樣的學生！我又如何回答呢？原來，他喜愛自然科學。可是，卻不想按部就班，循著過去的學習模式。他覺得，應該先到文學院洗禮，培養自己的人文思考能力。然後，再轉到生物科系就讀，思考科學事物時，比較不會僵硬。

一名高中生竟有如此見地，不禁教人讚嘆。近年來，台灣科普書籍的豐富引進，我始終預期，台灣的自然科學很快就能展現人文的成熟度。不意，在這位十七歲少年的身上，竟先感受到了這個科學藍圖的清晰一角。

但一個高中生如何窺透生態作家強納森·溫納《雀喙之謎》的繁複分析和歸納？又如何領悟威爾森《大自然的獵人》所展現的道德和知識的強度？進而去懷疑，自己即將就讀科系有著體制的侷限，無法如預期的理想。

當我以這些被學界折服的當代經典探詢時，這才恍然知道，少年並未看過。我想也是，那麼深奧而豐厚的書，若理解了，恐怕都可以跳昇去攻讀博士班了。他只給了我「法布爾」的名字。原來，在日本版摘譯

編寫的《昆蟲記》裡，他看到了一種細膩而充滿濃厚文學味的詩意描寫。同樣近似種類的昆蟲觀察，他翻讀台灣本土相關動物生態書籍時，卻不曾經驗相似的敘述。一邊欣賞著法布爾，那獨特而細膩，彷彿享受美食的昆蟲觀察，他也轉而深思，疑惑自己未來求學過程的秩序和節奏。

十七歲的少年很驚異，為什麼台灣的動物行為論述，無法以這種議夾敘述的方式，將科學知識圓熟地以文學手法呈現？再者，能夠蘊釀這種昆蟲美學的人文條件是什麼樣的環境？假如，他直接進入生物科系裡，是否也跟過去的學生一樣，陷入既有的制式教育，無法開啟活潑的思考？幾經思慮，他才決定，必須繞個道，先到人文學院裡吸收文史哲的知識，打開更寬廣的視野。其實，他來找我之前，就已經決定了自己的求學走向。

第三次邂逅

第三次的經驗，來自一個叫「昆蟲王」的九歲小孩。那也是四、五年前的事，我在耕莘文教院，帶領小學生上自然觀察課。有一堂課，孩子們用黏土做自己最喜愛的動物，多數的孩子做的都是捏出狗、貓和大象之類的寵物。只有他做了一隻獨角仙。原來，他早已在飼養獨角仙的幼蟲，但始終孵育失敗。

我印象更深刻的，是隔天的戶外觀察。那天寒流來襲，我出了一道題目，尋找鍬形蟲、有毛的蝸牛以及小一號的熱狗（即馬陸，綽號火車蟲）。抵達現場後，寒風細雨，沒多久，六十多個小朋友全都畏縮在廟前避寒、躲雨。只有他，持著雨傘，一路翻撥。一小時過去，結果，三種動物都被他發現了。

那次以後，我們變成了野外登山和自然觀察的夥伴。初始，為了爭取昆蟲王的尊敬，我的注意力集中在昆蟲的發現和現場討論。這也是我第一次在野外聽到，有一個小朋友唸出「法布爾」的名字。

每次找到昆蟲時，在某些情況的討論時，他常會不自覺地搬出法布爾的經驗和法則。我知道，很多小孩在十歲前就看完金庸的武俠小說。沒想到《昆蟲記》竟有人也能讀得滾瓜爛熟了。這樣在野外旅行，我常

感受到，自己面對的常不只是一位十歲小孩的討教。他的後面彷彿還有位百年前的法國老頭子，無所不在，且斤斤計較地對我質疑，常讓我的教學倍感壓力。

有一陣子，我把這種昆蟲王的自信，稱之為「法布爾併發症」。當我辯不過他時，心裡難免有些犬儒地想，觀察昆蟲需要如此細嚼慢嚥，像吃一盤盤正式的日本料理嗎？透過日本版的二手經驗，也不知真實性有多少？如此追根究底的討論，是否失去了最初的價值意義？但放諸現今的環境，還有其他方式可取代嗎？我充滿無奈，卻不知如何解決。

完整版的《法布爾昆蟲記全集》

那時，我亦深深感嘆，日本版摘譯編寫的《昆蟲記》居然就如此魅力十足，影響了我周遭喜愛自然觀察的大、小朋友。如果有一天，真正的法布爾法文原著全譯本出版了，會不會帶來更為劇烈的轉變呢？沒想到，我這個疑惑才浮昇，譯自法文原著、完整版的《法布爾昆蟲記全集》中文版就要在台灣上市了。

說實在的，過去我們所接觸的其它版本的《昆蟲記》都只是一個片段，不曾完整過。你好像進入一家精品小鋪，驚喜地看到它所擺設的物品，讓你愛不釋手，但是，那時還不知，你只是逗留在一個小小樓層的空間。當你走出店家，仰頭一看，才赫然發現，這是一間大型精緻的百貨店。

當完整版的《法布爾昆蟲記全集》出現時，我相信，像我提到的狂熱的「昆蟲王」，以及早熟的十七歲少年，恐怕會增加更多吧！甚至，也會產生像日本博物學者鹿野忠雄、漫畫家手塚治虫那樣，從十一、二歲就矢志，要奉獻一生，成為昆蟲研究者的人。至於，像我這樣自忖不如，半途而廢的昆蟲中年人，若是稍早時遇到的是完整版的《法布爾昆蟲記全集》，說不定那時就不會急著走出小綠山，成為到處遊蕩台灣的旅者了。

2002.6月於台北

（本文作者為自然觀察家暨自然旅行家）

導讀

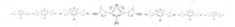

兒時記趣與昆蟲記

楊平世

「余憶童稚時，能張目對日，明察秋毫。見藐小微物必細察其紋理，故時有物外之趣。」

—清　沈復《浮生六記》之「兒時記趣」

「在對某個事物說『是』以前，我要觀察、觸摸，而且不是一次，是兩三次，甚至沒完沒了，直到我的疑心在如山鐵證下歸順聽從為止。」

—法國　法布爾《法布爾昆蟲記全集7》

　　《浮生六記》是清朝的作家沈復在四十六歲時回顧一生所寫的一本簡短回憶錄。其中的「兒時記趣」一文是大家耳熟能詳的小品，文內記載著他童稚的心靈如何運用細心的觀察與想像，為童年製造許多樂趣。在《浮生六記》付梓之後約一百年（1909年），八十五歲的詩人與昆蟲學家法布爾，完成了他的《昆蟲記》最後一冊，並印刷問世。

　　這套耗時卅餘年寫作、多達四百多萬字、以文學手法、日記體裁寫成的鉅作，是法布爾一生觀察昆蟲所寫成的回憶錄，除了記錄他對昆蟲所進行的觀察與實驗結果外，同時也記載了研究過程中的心路歷程，對學問的辨證，和對人類生活與社會的反省。在《昆蟲記》中，無論是六隻腳的昆蟲或是八隻腳的蜘蛛，每個對象都耗費法布爾數年到數十年的時間去觀察並實驗，而從中法布爾也獲得無限的理趣，無悔地沉浸其中。

遠流版《法布爾昆蟲記全集》

　　昆蟲記的原法文書名《SOUVENIRS ENTOMOLOGIQUES》，直譯為「昆蟲學的回憶錄」，在國內大家較熟悉《昆蟲記》這個譯名。早在 1933 年，上海商務出版社便出版了本書的首部中文節譯本，書名當時即譯為《昆蟲記》。之後於 1968 年，台灣商務書店復刻此一版本，在接續的廿多年中，成為在臺灣發行的唯一中文節譯版本，目前已絕版多年。1993 年國內的東方出版社引進由日本集英社出版，奧本大三郎所摘譯改寫的《昆蟲記》一套八冊，首度為國人有系統地介紹法布爾這套鉅著。這套書在奧本大三郎的改寫下，採對小朋友說故事體的敘述方法，輔以插圖、背景知識和照片說明，十分生動活潑。但是，這一套書卻不是法布爾的原著，而僅是摘譯內容中科學的部分改寫而成。最近寂天出版社則出了大陸作家出版社的摘譯版《昆蟲記》，讓讀者多了一種選擇。

　　今天，遠流出版公司的這一套《法布爾昆蟲記全集》十冊，則是引進 2001 年由大陸花城出版社所出版的最新中文全譯本，再加以逐一修潤、校訂、加注、修繪而成的。這一個版本是目前唯一的中文版全譯本，而且直接譯自法文版原著，不是摘譯，也不是轉譯自日文或英文；書中並有三百餘張法文原著的昆蟲線圖，十分難得。《法布爾昆蟲記全集》十冊第一次讓國人有機會「全覽」法布爾這套鉅作的諸多面相，體驗書中實事求是的科學態度，欣賞優美的用詞遣字，省思深刻的人生態度，並從中更加認識法布爾這位科學家與作者。

法布爾小傳

　　法布爾(Jean Henri Fabre, 1823–1915)出生在法國南部，靠近地中海的一個小鎮的貧窮人家。童年時代的法布爾便已經展現出對自然的熱愛與天賦的觀察力，在他的「遺傳論」一文中可一窺梗概。(見《法布爾昆蟲記全集 6》) 靠著自修，法布爾考取亞維農(Avignon)師範學院的公費生；十八歲畢業後擔任小學教師，繼續努力自修，在隨後的幾年內陸續獲得文學、數學、物理學和其他自然科學的學士學位與執照(近似於今日的碩士學位)，並在 1855 年拿到科學博士學位。

　　年輕的法布爾曾經為數學與化學深深著迷，但是後來發現動物世界

更加地吸引他，在取得博士學位後，即決定終生致力於昆蟲學的研究。但是經濟拮据的窘境一直困擾著這位滿懷理想的年輕昆蟲學家，他必須兼任許多家教與大眾教育課程來貼補家用。儘管如此，法布爾還是對研究昆蟲和蜘蛛樂此不疲，利用空暇進行觀察和實驗。

這段期間法布爾也以他豐富的知識和文學造詣，寫作各種科普書籍，介紹科學新知與各類自然科學知識給大眾。他的大眾自然科學教育課程也深獲好評，但是保守派與教會人士卻抨擊他在公開場合向婦女講述花的生殖功能，而中止了他的課程。也由於老師的待遇實在太低，加上受到流言中傷，法布爾在心灰意冷下辭去學校的教職；隔年甚至被虔誠的天主教房東趕出住處，使得他的處境更是雪上加霜，也迫使他不得不放棄到大學任教的願望。法布爾求助於英國的富商朋友，靠著朋友的慷慨借款，在1870年舉家遷到歐宏桔(Orange)由當地仕紳所出借的房子居住。

在歐宏桔定居的九年中，法布爾開始殷勤寫作，完成了六十一本科普書籍，有許多相當暢銷，甚至被指定為教科書或輔助教材。而版稅的收入使得法布爾的經濟狀況逐漸獲得改善，並能逐步償還當初的借款。這些科普書籍的成功使《昆蟲記》一書的寫作構想逐漸在法布爾腦中浮現，他開始整理集結過去卅多年來觀察所累積的資料，並著手撰寫。但是也在這段期間裡，法布爾遭遇喪子之痛，因此在《昆蟲記》第一冊書末留下懷念愛子的文句。

1879年法布爾搬到歐宏桔附近的塞西尼翁，在那裡買下一棟義大利風格的房子和一公頃的荒地定居。雖然這片荒地滿是石礫與野草，但是法布爾的夢想「擁有一片自己的小天地觀察昆蟲」的心願終於達成。他用故鄉的普羅旺斯語將園子命名為荒石園(L'Harmas)。在這裡法布爾可以不受干擾地專心觀察昆蟲，並專心寫作。（見《法布爾昆蟲記全集2》）這一年《昆蟲記》的首冊出版，接著並以約三年一冊的進度，完成全部十冊及第十一冊兩篇的寫作；法布爾也在這裡度過他晚年的卅載歲月。

除了《昆蟲記》外，法布爾在1862-1891這卅年間共出版了九十五本十分暢銷的書，像1865年出版的《LE CIEL》(天空)一書便賣了十一

刷，有些書的銷售量甚至超過《昆蟲記》。除了寫書與觀察昆蟲之外，法布爾也是一位優秀的真菌學家和畫家，曾繪製採集到的七百種蕈菇，張張都是一流之作；他也留下了許多詩作，並為之譜曲。但是後來模仿《昆蟲記》一書體裁的書籍越來越多，且書籍不再被指定為教科書而使版稅減少，法布爾一家的生活再度陷入困境。一直到人生最後十年，法布爾的科學成就才逐漸受到法國與國際的肯定，獲得政府補助和民間的捐款才再脫離清寒的家境。1915年法布爾以九十二歲的高齡於荒石園辭世。

這位多才多藝的文人與科學家，前半生為貧困所苦，但是卻未曾稍減對人生志趣的追求；雖曾經歷許多攀附權貴的機會，依舊未改其志。開始寫作《昆蟲記》時，法布爾已經超過五十歲，到八十五歲完成這部鉅作，這樣的毅力與精神與近代分類學大師麥爾(Ernst Mayr)高齡近百還在寫書同樣讓人敬佩。在《昆蟲記》中，讀者不妨仔細注意法布爾在字裡行間透露出來的人生體驗與感慨。

科學的《昆蟲記》

在法布爾的時代，以分類學為基礎的博物學是主流的生物科學，歐洲的探險家與博物學家在世界各地採集珍禽異獸、奇花異草，將標本帶回博物館進行研究；但是有時這樣的工作會流於相當公式化且表面的研究。新種的描述可能只有兩三行拉丁文的簡單敘述便結束，不會特別在意特殊的構造和其功能。

法布爾對這樣的研究相當不以為然：「你們（博物學家）把昆蟲肢解，而我是研究活生生的昆蟲；你們把昆蟲變成一堆可怕又可憐的東西，而我則使人們喜歡他們……你們研究的是死亡，我研究的是生命。」在今日見分子不見生物的時代，這一段話對於研究生命科學的人來說仍是諍諍建言。法布爾在當時是少數投入冷僻的行為與生態觀察的非主流學者，科學家雖然十分了解觀察的重要性，但是對於「實驗」的概念還未成熟，甚至認為博物學是不必實驗的科學。法布爾稱得上是將實驗導入田野生物學的先驅者，英國的科學家路柏格(John Lubbock)也是這方面的先驅，但是他的主要影響在於實驗室內的實驗設計。法布爾說：

「僅僅靠觀察常常會引人誤入歧途，因為我們遵循自己的思維模式來詮釋觀察所得的數據。為使真相從中現身，就必須進行實驗，只有實驗才能幫助我們探索昆蟲智力這一深奧的問題……通過觀察可以提出問題，通過實驗則可以解決問題，當然問題本身得是可以解決的；即使實驗不能讓我們茅塞頓開，至少可以從一片混沌的雲霧中投射些許光明。」（見《法布爾昆蟲記全集 4》）

　　這樣的正確認知使得《昆蟲記》中的行為描述變得深刻而有趣，法布爾也不厭其煩地在書中交代他的思路和實驗，讓讀者可以融入情景去體驗實驗與觀察結果所呈現的意義。而法布爾也不會輕易下任何結論，除非在三番兩次的實驗或觀察都呈現確切的結果，而且有合理的解釋時他才會說「是」或「不是」。比如他在村裡用大砲發出巨大的爆炸聲響，但是發現樹上的鳴蟬依然故我鳴個不停，他沒有據此做出蟬是聾子的結論，只保留地說他們的聽覺很鈍（見《法布爾昆蟲記全集 5》）。類似的例子在整套《昆蟲記》中比比皆是，可以看到法布爾對科學所抱持的嚴謹態度。

　　在整套《昆蟲記》中，法布爾著力最深的是有關昆蟲的本能部分，這一部份的觀察包含了許多寄生蜂類、蠅類和甲蟲的觀察與實驗。這些深入的研究推翻了過去權威所言「這是既得習慣」的錯誤觀念，了解昆蟲的本能是無意識地為了某個目的和意圖而行動，並開創「結構先於功能」這樣一個新的觀念（見《法布爾昆蟲記全集 4》）。法布爾也首度發現了昆蟲對於某些的環境次機會有特別的反應，稱為趨性（taxis），比如某些昆蟲夜裡飛向光源的趨光性、喜歡沿著角落行走活動的趨觸性等等。而在研究芫菁的過程中，他也發現了有別於過去知道的各種變態型式，在幼蟲期間多了一個特殊的擬蛹階段，法布爾將這樣的變態型式稱為「過變態」（hypermetamorphosis），這是不喜歡使用學術象牙塔裡那種艱深用語的法布爾，唯一發明的一個昆蟲學專有名詞。（見《法布爾昆蟲記全集 2》）

　　雖然法布爾的觀察與實驗相當仔細而有趣，但是《昆蟲記》的文學寫作手法有時的確帶來一些問題，尤其是一些擬人化的想法與寫法，可能會造成一些誤導。還有許多部分已經在後人的研究下呈現出較清楚的

面貌，甚至與法布爾的觀點不相符合。比如法布爾認為蟬的聽覺很鈍，甚至可能沒有聽覺，因此蟬鳴或其他動物鳴叫只是表現享受生活樂趣的手段罷了。這樣的陳述以科學角度來說是完全不恰當的。因此希望讀者沉浸在本書之餘，也記得「盡信書不如無書」的名言，時時抱持懷疑的態度，旁徵博引其他書籍或科學報告的內容相互佐證比較，甚至以本地的昆蟲來重複進行法布爾的實驗，看看是否同樣適用或發現新的「事實」，這樣法布爾的《昆蟲記》才真正達到了啓發與教育的目的，而不只是一堆現成的知識而已。

人文與文學的《昆蟲記》

《昆蟲記》並不是單純的科學紀錄，它在文學與科普同樣佔有重要的一席之地。在整套書中，法布爾不時引用希臘神話、寓言故事，或是家鄉普羅旺斯地區的鄉間故事與民俗，不使內容成為曲高和寡的科學紀錄，而是和「人」密切相關的整體。這樣的特質在這些年來越來越希罕，學習人文或是科學的學子往往只沉浸在自己的領域，未能跨出學門去豐富自己的知識，或是實地去了解這塊孕育我們的土地的點滴。這是很可惜的一件事。如果《昆蟲記》能獲得您的共鳴，或許能激發您想去了解這片土地自然與人文風采的慾望。

法國著名的劇作家羅斯丹說法布爾「像哲學家一般地思，像美術家一般地看，像文學家一般地寫」；大文學家雨果則稱他是「昆蟲學的荷馬」；演化論之父達爾文讚美他是「無與倫比的觀察家」。但是在十八世紀末的當時，法布爾這樣的寫作手法並不受到一般法國科學家們的認同，認為太過通俗輕鬆，不像當時科學文章艱深精確的寫作結構。然而法布爾堅持自己的理念，並在書中寫道：「高牆不能使人熱愛科學。將來會有越來越多人致力打破這堵高牆，而他們所用的工具，就是我今天用的、而為你們（科學家）所鄙夷不屑的文學。」

以今日科學的角度來看，這樣的陳述或許有些情緒化的因素摻雜其中，但是他的理念已成為科普的典範，而《昆蟲記》的文學地位也已為普世所公認，甚至進入諾貝爾文學獎入圍的候補名單。《昆蟲記》裡面的用字遣詞是值得細細欣賞品味的，雖然中譯本或許沒能那樣真實反應

出法文原版的文學性，但是讀者必定能發現他絕非鋪陳直敘的新聞式文章。尤其在文章中對人生的體悟、對科學的感想、對委屈的抒懷，常常流露出法布爾作為一位詩人的本性。

《昆蟲記》與演化論

雖然昆蟲記在科學、科普與文學上都佔有重要的一席之地，但是有關《昆蟲記》中對演化論的質疑是必須提出來說的，這也是目前的科學家們對法布爾的主要批評。達爾文在1859年出版了《物種原始》一書，演化的概念逐漸在歐洲傳佈開來。廿年後，《昆蟲記》第一冊有關寄生蜂的部分出版，不久便被翻譯為英文版，達爾文在閱讀了《昆蟲記》之後，深深佩服法布爾那樣鉅細靡遺且求證再三的記錄，並援以支持演化論。相反地，雖然法布爾非常敬重達爾文，兩人並相互通信分享研究成果，但是在《昆蟲記》中，法布爾不只一次地公開質疑演化論，如果細讀《昆蟲記》，可以看出來法布爾對於天擇的觀念相當懷疑，但是卻沒有一口否決過，如同他對昆蟲行為觀察的一貫態度。我們無從得知法布爾是否真正仔細完整讀過達爾文的《物種原始》一書，但是《昆蟲記》裡面展現的質疑，絕非無的放矢。

十九世紀末甚至二十世紀初的演化論知識只能說有了個原則，連基礎的孟德爾遺傳說都還是未能與演化論相結合，遑論其他許多的演化概念和機制，都只是從物競天擇去延伸解釋，甚至淪為說故事，這種信心高於事實的說法，對法布爾來說當然算不上是嚴謹的科學理論。同一時代的科學家有許多接受了演化論，但是無法認同天擇是演化機制的說法，而法布爾在這點上並未區分二者。但是嚴格說來，法布爾並未質疑物種分化或是地球有長遠歷史這些概念，而是認為選汰無法造就他所見到的昆蟲本能，並且以明確的標題「給演化論戳一針」表示自己的懷疑。（見《法布爾昆蟲記全集 3》）

而法布爾從自己研究得到的信念，有時也成為一種偏見，妨礙了實際的觀察與實驗的想法。昆蟲學家巴斯德（George Pasteur）便曾在《SCIENTIFIC AMERICAN》（台灣譯為《科學人》雜誌，遠流發行）上為文，指出法布爾在觀察某種蟹蛛（Thomisus onustus）在花上的捕食行為，以

及昆蟲假死行為的實驗的錯誤。法布爾認為很多發生在昆蟲的典型行為就如同一個原型，但是他也觀察到這些行為在族群中是或多或少有所差異的，只是他把這些差異歸為「出差錯」，而未從演化的角度思考。

法布爾同時也受限於一個迷思，這樣的迷思即使到今天也還普遍存在於大眾，就是既然物競天擇，那為何還有這些變異？為什麼糞金龜中沒有通通變成身強體壯的個體，甚至反而大個兒是少數？現代演化生態學家主要是由「策略」的觀點去看這樣的問題，比較不同策略間的損益比，進一步去計算或模擬發生的可能性，看結果與預期是否相符。有興趣想多深入了解的讀者可以閱讀更多的相關資料書籍再自己做評價。

今日《昆蟲記》

《昆蟲記》迄今已被翻譯成五十多種文字與數十種版本，並橫跨兩個世紀，繼續在世界各地擔負起對昆蟲行為學的啟蒙角色。希望能藉由遠流這套完整的《法布爾昆蟲記全集》的出版，引發大家更多的想法，不管是對昆蟲、對人生、對社會、對科普、對文學，或是對鄉土的。曾經聽到過有小讀者對《昆蟲記》一書抱著高度的興趣，連下課十分鐘都把握閱讀，也聽過一些小讀者看了十分鐘就不想再讀了，想去打球。我想，都好，我們不期望每位讀者都成為法布爾，法布爾自己也承認這些需要天份。社會需要多元的價值與各式技藝的人。同樣是觀察入裡，如果有人能因此走上沈復的路，發揮想像沉醉於情趣，成為文字工作者；那和學習實事求是態度，浸淫理趣，立志成為科學家或科普作者的人，這個社會都應該給予相同的掌聲與鼓勵。

楊平世　　2002.6.18 於台灣大學農學院

（本文作者現任台灣大學昆蟲學系教授）

第一章

薛西弗斯蟲的
父性本能

在高等動物中，父親的義務並不強制履行。鳥類在這方面表現傑出，身上覆蓋毛皮的動物表現亦然，令人滿意。然而，在位居更下層的動物中，父親對家庭則普遍漠不關心；例外的昆蟲真是鳳毛麟角。雖然所有的昆蟲對生育繁殖都有一種狂熱；但是，也幾乎所有的昆蟲在片刻的情慾得到滿足後，都立刻斷絕與家庭的關係，遠離家小，毫不關心牠那群將竭盡所能擺脫困境的孩子。

在弱小幼蟲需要長期撫育的高等動物中，父親的冷漠令人憎惡；但牠們卻以新生幼蟲仍然強壯結實做為辯解的理由。新生幼蟲只要生在條件有利的地方，就能夠在孤立無援的情況下，獲得牠要吃的那幾口食物。對紋白蝶來說，只消把卵產在甘藍菜的葉子上，就足以使其種族繁衍興旺。在這種情況下，

父親的關懷又有何用？母親在植物學方面的本能，使牠不需要什麼幫助。在產卵期間，對母親來說，那個做父親的反而會是個討厭鬼呢。讓這個討厭的傢伙去別處拈花惹草吧，牠在這裡反而會把正事搞得亂七八糟。

大部分昆蟲都實行這樣的放任式養育。牠們只需選擇幼蟲孵出後，能提供安居及膳食的場所，或者選擇幼蟲能自行找到中意食物的合適場地。這種種情況都不需要父親插手。舉行了婚禮後，父親這個遊手好閒的傢伙便成了廢物，萎靡不振地熬著再活幾天。最後，便在安置子女方面毫無貢獻地死去了。

但是，事情也並不盡然都是這樣無情無義。有些昆蟲族類會給子女嫁妝做為保障，替牠們預先備妥吃住。在製作儲糧室、罈、甕，以及儲存幼蟲飼料的羊皮袋等技藝方面，膜翅目昆蟲是個中高手。牠在修築洞穴以堆放野味和幼蟲食物方面，堪稱技藝精湛，無懈可擊。

然而，這項兼具建築及供糧性質的艱鉅任務，這項耗盡畢生精力的艱苦工作，都由母親單獨承擔。牠工作得精疲力竭，心力交瘁。而當父親的，這時卻在工地四周閒晃，陶醉在陽光下，旁觀這個堅毅勇敢的女人工作。牠和鄰里的異性調情，自以為什麼勞役都可免除。

牠為什麼不來幫幫忙呢？這可是個最好的機會呀。牠為什麼不學習燕子那一家的榜樣呢？燕子一家人——丈夫和妻子，把麥稈和漿狀的泥塊帶回窩巢，把蟲子帶給牠們的雛燕。而上面的那個丈夫卻什麼也不幹，無所事事。說不定牠會託辭身體衰弱，但這真是個最蹩腳不過的理由。切割一小圓片樹葉，把一株絨毛植物的絨毛耙乾淨，在到處都是污泥的地方收集一小塊膠結物，這並不是什麼牠做不來的事呀。牠至少可以做一般的非技術工人，好好地和別人合作嘛，牠可以把內行能幹的母親所要放置的器物收集起來嘛。牠四體不勤、遊手好閒的真正原因，其實是愚蠢。

奇怪的是，膜翅目昆蟲——靈巧昆蟲中最具天賦和才能的昆蟲，卻不了解父親的工作。幼蟲的需求似乎應該能促使父親發展出卓越的才能，然而牠卻像蝶蛾那樣遲鈍狹隘。但蝶蛾安置家庭並不需要花多大的力氣。那是因為我們沒有注意到牠本能的天賦。

也因為如此，我們才會極其驚訝地發現，在處理糞便的昆蟲身上，竟然存在著產蜜的昆蟲所未具備的可貴特性。各種食糞性甲蟲知道怎樣減輕家務，牠們了解兩兩互助地工作產生的力量。讓我們回想一下，齊心協力為幼蟲準備家業的一對雌雄糞金龜吧；回想一下在製造壓縮豬血香腸時，用強壯有力的擠

壓器幫助雌性伴侶的父親吧。這些是上等家庭的習俗風尚。在普遍離群索居的環境中，這個現象十分令人吃驚。

　　循這個方向進行持續不斷的研究，使得我們今天能夠在這個迄今為止，獨一無二的例子之外，再添加另外三個。它們同樣饒富趣味。這三個例子全都即將由食糞性甲蟲公會提供。我將闡述這些例子，但會加以節略簡化，否則就會重複聖甲蟲、西班牙蜣螂和其他一些昆蟲的故事了。①

　　第一個例子是薛西弗斯蟲②。牠是體形最小、最勤奮熱心的糞球推運工。動作迅速敏捷，跌跤時的形態笨拙，會忽然從崎嶇難行的路上滾下，但憑著一股頑強固執的耐力，牠又會回到這條路上。凡此種種都無與倫比。拉特雷依為了紀念這種過分耗費體力的體操動作，給這種昆蟲取名為「薛西弗斯」。薛西弗斯是希臘神話中的著名人物。這個不幸的人為了把一塊巨石搬上山頂，拚死拚活，艱苦工作。每當到達山頂，這塊石頭就又立刻滾回山坡下面。可憐的薛西弗斯，你再開始搬吧，搬呀搬的，不斷地重新開始。除非這塊石頭搬到山頂，穩固地立在那裡，你遭受的折磨才能告終。

---

① 見《法布爾昆蟲記全集5——螳螂的愛情》。——編注
② 薛西弗斯蟲：又名長足糞金龜。——編注

我喜歡這個神話。就某種程度來說，這也是我們當中很多人的故事。這些人不是令人憎惡的壞蛋，不應遭受沒完沒了的折磨。他們心地善良、辛勤工作，對鄰居和睦有禮。他們唯一需要償贖的罪惡，是貧窮。在半個多世紀中，為了把我過於沈重的負擔——每天的麵包，運到那上面，運到安全可靠的地方，我在險峻的斜坡上

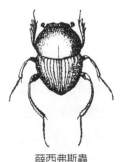

薛西弗斯蟲
（放大2倍）

留下了自己血淋淋的碎肉。我滲出全部的骨髓，擠乾我的血管，不計後果地耗用我儲備的精力。圓形大麵包才剛穩定，又滑下、滾落。可憐的薛西弗斯，你再搬吧，直到那塊巨石最後一次再滾落下來，砸爛你的頭，讓你得到解脫為止。

博物學家所描述的薛西弗斯蟲，並不了解這些辛酸痛苦。牠活潑愉快，對陡峭險峻的斜坡無憂無慮。走到哪裡都拖帶著牠那塊東西，這東西有時是牠自己吃的麵包，有時是牠子女的麵包。牠在我們這個地區十分罕見，要不是因為我的助手，恐怕我永遠也得不到這麼多合我所需的實驗對象。由於我這個助手將不止一次地出現在我的敘述中，所以最好先把他介紹給讀者認識。

他就是我的兒子小保爾，一個七歲的男孩。身為我捕捉昆

蟲時的勤勞同伴，他比同齡的任何孩子都更加了解蟬、蝗蟲、
蟋蟀，特別是食糞性甲蟲的秘密。後者尤其讓他高興。他和我
的年齡相差二十歲。他那明亮清澈的目光，能夠從偶然成堆的
東西中，辨識出大批真正的洞穴；他那靈敏精細的耳朵，能夠
聽見對我來說寂靜無聲的蟈蟈兒的細微尖鳴。他幫助我看，幫
助我聽。做為交換，我則給予他思想見解。他抬起詢問的藍色
大眼睛望著我，聚精會神地接受我給他的思想見解。

　　啊，智慧花朵的初放是多麼令人羨慕、逗人喜愛啊！無邪
好奇心甦醒的年代，凡事追根究底的年代，是多麼美好啊！小
保爾有他自己的籠子。在這個籠子裡，金龜子為他製作梨狀
物。他有自己的小園子。這個小園子大小像一張手絹，豆子正
在裡面發芽。他常常掘出這些豆子，看看胚根是否延伸。他有
自己的森林種植場，那裡巍然矗立著四棵像衣服下襬那樣高的
橡樹，橡樹上長著乳房似的營養橡栗。這些都使枯燥無味的文
法變得不再愁悶，學習過程再也不糟糕了。

　　如果科學願意親切對待孩子們，孩童的腦子能吸收多少博
物學的美好事物啊。要是教育界能把活潑生動的田野學習，融
入死板的書本學習中；如果官僚所重視的既定教學課程，能夠
不扼殺良好的積極精神，那該有多好啊！小保爾，我的朋友，
讓我們盡可能在鄉野裡，在迷迭香叢、野草莓叢中學習吧！身

心將在這些地方朝氣蓬勃地茁壯成長，而且比書本更能讓我們獲得美和真的事物。

　　孩子，今天是個假日，學校的黑板派不上用場了。我們早早起床，好進行計畫中的探險。因為早起，所以你得空腹出發。放心吧，等胃口來了，我們就在陰涼處停下，你會在我的袋子裡找到旅行乾糧、蘋果和麵包。臨近五月，薛西弗斯蟲想必已經出現。現在要做的是，在山腳下勘察羊群走過的瘦薄草坪。我們必須用手指，一片片弄碎綿羊那圓麵包似的糞便。這些東西已經被太陽烤乾，但硬殼下的麵包心還保存完好。我們將在那裡找到薛西弗斯蟲。牠縮成一團，等待晚間的放牧為牠提供更加新鮮的意外收穫。

　　過去偶然的新發現，揭開了一些秘密。小保爾受過這方面的教育和灌輸，很快就掌握了摘除獸糞糞核的技術，他成了這方面的行家。他積極實踐，努力嗅聞氣味濃烈的糞塊。他供給我這種蟲子的次數雖然鮮少，卻已出乎我原來的期望。我現在有六對薛西弗斯蟲。這可是一筆我過去遠遠沒有指望過、聞所未聞的財富呀。飼養這些蟲子不需要鳥籠。金屬鐘形網罩加上沙土層和適合牠們口味的食物，就已足夠。牠們的身體很小，勉勉強強像櫻桃核那麼大，模樣十分奇怪。身子粗短，後面縮減成子彈頭。腳很長，像蜘蛛腳那樣展開。後面的腳彎曲且大

得出奇，很適合摟抱和緊勒丸狀物體。

約莫五月初，牠們在宴樂後滿是糕餅殘渣的地面上交尾。安置家庭的時刻很快來臨。兩夫妻同等勤勞地揉麵做餅，搬運和烘烤孩子吃的麵包。牠們用前腳的大切面刀，從大塊糞球上切下厚度適中的一小塊。父親和母親同心協力，一齊操作處理這塊麵包，一下一下地輕輕拍打、壓緊，把它弄成一個豌豆大的丸狀小球。

正如金龜子工坊裡的情形，在沒有使用滾壓機的情況下，製作出來的東西是渾圓的。在變換地方、甚至在它的支撐點受到動搖以前，這塊切下的東西，就被塑造成球體了。這裡又有了一個精通食品長期保存最佳形狀的幾何學家。

球體很快準備妥當。現在，必須讓它藉由劇烈的滾動，以獲得保護球體的球心，並使其皮層不因過快蒸發而有所損害。至於母親，可從稍微粗壯的身材辨識出來。牠套在上座前面，長長的後腳放在地面，前腳擱在小球上。牠一邊後退，一邊把小球拉向自己。父親處在相反的位置，在後面推，頭在下面。這完全是金龜子的辦法。為了別的目的，金龜子兩隻一齊協力。薛西弗斯蟲的拉車運送幼蟲的嫁妝；而大球狀昆蟲——金龜子的拉車，則是運輸兩個偶遇的合作者在地下所吃的宴席。

現在，這對薛西弗斯蟲配偶漫無目的地離開了，穿過在倒退中無法避開的高低不平地面。再說，牠們並不刻意繞過這些障礙，牠們企圖攀爬鐘形罩網紗的那股頑強耐力，便是證明。這些障礙會被察覺嗎？

這是一件行不通的艱苦差事。母親用後腳緊緊抓住金屬網的網眼，把沈重的載運物拉向自己，拖著它。然後牠抱住小圓球，讓它懸空。沒有支撐物的父親緊緊抱住這個糞球，簡直可說是把身子嵌了進去，牠把自身重量加在這個糞球上，接著聽憑擺布。但牠用力太過，沒能持久，便和小圓球一起落下。母親從上面觀察了一會兒，十分驚奇，於是立刻掉下來，再度抓住這個圓球，重新開始不可能成功的攀登。一再跌落之後，才宣告放棄。

平原運輸也非駕輕就熟，毫無阻礙。在沙礫的小丘上，載運物翻倒在地，駕車的栽了筋斗，兩腳抖動，肚子懸空。但這不打緊，根本沒什麼。牠們重新站起身來，恢復原來的姿勢，始終活潑愉快。薛西弗斯蟲滾下後常常仰天跌倒，但這並未使牠感到憂慮。牠甚至好像在尋求滾下來呢。難道不應該讓這個小圓球成熟起來、堅硬起來嗎？在這種環境中，碰撞衝擊、跌跤、顛簸連續發生。這種狂熱的拖帶運輸法，持續了一個小時又一個小時。

最後，母親認為糞球已經改進得恰到好處，於是稍稍離開一下子，去尋找一個合適的場地。父親蹲在牠們這個財寶上守衛。如果伴侶的缺席時間延長，牠就讓這個圓球在牠豎立於空中的後腳之間迅速轉動，藉此來散心解悶。或者可以這麼說，牠在用那個珍貴的小球玩拋物雜耍，牠那如樹枝彎曲的雙腳下，感到這個小球的完美。看見牠用這種快樂的姿態動個不停，誰還會懷疑這個對家人前途已十分放心的父親，有什麼好不滿足的呢？牠似乎在說：「這塊渾圓的軟麵包是出自我的捏揉，是我為孩子們所做的。」正是為了大家，勤勞者的出色苦勞變得崇高了起來。

這時，母親已經選好適合的場所，挖掘好一個坑。這僅僅是計畫中巢穴的奠基工程。小圓球被帶到了附近。父親提高警覺，專心護衛，寸步不離。這時母親用腳和頭罩挖掘。小洞窩的尺寸，很快就被挖到足以收藏這個小球了。它可是個神聖的物體呀。直接接觸它勢在必行。這隻昆蟲大概感覺到小球在背上向後擺動，沒有受到什麼損害，便下定決心更加向前挖掘。牠擔心直到住所修建完畢為止，棄置在洞穴入口的這個小麵包會遇到什麼事。因為在這期間，不乏搶奪這塊東西的蜉金龜和小飛蟲，監視和提防是謹慎小心之舉。

小球放進了小洞窩，一半插入這個盆子似的粗坏裡。母親

在下面抱著、拉著。父親在上面減緩震動，防止泥土崩塌。一切進行得十分順利。挖掘恢復了，繼續下降，而且下降時始終小心翼翼。這兩隻薛西弗斯蟲，一個拖拉小球，另一個調節降落動作，清除可能阻礙行動的物體。又費了一些工夫，小球隨同這兩個礦工消失在地下了。隨後一段時間內所發生的事，大概只是重複方才所見罷了。我們不妨再等個半天左右吧！

如果我們密切監視，毫不鬆懈，就會看到父親又單獨在地面出現，蜷縮在離洞穴不遠的沙土裡。母親在地下有牠需要關切照顧的事。在這方面，父親一點也幫不上牠的忙。母親被這些事纏身，無法離開。通常要遲到第二天，牠才會走上地面。最後，牠出現了。父親從牠小睡的躲藏處出來，和母親會合。於是這對夫妻重新團聚，來到糧堆，先吃東西，恢復元氣，然後從糧堆上切割下第二塊。夫妻再度合作，既是為了塑製模型，也為了運輸入倉。

我非常欣賞這種配偶之間的忠貞不二。這種忠貞是行為準則嗎？我不敢肯定。一些朝三暮四、不專情的傢伙，想必也是有的。牠們在一塊大糞餅下面的混雜群體中，把曾經為牠充當小伙計的頭一個麵包坊女老闆忘得乾乾淨淨，專心為另一個偶然遇到的女老闆效勞。想必會有一些臨時家庭，這些家庭製作完一個糞球後就夫妻離異。這倒也無關緊要。就我目睹到的那

些個情況，就已經足夠讓我對薛西弗斯蟲家庭的習性，萌生高度敬意了。

在觀察洞穴的容納物之前，我們先來總結一下這些習性。父親和母親同樣盡心盡力地從事挖掘洞穴及塑製小球。這個小球將是幼蟲的嫁妝。父親參與搬運。沒錯，牠是以次要角色的身份來參與這項工作。當母親外出尋找挖掘小地窖的地點時，父親便負責照看這塊球狀麵包。父親協助母親進行挖掘，把地下室的土方運到外面。最後，除了這些特質外，牠還有另一項特質：那就是對配偶非常忠實。

這些特徵中有些也曾展現於金龜子身上。比如，牠心甘情願由兩隻蟲共同製作糞球，牠懂得用反方向雙重套駕的方式運輸。但是，讓我們再重複一遍：這種互助工作的動機，只是出於利己主義。兩個合作者加工、搬運麵包，只不過是為了牠們自身而已。製作宴會圓麵包，純粹只是為了牠們自身著想。在家庭勞作方面，金龜子母親沒有助手。牠獨自製作糞球，把它從糞堆裡拔出，讓它向後滾動，自己採取薛西弗斯配偶中，雄性的那種翻轉姿勢。牠獨自挖掘洞穴，獨自存糧。配偶中的另一方，把產卵多的雌蟲和家裡的孩子忘得一乾二淨，根本不去協助令人精疲力盡的工作。這

薛西弗斯的糞球

和矮子食糞性甲蟲的薛西弗斯蟲多麼截然不同啊！

　　觀察洞穴的時刻來到了。這小窩不太深，比較狹窄，剛好夠薛西弗斯蟲母親圍繞著牠的產品轉動。這個狹窄的住所告訴我們，父親不能在這裡長久逗留。作坊準備妥當後，牠就必須退離，好讓女模型工的身體能夠自由活動。我們的確看見牠早早先於母親回到地面。

　　地下室只由一個物體組成。這是造型藝術的傑作。它是金龜子的縮小體──小巧玲瓏的小梨，由於這個梨狀物的小巧所致，其表面光澤和彎曲部分的優雅顯得格外突出。它的最大直徑為十二至十八公釐。技藝精湛的各種食糞性甲蟲，在這方面都有最漂亮的產品。

　　但是，這種完美的狀態歷時十分短暫。優雅的小梨很快就覆蓋上多結扭彎的黑色瘤。這些瘤把小梨的外表弄得醜陋不堪。此外，表面的一部分儘管沒有受到損傷，卻消失了，被一個醜陋的外殼遮住。這些粗俗不雅的結節從何而來，把我難住了。我懷疑這結節是某種隱花植物，例如球草的生長發育。這種植物可以憑藉其乳頭狀突起物的黑色硬皮，加以辨認出來。然而，幼蟲使我擺脫了謬誤。

正如一般情況所見，這是一隻彎曲成鉤狀的蠕蟲形幼蟲。牠背上載負著一個巨大的卵囊或是隆突物。這是迅速拉屎排糞類昆蟲的特徵。如同金龜子的幼蟲一樣，這種幼蟲的確擅長以立即噴射含糞的膠結物，來堵塞偶然出現的天窗。這種含糞的膠結物，始終儲備在背部的布袋裡。此外，幼蟲還會實施許多食糞性甲蟲幼蟲所不知曉的粉絲加工技藝。不過食糞性甲蟲中的寬頸金龜則不在此列，牠很少實踐這種技藝。

各種食糞性甲蟲的幼蟲利用消化的殘渣，來塗抹牠們的隔室。隔室因為寬敞，容許這種清除殘渣的方式，而不必打開排出污物的臨時窗戶。或許由於空間不夠寬敞，或許出於我不知道的其他原因，薛西弗斯蟲的幼蟲，在提供了內部塗層中的那一份東西後，把產品的過剩部分排出到了體外。

薛西弗斯蟲糞球上的瘤

當隱居的幼蟲開始長大時，我們來密切注視一個小梨吧。有時會看見它表面的某個部位濕潤起來，變軟、變薄。然後，一個暗綠色的新芽通過一塊不堅固的屏板而升起。接著，這個新芽倒下、扭曲。於是一個瘤形成了，隨後因乾燥而變黑。

發生了什麼事呢？幼蟲在小梨內壁上打開一個臨時缺口。

牠透過還剩一張薄紗的通氣窗，把無法在家裡使用的過剩膠結物排出體外。牠越過圍牆拉屎。故意開鑿的天窗，絲毫不妨礙這隻幼蟲的安全，因為它很快就會被新芽的底部堵塞起來。這個底部被抹刀一下子壓緊。有一個這樣靈巧敏捷可安放的塞子，儘管小梨的鼓突部分有洞孔，糧食仍然能夠充分保鮮，不會有積聚大量乾燥空氣的危險。

薛西弗斯蟲似乎也了解，牠那個淺埋在土裡的小小梨，日後在炎夏酷暑時會遇到的危險。牠非常早熟，在四月和五月時工作，這時節的氣候溫和。從七月上旬起，在可怕的酷暑開始前，牠們就把殼打碎，著手尋找可以在烈日如焚的季節裡，提供牠們吃住的住宅。繼秋天短暫的喜悅歡騰之後，隨之而來的，是因冬天的昏沈麻木而退隱地下，再來是春天的復甦覺醒，最後則以食糞性甲蟲的歡慶結束這個周期。

另外還有一項關於薛西弗斯蟲的觀察報告。我在金屬鐘形網罩下的六對薛西弗斯蟲，向我提供了五十七個住著幼蟲的小梨。這項人口普查證明，平均每個家庭有六次生育分娩。這個數目是聖甲蟲遠遠不能及的。人口興旺歸因於什麼呢？我只看到一個原因：父親和母親平等工作。單獨一人無法勝任的工作，由兩人共同負擔就不會太重了。

第二章

月形蜣螂與
野牛寬胸蜣螂

　　月形蜣螂①的身材比西班牙蜣螂小，對氣候的溫和程度不像後者那樣苛求。牠將向我們證實，薛西弗斯蟲父親爲家庭的興旺繁榮提供了協助。在我們居住的地區，雄性昆蟲其外衣的稀奇古怪，實在無可匹敵。月形蜣螂和西班牙蜣螂一樣，前額有角，前胸中央有雙重小圓齒狀葉緣的凹槽，肩上有戈戟矛頭和新月形深槽口。普羅旺斯的氣候，以及百里香常綠矮灌木叢

月形蜣螂

中的食物貧乏，對牠來說並不適合。牠需要氣候比較潮濕、有牧場的地區，那裡有牛的硬糞餅可提供牠豐盛的食料。

　　我不能只仰仗在這裡很難得遇上的稀有實驗對象，因此，

---

① 月形蜣螂：又名島嶼大黑糞金龜。——編注

我讓我的籠子住滿了我女兒阿格拉艾從突儂送來的外鄉昆蟲。四月降臨，女兒應我的要求，投身於持續不懈的研究工作中。很少有姑娘會像她那樣，用小陽傘頂端撬起這麼多的牛糞，用纖細的手指把牧場的圓麵包形牛糞努力弄碎。我以科學之名，感謝這個勇敢的女孩子！

　　熱情換來了成功的回報。現在我有六對雌雄月形蜣螂，我把牠們安置在去年西班牙蜣螂曾經住過的籠子裡。我供應牠們全國性的菜肴。隔壁一位婦女飼養的母牛，提供蟲子們豐盛的牛糞烤餅。這些離鄉背井者，絲毫沒有思鄉的跡象，牠們在牛糞餅這神秘的庇護所裡，勇敢地工作。

　　六月中，我進行首次探查。我用刀子一點一點地把泥土砍切成垂直的薄片，對剖露出的東西欣喜若狂。每對月形蜣螂都在沙裡為自己挖掘了一個華美的廳堂。聖甲蟲也好，西班牙蜣螂也好，都從未向我展示過這樣寬敞，穹頂跨度設想得這樣大膽的廳堂。大軸有十五公分長，也許還更長。但是，天花板弄得很扁，尖頂只有五至六公分。

　　內部陳設符合住宅誇張的外形，堪稱為「加馬奇婚禮」[②] 的新房，這個巴掌大的圓麵包不太厚，輪廓變化不定。我發現一些像腎臟那樣彎曲、像手指那樣輻射、像貓舌頭那樣伸長的

卵形物。這些細部都是麵包店小伙計心血來潮的產物。最基本且永遠不變的是：在我網罩中的六家麵包店裡，雄雌兩性始終守在一個麵團堆旁。這個麵團堆按規定拌和揉軟後，現在正在發酵成熟。

　　牠們的家庭生活歷時如此長久，證明了什麼呢？它證明了父親參與挖掘地下室，一堆一堆地收集食物儲藏在入口處，共同把小糞餅揉捏成唯一的大麵包，而且這個麵包會日益完善。遊手好閒的討厭傢伙或窩囊廢，是不會留在那裡的，牠會回到地面上。如此說來，月形蜣螂父親是個勤勞肯幹的合作者。牠的協助看來似乎還會延長。這一點留待以後再說吧。

　　出色的蟲子，我的好奇心打擾了你們的家庭生活。不過，沒關係，你們才剛開始。正如人們所說，正在辦喬遷宴客呢。也許你們有辦法重新製作剛才被我破壞了的東西。讓我們試試吧。住所修復了，有了新鮮糧食，現在該由你們來挖掘新洞穴，把我從你們那裡偷走的糕餅等替代必需品，放到洞穴裡，然後，把大麵包細分成適合幼蟲需要的口糧配額。你們會做這些工嗎？希望你們會。

---

② 加馬奇：西班牙小說家塞萬提斯的小說《唐吉訶德》中的富農，其婚禮豪奢粗
　俗、奇特怪異。——譯注

我深信，受過考驗的夫婦堅定不移。我的信任沒有被辜負。一個月後，即七月中，我做了第二次探查。食物儲藏室已經更新，和最初那間一樣寬敞。此外，房間的天花板和旁側內壁的一部分，現在已經用牛糞做的莫列頓呢裝填了起來。雄雌兩隻蟲子都還在那裡。牠們要在撫育工作終了時才會分離。父親在家庭的慈愛和柔情方面，秉賦比較差，也許更加膽小；因此，隨著光線透進圍牆遭破壞的住宅，牠企圖通過走廊避開。母親則動也不動，蹲在牠心愛的小球上。這些小球類似西班牙蜣螂的卵球形李子乾，但稍微小一些。

我了解西班牙蜣螂微薄的收集物，因此對眼前出現的東西感到十分驚訝。在同一個小間裡，我數了一下，竟有七、八個卵球形李子乾。它們一個挨著一個排列，有乳頭狀突起的頂端向上豎起。廳堂儘管寬大，仍然塞得滿滿的，勉勉強強留下一點空間，供兩個監督者用。這好像一個裝滿蛋的鳥窩，一點空隙也沒有。

我們應該進行一下比較。蜣螂的這些小球到底是什麼呢？這是另外一種卵。在這種卵中，卵白和卵黃的營養物質被一種食品罐頭代替。在這方面，食糞性甲蟲可以和鳥類爭雄，甚至勝過鳥類。食糞性甲蟲並非透過生物構造的單一神秘作用，在營養物質中提取供幼蟲晚期發育所必備的東西；而是展現技

巧，並且使用妙法巧計供給幼蟲食物。幼蟲在別無其他援助的情況下，發育成成蟲形態。食糞性甲蟲無需經歷孵化的長期疲勞，太陽會爲牠孵卵。牠不會爲了一口食物，而要無止盡地去操心憂慮，這口食物牠事先就準備好了，並且一次分配完畢。牠從不離開自己的窩，時時刻刻監督著。父親和母親都是警覺性很高的守護者，只在家庭成員適合外出時，才會放棄牠們的住所。

在需要挖掘住宅和積聚財富期間，月形蜣螂父親的用處顯而易見。可是，當母親把牠的圓形大麵包切成一份份的口糧，對小球進行加工、磨光和看管時，父親的用處就模糊了。向女人獻殷勤的男人，也會參與這種似乎應留給溫柔女人從事的細工嗎？

月形蜣螂父親曉得用爪子的利刃，把烤餅切成小塊，按幼蟲所需的份量分成一小份，並且弄成圓球嗎？如果牠這麼做，就會減輕將由母親重做、改進的那份工作負擔。這個父親有堵塞裂縫、修補缺口、黏接裂痕、耙淨小球，並且根除有害贅生物的技藝嗎？牠對牠的幼蟲會有像西班牙蜣螂洞穴裡，那位孤獨母親毫不吝惜給予子女的那種關懷照顧嗎？現在，雄雌兩性在一起，牠們都專心致力於家庭的撫育嗎？

　　我把一對月形蜣螂，放置在一個用紙盒罩住的短頸大口瓶裡，試圖獲得問題的答案。這只瓶子讓我能夠隨心所欲地選擇光亮或黑暗。雄蟲突然受到驚擾，便和雌蟲一樣常棲息在小球上。但是，正當母親多次堅持牠那謹慎細緻的養育工作，用爪子的扁平部分磨光小球、對它進行聽診的時候，父親卻更加膽小、更不專注，一有亮光便掉了下來，跑去蹲在土堆的隱蔽角落裡。我沒有辦法看見牠工作，因為牠迅速避開討厭的光線。

　　這個父親雖然拒絕向我展示牠的種種才能；但是，僅僅牠在卵球尖頂上的出現，就讓這些才能展現無遺了。牠並非無緣無故地保持這種令人不舒服的姿勢。這種姿態對一個遊手好閒者的昏昏欲睡狀態來說，並不怎麼有利。因此，牠像伴侶那樣地進行監督。牠修飾損壞部位，透過卵殼內壁聆聽幼蟲的生長情況。我看到的那一點情況使我肯定，父親在照料家庭方面幾乎可媲美母親，直到家庭最後擺脫束縛為止。

　　由於父親的獻身精神，這個種族在數量方面有所增加。在只有母親居留的西班牙蜣螂的莊園裡，幼蟲最多有四隻，常見的是兩隻或三隻，有時只有一隻。在雄雌兩性共居互助的月形蜣螂莊園裡，幼蟲則多達八隻，這是西班牙蜣螂莊園裡居民數最大值的兩倍。勤勞的父親對一家人的影響，在這裡得到了最佳證明。

除了雄雌兩隻的共同工作外，種族的繁榮興旺還需要一個條件。沒有這個條件，僅靠一對夫妻的勤勞是不夠的。首先，要有人丁興旺的家庭，就得有養育這個家庭所必需的東西。讓我們提醒大家，一般蜣螂的食物供應方式。牠們以糞金龜為榜樣，並不到處收集原料、揉成圓球滾到洞穴裡去。而是直接在遇到的食物堆下面定居。牠們足不出戶，在那裡把成堆的食物切成小片，儲存起來，直到有足夠的收穫為止。

西班牙蜣螂至少在附近開發綿羊的產品——糞便。這種產品質高量少，即使供給者的腸子處於最佳狀態時也是如此。因此，一切都被塞進了洞穴裡。牠被家務羈留在地下，此後不再外出，只需要監護唯一的幼蟲。微薄的產品通常只能為兩、三隻幼蟲提供食料。由於缺乏可供使用的糧食，家庭規模便相形縮小了。

月形蜣螂在別種環境中工作。牠所居住的地區使牠能夠獲得牛糞圓麵包。這種麵包是取之不盡、用之不竭的豐裕糧倉，能夠滿足子孫後代興旺發達的需求。寬闊的住所也是助因之一。住宅的拱頂設計大膽，能夠遮護大量的小球。西班牙蜣螂的洞穴較為狹窄，其遮護量無法和月形蜣螂同日而語。

由於房屋狹窄，糧倉困乏，西班牙蜣螂便在生育方面自我

節制。有時甚至縮減到只生一個。這是卵巢貧瘠所致嗎？不是的。我在先前的一部論著中指出，如果有空曠的場地和大量工作等著要做，母親就會加倍生育子女，甚至更多。我曾說過，自己如何用扁平刀柄揉捏出一塊圓形大麵包，以替代三、四個小球。我用一個妙計，從一隻多產的雌蟲那裡，得到了一個七口之家。這個方法就是，讓短頸大口瓶狹窄的圍牆變得比較寬敞，並且提供新的建築材料。這個成果不錯。但是還比不上以下的實驗。

這一次，我逐步偷偷地拿走月形蜣螂的小球，只留下一個，好讓我的劫掠行為不致使母親過分灰心喪氣。牠如果在爪子下找不到一個以前的產品，也許會對毫無成果的工作感到厭倦。當圓形大麵包——牠的工作成果被運走時，我用我製作的產品來代替。我持續地這麼做——把剛做成的小球取走，更換已經吃光的大塊食物，直到這個昆蟲拒絕為止。

在五到六週的時間內，我的實驗對象以恆久不變的耐心，重製牠的產品，並堅持讓牠那總是空著的小間住滿。最後，酷暑季節來臨。這個嚴峻的時期因為過熱和過乾，使生活暫時停頓了下來。我的那些圓麵包不管製作得多麼嚴謹，還是受到了蔑視。母親陷於昏沈遲鈍狀態，拒不工作。牠在最後一個小球那裡，把自己埋在沙中。牠動也不動，在那裡等待九月的驟雨

來解救牠。堅忍不拔的母親留給我十三個小球，全都塑造得完美無缺，裡面都有一個卵。十三，在蜣螂的大事年表中是個聞所未聞的數字；十三，比正常的產卵數多了十個。

事實證明：有角的食糞性甲蟲在狹窄的範圍內，限制家庭成員的數量，決不是出於卵巢的無能，而是由於懼怕飢餓。

根據統計數目顯示，在我們這個受到人口減少威脅的地區，不也是就是這麼回事嗎？在這個地區，雇員、手工業者、公務員、工人、做小生意買賣的店主不可勝數，而且與日俱增。他們全都只能勉強餬口，因此盡可能避免多邀一個客人到菜肴不豐的餐桌上。缺少圓形大麵包時，蜣螂就幾乎過著獨身生活。牠這麼做並沒有錯。我們又有什麼權利譴責牠的模仿者呢？彼此都在謹慎小心地行事。離群索居總是勝過讓自己親近的人都飢腸轆轆。自覺肩膀強壯到足以和個人不幸搏鬥的人，還是會被大家庭的不幸嚇得退卻的。

古時候，土地的耕種者——農民，國家民族的基礎，發現家庭人丁興旺，財富就會增加。於是人人工作，把自己那塊麵包帶到一餐粗茶淡飯中。當年長者駕馭耕地的牲口拉車時，最年幼者才第一次穿上他的第一條短褲，把一窩小鴨帶到水塘。

這些淳樸的家族習俗風氣日益罕見，隨進步而來的就是如此。當然，這也沒錯。坐在火車上，雙腿開晃，一付絕望蜘蛛的姿態，是挺叫人羨慕的。不過，進步卻也有其負面效應，它帶來豪華奢侈，產生耗費龐大的需求。

在我們村裡，工廠裡年紀最小的姑娘每天掙二十蘇。禮拜天的時候，她會把鼓起的囊袋擱在肩上，把羽毛飾品擺在帽子上，手執象牙柄的女式小陽傘，髮髻填塞著墊料，漆皮皮鞋飾有鏤空薔薇花飾和齒形花邊。啊，飼養火雞的姑娘，穿著寒傖的我，不敢看著妳打我家門前的大路上走過。這條路是妳的隆香③散步地。妳嬌艷的梳妝打扮讓我自慚形穢。

年輕人經常出入咖啡館。這些咖啡館比過去的小酒店奢侈豪華的多。他們在那裡大喝苦艾酒、荷蘭開胃酒、苦味比工酒，最後還吸食各種讓人頭昏腦脹的麻醉品。這些個嗜好致使田地荒廢、土質變得更差、土塊變得更硬。由於入不敷出，於是人們離開鄉野，前往城市。在人們的想像中，城市更有利於積蓄。唉！然而那裡卻並不比在鄉野更能縮衣節食，積攢錢財。工廠受到數不勝數的消費時機窺伺，比起農務耕作，更加難以讓人發財致富。但是現在已為時太晚，習性已經養成，積

③ 隆香：古女修道院，建於1261年，位於巴黎附近。1857年成為賽馬場。——譯注

重難返。人們仍然是貧窮的城裡人，懼怕家庭負擔。

　　這個地區氣候宜人、土地肥沃、地理位置優越，但湧入了大批大批的四海為家者、詐欺行騙者，以及形形色色的開發者。從前這地區吸引了經常航行五湖四海的西頓人④。愛好和平的希臘人為我們帶來字母和葡萄；粗野的統治者羅馬人，傳給我們難以根除的粗暴習性言行。辛布里人⑤、條頓人、汪達爾人、哥德人、匈奴人、勃艮地人、蘇維威人⑥、阿蘭人⑦、法蘭克人、薩拉遜人⑧等來自四面八方的遊牧部落，都朝著這個富饒的、受掠奪的犧牲品蜂擁而來。這個雜七雜八、稀奇古怪的大雜燴融合起來，全被高盧民族⑨吸收了。

　　今天，外來者緩慢地滲透到我們當中。第二次野蠻人的入侵威脅著我們。沒錯，方式是和平的，但畢竟令人驚恐不安。我們的語言明白易懂、和諧悅耳，但往後是否會變成含糊不清、有異國情調、發音嘶啞的不規律語言呢？我們樂善好施的

---

④ 西頓：古代腓尼基海港城市，即現在黎巴嫩西南部港市 Saida。——編注
⑤ 辛布里人：據傳是興起於日德蘭半島的日耳曼人，西元前2世紀末曾入侵高盧地方和義大利北部，後為羅馬人所滅。——編注
⑥ 蘇維威人：居住在中歐萊茵河以東地區的古代日耳曼民　族。——編注
⑦ 阿蘭人：西元406年入侵高盧的蠻族，後為西哥德人打敗。——編注
⑧ 薩拉遜人：居住於敘利亞和阿拉伯沙漠中的遊牧民族。——編注
⑨ 高盧民族：今法國、比利時、德國西部、義大利北部的克爾特人。——譯注

性格，會被唯利是圖的猛禽污染嗎？父輩的鄉土是否會變得不再是鄉土，而成為各國旅客經常來往的地方呢？如果高盧的古老血液不再有能力再次克服這次入侵，那麼這種種情況都令人擔憂。

希望高盧能夠再度發揮融合的力量。且來聽聽有角的食糞性甲蟲向我們傳授了些什麼。人口多的家庭需要糧食。但是，進步帶來要大量耗費才能滿足的新需求，我們的收入卻遠遠跟不上這樣的進展。由於既沒有足夠六個人所需，或足夠五個人、四個人所需的糧食，於是人們就三個或兩個人生活，甚至只剩下孤伶伶一個人生活。根據這樣的原理，一個民族就一邊不斷地進步，一邊步向自殺之途。

讓我們回歸過去吧！讓我們除掉那些人為的需求、那過熱文明的惡果吧！再度提倡我們父祖輩那鄉野式的淡泊樸實吧！讓我們留在鄉野吧！如果我們的慾望適度、有所節制，那麼，將會在鄉野的田地裡找到乳汁豐足的乳母。那時，而且也只有那時，家庭才會重新昌盛。那時，農民從城市、從他們的慾望解脫出來，我們就能獲救。

第三種向我揭示父性本能的食糞性甲蟲，也是一種外地昆蟲。牠是從蒙貝利耶[10]來到我這裡的。名叫野牛寬胸蜣螂[11]，

或者根據另外一些人的說法，叫做野牛蜣螂。我不在這兩個同

野牛寬胸蜣螂

屬一類的名稱中進行選擇，專業詞彙的精妙細緻，對我來說無關緊要。我將永遠記住野牛這個特定詞，因為它就像林奈所希望的那樣，念起來悅耳動聽。

從前，我在阿嘉丘的郊區結識了牠。那是在春天時節，在番紅花和仙客來當中，在香桃木⑫掩映下，絢麗多姿的百花競開的景象中。美麗的昆蟲，到這裡來吧，讓我在你活著的當下再次讚賞你。你讓我回想起青春年少時，在那貝殼俯拾即是的壯麗海灣邊上的興奮和激情。那時我從來沒想到，有朝一日我必須歌頌你。從那次以後，我再也沒見過你。歡迎你到我的籠子裡來，教我們一些東西吧。

你矮壯，腳短，像厚實的矩形，這是你壯實有力的標記。你頭上戴著兩支短短的觸角，像閹割小牛的月牙形角。你把前胸伸長成變鈍的船頭。兩個漂亮的淺窩一左一右地伴隨著這個船頭。你的整體外貌、雄性打扮，使你類近蜣螂。事實上，昆

⑩ 蒙貝利耶：法國南部埃羅省省會。——譯注
⑪ 野牛寬胸蜣螂：又名牛頭大黑糞金龜。——編注
⑫ 香桃木：桃金孃科植物。——編注

蟲學家分類時，正是讓你緊跟在糞金龜之後。你的手藝和系統
分類學賦予你的地位吻合一致嗎？你會做些什麼呢？

　　我和別人一樣欽佩分類學者。他們研究死者的口器、腳及
觸角，有時做出極佳的對照比較，並且善於將外形迥異、習性
卻一模一樣的金龜子、薛西弗斯蟲，收在同一個族群中。但
是，這種方法忽略了生命的高等表現形式，而去探究屍體的詳
況細節，因而在昆蟲的真正才能方面，經常把我們引入歧途。
野牛寬胸蜣螂向我們警示了這種危險性的存在。牠的身體結構
與蜣螂相似，但在技能方面卻更近似於糞金龜。牠和糞金龜一
樣，在圓柱形的模型中壓緊灌腸形大麵包，也和糞金龜一樣具
有父性本能。

　　約莫六月中旬，我探查我唯一的一對野牛寬胸蜣螂。在綿
羊提供的一大堆糞便下面，一條直徑約指頭粗、鑽入地下像衣
服下襬那麼深的垂直通道半開著，全部自由暢通。這條水井似
的通道底部擴散成五個分支，每個分支被一個糞金龜的豬血香
腸占據著；但後者比前者短小些。食物表面有結，略呈圓形，
是從位於下端的孵卵室挖掘出來的。孵卵室是個圓形小間，塗
著一層半流質的滲出液體。卵呈橢圓形，白色，大小相同，正
如食糞性甲蟲的一樣。

　　總之，野牛寬胸蜣螂那土裡土氣的產品，就是典型糞金龜產物的複製品。我感到失望，因爲我原來指望會更好一些。昆蟲的優美雅致，似乎是更爲先進技藝的證明。這種技藝專門製作梨、葫蘆、彈丸、卵球等形狀的物品。不過，我們不要再以貌取蟲吧，正如不要以貌取人般。身體的結構無法清楚告訴我們本領和才幹。

　　我突然在一個交叉路口，找到這一對野牛寬胸蜣螂。那裡敞開著五個有豬血香腸的凹陷點。光線射入使牠們無法活動。在我的挖掘工作引起騷亂之前，這兩個忠實的合作者在這裡做什麼呢？牠們監視這五間小屋，壓實最後一個糧食形成的圓柱體，牠們用帶來的新材料，補充這根圓柱的長度。取自一個蓋住坑井的物體上的材料，從上面搬到下面。牠們也許準備挖掘第六個房間，並且如法布置房間，一如其他房間般。

　　從井底上升到地面，那個充裕倉庫的活動十分頻繁，這一點我探查得很清楚。卵上的一隻蟲子有條不紊地壓緊裝著材料的袋子，另一隻蟲子用腳抱著袋子從地面降下。事實上，整個水井似的通道從上到下都空著。此外，爲了防止頻繁上下必然會引起的崩塌，通道的內壁用粉光層覆蓋保護。這個塗層的製材與豬血香腸相同，超過一公釐厚。塗層連接不斷，相當整齊，耗費不大，卻有完美的成果。牠把周圍的泥土妥善地保留

在原處，就算挖去通道的大片碎塊，碎塊也不會變形。阿爾卑斯山的小村落，用牛糞塗抹住房的南面。牛糞被夏日太陽曬乾後，便成為冬天的燃料。野牛寬胸蜣螂知道牧羊人的方法，但牠的運用卻是別有目的：牠用牛糞遮蔽住宅以防止倒塌。

野牛寬胸蜣螂父親能夠在母親讓牠休息的間隔時間裡，穩當地承擔起這項工作。母親這時正忙著一層層地製作牠的豬血香腸。在加固覆蓋層方面，糞金龜已經向我們展示了相同的技藝。這是技藝上的一個新相似點。的確，這種覆蓋層稍欠整齊勻稱，也不那麼完整。

好奇心驅使我剝奪了這對野牛寬胸蜣螂的財產，牠們於是又從頭開始做工。七月中旬，牠們提供了另外三個豬血香腸，現在一共有了八個。這次我發現，我的這兩個囚犯死了。一個死在地面；另一個死在地下。這是意外事故嗎？或者更確切地說，野牛寬胸蜣螂在長壽的金龜子、蜣螂，和其他的昆蟲中，是例外嗎？金龜子和蜣螂會在下一個春天看見自己的後代，甚至再結一次婚。

我傾向於認為：這是回歸昆蟲的通則──拒不照顧家庭者生命短暫。據我所知，籠子裡並未發生任何不快。如果我的猜測正確，為什麼老當益壯的野牛寬胸蜣螂，一旦建立家庭，就

像芸芸眾生那樣立即死亡呢？這又是一個沒有得到解答的謎。

　　行文至此，比起冗長敘述昆蟲大顎和觸角那讀來生厭的材料，人們倒是更喜愛對於昆蟲生活的速寫描繪。也因此我想到，如果我提到幼蟲那彎鉤似的形態、牠背上的布袋、拉屎的快速和堵塞缺口的能力，這些食糞性甲蟲的普遍特點和才能，那麼關於牠的情況我就談的夠多了。八月，當豬血香腸的中央已被耗食成破敗的盒罩時，幼蟲就向下端退縮，並在那裡用一道球形圍牆，把自己和洞穴的其餘部分隔離開來。一種有砂漿的布袋，供給修築這道圍牆的材料。

　　工作的產物，體積相當一粒大櫻桃的優美小球，是糞質建築的傑作，類似從前牛屎蜣螂所展示的那件傑作。一些很輕的結節排成同心狀，像屋頂瓦片那樣交替，並且裝飾著物品。每個結節想必是對抹刀抹塗一下的回應，抹塗一下就把載負的砂漿置放在應放的地方。

　　人們要是不知道這個東西的來源，會把它當做用果實雕刻的核。一種粗糙的果皮完成了這個假象。這是圍著中央小巧玲瓏的豬血香腸的皮殼。但是，正如青果皮脫離核一樣，這個皮殼可以毫無困難地揭去。去核後，人們會在土裡土氣的外殼裡面，驚訝地找到這個很美的核。

這就是為身體變態所修建的房間，幼蟲待在那裡，在昏睡狀態中過冬。希望春天一到我就能得到成蟲。令我驚訝不已的是，幼蟲狀態持續到七月底。蛹的出現需要花上一年左右。

成熟竟是如此緩慢，我感到詫異。這是在自由田野裡的規律嗎？我認為是的，因為在籠裡的囚禁狀態中，據我所知，沒發生任何引發延遲的事。因此，我不擔心會有錯誤，我把我用妙計取得的成果記錄下來。野牛寬胸蜣螂的幼蟲在牠那漂亮、牢固的小匣子中死氣沈沈、毫無生氣，花了十二個月的時間讓自己成熟為蛹，而其他食糞性甲蟲的幼蟲卻在幾個星期內就身體變態。至於要講述或甚至猜測這種莫名長壽的原因，則是個難以說分明，只能任它模糊不清的一個細節。

糞質外殼直到九月還堅如果核，但被九月的驟雨淋軟後，就在隱居者的推撞下破碎了。成年的昆蟲爬上地面走向光明，以便在秋末溫和的氣候條件下，歡歡樂樂地過日子。寒涼初來時，牠就去到土地裡的冬季宿營地，然後在春天再度出現，並且重新開始生命的週期。

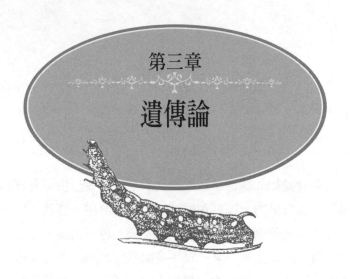

第三章

遺傳論

對現象的陳述得出了這樣的結論：父親對家庭態度冷漠，是昆蟲界的普遍法則；然而，在某些種類的食糞性甲蟲中卻出現了例外。牠們懂得家庭合作，父親幾乎和母親同樣勤奮，共同組建家庭。這些幸運的昆蟲那種近乎涉及倫理道德的天賦，來自何處呢？

人們可以用安置幼蟲非常耗費心力做為理由。既然要為幼蟲準備住所，讓牠們擁有生存所需的物資，從種族的利益著想，父親幫助母親豈非無益？兩人共同工作，會創造出一人單獨工作所不能及的福利。單獨工作力不從心。這個理由的確不錯，但事實卻對此大加否定。

為什麼薛西弗斯蟲是勤勞的父親，而金龜子卻東晃西蕩、

遊手好閒呢？而且儘管如此，這兩種球狀甲蟲仍然有著相同的技藝、相同的養育方法。為什麼月形蜣螂知道其近親西班牙蜣螂所不知道的事呢？前者協助伴侶，從不離棄。後者卻早早離異，沒等孩子的糧食積存加工好，就拋棄了新婚的家庭。兩者在製作卵形小球方面，也都耗盡心力。這些小球在食物儲藏室裡安放成排，需要長期看管。產品相似，讓人以為牠們的習性風俗也相似。但這其實是個錯誤。

我們來觀察了解一下膜翅目昆蟲吧。這種昆蟲是第一個會留遺產給後代的積聚者，這一點無可爭議。為子孫積攢的財富，無論是一罐蜜或一籃獵物，父親都從不參與。如果住宅的前部需要打掃，當父親的甚至連掃帚都不碰一下。無所事事就是牠的鐵則。在某些情況下，維持家庭耗費龐大，但父性本能並未因此就被喚醒。要在哪裡才能找到問題的答案呢？

更進一步擴展、豐富這個問題，就暫且撇開這個蟲子，來關心一下人吧。人類有人類的本能。當某些本能從平庸凡俗之中突顯出來，並達到頂峰狀態時，就獲得天才這個名稱。奇特怪異的事物從凡俗的事物中湧現出來，令我們驚嘆不已。光輝的亮點令我們著迷，在黑暗中閃閃發光。我們讚賞，卻不明白這些奼紫嫣紅、繁花盛開的景象，是從何處降臨在某人身上的，於是對於這些人，我們就說：「他們多才多藝。」

　　一個牧童數著一堆堆小石子，借此消遣解悶。後來他成了擅長計算的人。他不藉助其他方法，僅僅進行短暫的沈思默想，他的心算快速準確得教人驚恐。那一大堆理不清的位數，壓得我們幾乎喘不過氣來；可是在他的腦中，那些位數卻是那麼井然有序。這個令人讚嘆的人用位數耍把戲，他有本能、有天分，有數的才能。

　　第二個孩子，在彈子和陀螺正使我們樂不可支、欣喜若狂的年齡，他忘記玩耍嬉戲，離開嘈雜吵鬧的人群，獨居一隅。他聽見自己心中發出了如天籟豎琴回音般的諧音。他的腦袋是一座擺滿管風琴的教堂。豐富的音色，那只有他一人聽見的內心的合奏，讓他心醉神迷、欣喜若狂。且祝福這個有朝一日將以其音樂引發人們心中的高尚感情，生來命運就不平凡的人吧！他有音樂方面的本能、天分和才能。

　　第三個孩子，一個吃東西時還會被果醬弄髒自己的小孩，很喜歡把黏土捏成天真稚拙、憨態可掬的小塑像，令人稱奇。他用刀尖將歐石楠根做成討人喜歡的面具，有的做鬼臉，有的扮怪相。他把黃楊木加工製成綿羊和馬，在軟脆的石頭上雕刻他的狗。且隨他發揮吧，如果上天助他一臂之力，有朝一日，他或許會成為名雕刻家。他有造形方面的本能和天分。

在人類活動的每個面向上，比如藝術、科學、工業和商業、文學和哲學等，情況亦然。打從一出生，我們身上就潛伏著把我們和一大堆凡夫俗子區別開來的東西。然而，這種特性是從哪裡來的呢？有人肯定地提出，它來自一系列的遺傳。一種有時直接、有時遙遠的遺傳，將這種特性傳給了我們，只不過時間對它進行了添加和修改。如果查閱家族族譜，您將追溯到天分的根源。一開始它只是剛剛滲出、微不足道的涓涓細流，接著逐漸成為滔滔江河。

遺傳！其背後所指多麼深奧神秘、不可思議啊！卓越的科學已經試著向它投射一點光輝。然而，科學只成功地為自己創造了一種不合常理的行話，讓晦澀難懂的事物更加晦澀難懂。對於我們這些渴求清楚明晰的人來說，且把荒謬不經的理論，託付給那些對這種理論樂此不疲的人吧。讓我們致力於觀察到的現象，而不要企圖去解釋什麼原生質的奧秘吧。我們的方法當然不會揭示出本能的根源，但至少會告訴我們，尋找它是有益的。

在進行這種研究時，不可或缺地，需要一個連其內在特點都為人徹底了解的實驗對象。然而，這種對象要取自哪裡呢？如果可能察知別種生命的深層秘密，那麼就會有大量、極佳的這種對象。然而事實卻是，除了這個對象自身外，誰也無法探

測其生命深層。如果永不磨滅的記憶和沈思默想的才能，給予
這個對象的探測活動應有的準確性，這已經太幸運了。進入別
人的角色，是任何人都辦不到的。但是在這個問題上，他又必
須置身於別人的角色中。

　　我很清楚，自我令人憎惡。人們很寬容自我，以利於所從
事的研究。我將取代小木凳上的金龜子，像對待蟲子般，直接
了當地詢問自己，詢問自己在各種本能中，支配主宰其他本能
的本能來自何處。

　　自從達爾文給予我無與倫比的觀察家這個稱號以來，「無
與倫比」這個形容詞，多次盤旋在我的腦海裡，而我自己卻不
明白我在哪方面能夠對此當之無愧。在我看來，對自己周圍觸
目皆是、亂鑽亂動的一切都感興趣，這是極其自然、十分誘人
的。好了，別談這個吧。就姑且認爲這個恭維言之有理吧。

　　如果必得肯定我對昆蟲的好奇心，我就不再猶豫不決了。
是的，我察覺了自己的才能，感受到慈惠我經常接觸這個奇特
世界的本能。是的，我認爲自己適合把寶貴時間用於這樣的一
些研究。如果可能，這些時間會更加妥善地用於防止往日的苦
難。是的，我承認我是蟲子的熱情觀察者。這種頗具特色的癖
好，既是我生活中的痛苦，也是我生活中的樂趣。它是怎樣發

展出來的呢？首先，其中有什麼應該歸功於遺傳呢？

芸芸眾生沒有歷史。他們受到現在的約束，無法記住過去。但是，且說說家庭史吧，以便得知親人的過往：知道他們如何耐心地和嚴酷的命運搏鬥；知道他們為了一點一滴地造就今天的我們，所做出的頑強努力。這些真實誠信的家族史檔案材料，不會毫無價值的，它富有教育意義，可鼓舞人心。對於個人而言，沒有任何歷史可以具有這種歷史資料的價值。然而迫於形勢和環境，家庭被拋棄，一窩新生兒突然失蹤，這個家不再有人認得。

在勤勞者眾多、工作繁忙的場所，我只是個普通的雜工，對家庭的回憶十分貧乏。在祖父那一輩，我收集到的資料突然變得模糊不清。基於以下兩點理由，我將在這方面花些時間：首先是了解遺傳的影響，其次是，留給我的親朋與他們最有關的一頁。

我和外祖父沒有來往過。有人告訴我，我這位可敬的祖先是胡埃格那個最貧困市鎮的執達員。他用大字在印花公文紙上抄寫早期的拼寫詞。他把筆盒裝滿墨水和筆，翻山越嶺，從一個沒有清償能力的窮人家，到另一個清償能力更差的窮人家，製作證書。這個低等文人在他所處的訴訟環境中，和艱難困苦

的生活搏鬥，自然對昆蟲漠不關心。頂多偶爾遇到昆蟲時，用腳後跟踩死牠罷了。這隻不為人所知的蟲子，被人懷疑有害，不值得人們對牠進行別的什麼調查研究。

而外祖母呢，除了她那個家和她那串念珠以外，別的什麼都與她毫不相干。對她來說，如果紙上沒有公家蓋的印記，字母哪有什麼好處呢，只是會損害視力的天書罷了。在她那個時代，小老百姓誰還關心讀書寫字呢？讀書寫字是留給公證人的奢侈事物嘛。再說，公證人也是不隨隨便便濫寫濫讀的呀。

應該說，她最不把昆蟲放在心上。她在泉水裡洗菜，有時發現菜葉上有條毛毛蟲，她會嚇一大跳，把這條討厭的害蟲扔得遠遠的，斷絕跟危險物有所牽連。總之，對外祖父、外祖母來說，昆蟲是沒意義的東西，也差不多一直是人們不敢用手指尖去碰觸的、令人厭惡的東西。

所以說，我對蟲子的興趣愛好，肯定不是從外祖父、外祖母那兒遺傳來的。

關於我的祖父母，我有比較確切的資料。他們健康長壽，使我得以了解他們倆。他們是種田的，一輩子從沒有翻開過書本，他們和字母表的怨恨與不和實在太深太深了。他們在淡紅

色的高原上耕種一塊貧瘠的土地，寒冷的山脊上滿布花崗石。
他們的房屋孤零零地坐落在金雀花和歐石楠中間，與世隔絕，
周圍杳無人煙，沒有鄰居，只有狼不時地來探望。對他們來
說，這座房屋就是全部的世界。除了趕集的日子，有人把牛趕
去的附近幾個村子外，其他地方他們都只是聽說過，而且還只
是模模糊糊地聽說過。

　　在這孤寂的荒野中，有一片布滿沼澤的泥灰質低窪地，呈
虹色的水從地裡滲出，為主要的家產——牛，提供了豐茂的牧
草。夏天，在鋪著矮草的斜坡上，散布著綿羊。一道樹枝做的
柵欄日日夜夜圍圈著羊群，保護牠們不受野獸的侵襲。隨著牧
草被剪平，牧場就遷往別處。牧場中央是牧人的移動茅屋——
簡陋的麥稈棚屋。如果竊賊或野狼，在夜間突然從鄰近的樹林
來襲，兩隻戴著鐵釘項圈的高大牧羊犬，就負責來保衛這裡的
寧靜。

　　家禽飼養場裡，鋪著一層永遠深及我膝的牛糞，糞堆被閃
耀著咖啡色的糞尿坑分隔開來。這裡居民眾多：要斷奶的羔羊
蹦蹦跳跳；鵝吹著喇叭；雞抓刨泥土；母豬呼嚕呼嚕叫，一窩
小豬仔掛在母親的乳房上。

　　嚴酷的氣候使這裡的農業無法飛躍發展。在風調雨順的季

節，人們放火焚燒遍布金雀花的荒野，然後用犁頭翻耕草灰弄肥了的土地，就這樣在好幾阿爾邦[1]的土地上收穫黑麥、燕麥、馬鈴薯。最好的角落用來種植麻類植物。這種作物是提供紡織棒和家用紡錘織造麻布的原料，是祖母青睞的作物。

　　祖父是個對養牛養羊非常內行的牧人，對其他事則一無所知。他如果得知一個遠在異地他鄉的親人，竟然對這些毫無價值的蟲子產生強烈興趣，樂此不疲，而這些蟲子他一生中又從沒多看一眼時，不知會怎樣瞠目結舌、驚訝不已啊！而他若猜到這個瘋瘋癲癲的人就是我，就是那個吃飯時坐在他身邊，把小鍬板掛在可憐脖子上的小男孩，他會有多嚇人的眼光啊！他會大發雷霆地說：「誰准你把時間浪費在這些無聊透頂的事情上！」

　　這個一家之長不苟言笑。我總是看見他板著臉，非常嚴肅。他的頭髮濃密，常常被拇指推到耳後，攤在肩上成古代高盧人的濃密長髮。我看見他的小三角帽、長度及膝的短褲，填塞著稻草的木頭鞋子，走起路來發出響聲。啊！不，已經逝去的童年遊戲，在他的周圍養蟈蟈兒、挖食糞性甲蟲，不是件愉快的事。

---

① 阿爾邦：舊時的土地面積單位，相當於20至50公畝。——譯注

祖母是個嚴守教規的女人，老是戴著侯戴山區婦女特有的帽子。帽子是個黑毛氈圓盤，硬得像塊木板，中央裝飾著一指高、比面值六法郎的埃居②稍寬的帽頂。一條黑色飾帶縶在下巴，讓優雅但不穩固的輪狀物保持平衡。

醃漬食品、麻類植物、小雞、乳酪、奶油、洗衣用的灰汁、照顧一群孩子、全家的食物等，概括了這個英勇婦女全部的所思所想。在她的左側豎著紡織棒，桿上裝配著麻絲碎屑；右邊則是在靈巧手指下轉動的紡錘。紡錘時不時被唾液弄濕。她留心注意著家務，弄得井井有條，從不疲倦。

記憶特別讓我再次看到她在冬天夜晚的形象。冬天是更適合家人團聚、閒談聊天的時光。吃飯的時刻，全家老少圍著一張長桌子，坐在兩條長凳上。凳子是一塊釘著四顆跛腳木釘的冷杉板。桌子上擺著盆、碗和錫湯匙。

在桌子上，老是擺著一個車輪大小的黑麥圓形大麵包。麵包外包著一塊散發出灰汁香氣的麻布。祖父用刀子一刀切開足夠一餐食用的分量，然後再用只有他有權使用的刀子，把切下的部分細分給我們。現在每個人把自己分得的那片麵包分成小

② 埃居：法國古代錢幣名，種類很多，價值不一。——編注

塊，用手指掰碎，隨心所欲地把碗盛滿。

接下來輪到祖母了。大鐵鍋裡的湯在爐灶的旺火上沸騰翻滾，呼嚕呼嚕地歡唱，散發出蘿蔔和豬油的美味。祖母用一隻鍍錫的鐵勺子，依次爲我們先從鍋裡舀出足夠浸濕麵包的湯來，然後舀出蘿蔔和半肥半瘦的火腿片，放在盛得滿滿的碗裡。桌子的另一端放著水罐，口渴時可以盡情暢飲。多麼好的胃口啊！多麼愉快的一餐飯啊！當這頓美食配上家裡自製的白乳酪時，氣氛更加美妙。

我們身旁的大壁爐冒著熊熊火焰。寒冬裡，壁爐裡燃燒著整根整根的樹幹。在這個大爐灶一個塗著煙灰的角上，有一塊板岩薄片稍微突顯出來，那是晚間的照明器具。那裡燃著的松樹碎片，都是從半透明、浸透松脂的松樹碎塊中選出來的。這盞燈在房間裡放射出煤煙色的淡紅光線，這照明節省了帶燈嘴的小油燈所用的胡桃油。

碗裡的食物吃光了，最後一小塊乳酪收起來了。祖母坐在爐火角落的木凳上，又擺弄起她的紡織棒來。我們這些小傢伙，男孩和女孩蹲在爐火旁，把手伸向金雀花木薪材發出的繽紛火焰。我們圍著祖母，凝神屏息地聆聽她講故事。沒錯，這些故事講來講去沒有多大的變化，然而卻十分美妙動聽，大家

都很喜歡，因爲狼常常在故事裡出現。這隻狼是好些故事的主角，常常嚇得我們起雞皮疙瘩。我眞想看看牠，可是牧羊人總是拒絕讓我晚上到牧場中央的茅屋裡去。

當大家已經談夠了討厭的野獸、龍和蝮蛇；當含松脂的小木塊快要燃盡，並投射出最後的紅光時，我們就去享受工作過後的甜蜜睡眠。我在家裡年紀最小，有權利享受床墊，也就是那個燕麥殼填塞的袋子。而我的兄弟姊妹只嚐過睡在麥稈上的滋味。

親愛的祖母，我欠您多少恩情啊。是在您的膝蓋上，我找到了對我最初的悲傷的安慰。您或許遺傳給我強壯結實的體質、對工作的熱愛。但是身爲祖母，您卻一點也不了解我對昆蟲的濃厚興趣。

我對昆蟲的強烈興趣，我的父母也同樣毫不了解。母親是個目不識丁的文盲。她所受的教育只不過是飽受折磨的生活，辛酸苦澀的人生。這和我的愛好所需的一切，完全背道而馳。我敢發誓，應該到別處去尋找我的才能的根源。

我會從父親那裡找到這個根源嗎？也找不到。他勤勞苦幹，像祖父那樣粗壯結實。這個呱呱叫的漢子，年輕時上過

學。他會寫，不按規則地隨意胡亂拼寫。他會讀，只要讀的文章難度不大於年曆上的小故事，他就能讀懂。在我們家族裡，他是第一個受到城市引誘的人，結果倒了大楣。

　　他的財產微薄，技能有限，只有天知道他是怎樣勉強維持生活的。他飽嘗鄉下人想變城裡人的沮喪和失望。儘管他心地善良，卻受到惡運的糾纏和生活的重壓。他更不可能讓我投身昆蟲學中去。他有其他更直接、更需要關切的事。當他看見我用大頭釘把昆蟲釘在軟木瓶塞上時，給了我幾個結結實實的耳光。這就是我得到的全部鼓勵。也許他是對的。

　　結論是明確的。在遺傳中，沒有任何內情能夠解釋我對觀察事物的愛好。人們會說，我對過去回溯得不夠久遠。我掌握的資料在祖父母一代便終止了。但超越祖父母這一代，我又能找到什麼呢？我只知道一點，我將會找到更加樸實的直系親屬。他們都是在土地上工作的人：農夫、黑麥播種者、放牛人。由於環境使然，他們在敏銳細緻地觀察事物方面，全都毫無能力可言。

　　然而，從孩提時代起，喜歡觀察事物、對事物好奇的這些傾向，在我身上就已開始顯露出來了。我何不敘述我那些初期的新發現呢？這些新發現極端天眞幼稚，但卻適合用來讓我們

了解一些關於才能的誕生情況。

　　我那時大約五、六歲。爲了讓貧困家庭少一張吃飯的嘴，正如我剛才所說，我被委託給祖母照料。在祖母那裡，在孤獨寂寞中，在鵝、牛和羊群中間，我最初的智力微光顯現了。對我來說，在這之前是無法穿透的沈沈黑暗。從內心曙光乍現的時刻起，我在眞正的生活中誕生了。這種生活充分擺脫了渾沌的烏雲，讓我有了持久的記憶。我又非常清楚地看見自己穿著棕色粗呢長袍，長袍濺沾著污泥，拖在腳後跟上。我還記得用一根細繩掛在皮帶上的手帕，手帕常常丟失，代替它的則是衣袖的袖口。

　　有一天，我這個喜歡沈思默想的小男孩，背著手，身子轉向太陽。令人目眩的燦爛陽光使我心醉神迷。我是一隻受到燈光誘惑的尺蠖蛾。我是用嘴巴、用眼睛來享受這燦爛光輝的嗎？這就是我初萌的科學好奇心所提出的問題。讀者們，請不要笑吧。未來的觀察家已經在鍛鍊自己，已經在做實驗了。我把嘴巴張得大大的，把眼睛閉得緊緊的；燦爛的光輝消失了。我睜開眼睛，閉著嘴巴；燦爛的光輝重新出現了。我重新開始，得到的結果相同。我成功了。我知道的很清楚，我是用眼睛看。多麼了不起的新發現啊！我向家人報告這個發現。祖母溫柔地取笑我的天眞。家裡其他的人都嘲笑我，世間事原本就

是這樣的嘛！

　此外，我還有一個新發現。夜幕降臨時，在毗鄰的荊棘叢中，一些清脆的撞擊聲引起了我的注意。在萬籟俱寂的黑夜裡，這個聲音非常輕微、非常柔和。是誰在這樣微微出聲呢？是一隻在窩裡啁啾的小鳥嗎？這得去瞧瞧，盡快去瞧瞧。我聽說那裡有狼，這個時間牠會在樹林出沒。我還是去看看吧。地方不遠，就在那裡，在金雀花樹後面。

　我長時間守候窺伺，但白費力氣。荊棘一搖動，稍有聲響，清脆的撞擊聲就戛然而止。第二天我重新開始。第三天又重新開始。這次我憑著一股頑強的意志，潛伏成功了。啪！我伸出手去，一把抓住了歌手。牠不是一隻鳥，而是一隻蟈蟈兒，我的夥伴教過我品嚐牠的大腳。我長時間的埋伏得到了微薄的補償。事情的美妙並不在於牠那雙有蝦子味的後腳，而是我剛才了解到的東西。從現在起，我經由觀察知道蟈蟈兒會唱歌。我沒有把這個發現透露出去，我擔心會像上次關於太陽的故事那樣，受到嘲笑。

　啊！那些長在田裡、近在屋旁的美麗花朵，似乎在用它們大大的紫色眼睛對我微笑。稍後，我看見了一串串顆粒碩大的紅櫻桃。我嚐嚐這些櫻桃，味道不好，而且沒有核。這些櫻桃

會是什麼呢？秋季快結束時，祖父來到這裡，用鐵鍬把我的觀
察田掀得天翻地覆。他從地下一筐筐、一袋袋地刨出一種圓根
似的東西。這種東西我知道，家裡滿坑滿谷。我多次把它放在
燒土肥田的爐灶上煮。這是馬鈴薯。在我的記憶中，它紫色的
花和紅色果實永遠占有一席之地。

　　這個未來的觀察家，六歲的小男孩，眼睛始終警覺地盯著
蟲子和花草，就這樣在無意之中鍛鍊自己。他走向花朵、走向
蟲子，正如紋白蝶走向甘藍、蛺蝶走向薊草一樣。他注視，他
了解情況。他受到一種好奇心的催促。然而，在遺傳中卻辨識
不出這種好奇心的秘密。在他身上有一種其家族前所未有過的
才能胚芽。他隱藏著這並非其直系親屬火爐裡固有的火星。這
微不足道的東西，這幼稚的、異想天開的東西，這毫無價值的
東西，將來會變成什麼呢？如果教育不參與進來，用例證餵食
它，用鍛鍊壯大它，那麼毫無疑問地，它就會熄滅。屆時，學
校將會解釋遺傳所帶來的無法解釋的事物。而這正是我們即將
加以觀察和研究的部分。

第四章

我的學校

　　我現在回到村子，回到了我父親的家裡。我滿七歲了，該
去上學了。再沒有比這更棒的事了，教師就是我的教父。我該
怎樣稱呼將在那裡結識字母表的房間呢？準確的字眼找不到，
因為這個房間什麼用場都派得上。它是學校，又是廚房，既是
臥室，也是食堂，有時還是雞棚、豬圈。說到學校，那時的人
們不大會想到高大華麗的建築，一個破爛的避難所就足夠啦！

　　在這個房間裡，有一道寬大的梯子通到樓上。梯子下面，
在木板凹室裡有一張大床。樓上有些什麼呢？我從來不知道。
我看見老師一會兒從那裡搬下一堆餵母驢的乾草，一會兒又搬
下一筐馬鈴薯。師母把馬鈴薯倒在煮豬飼料的小鍋裡。樓上那
個房間大概是糧倉，是人畜食物的倉庫。這兩個房間構成了整
個住宅。

讓我們回到下面的房間，也就是學校裡來吧！南面有扇窗，這是這幢房屋裡唯一的窗戶。窗戶窄而低，窗框正及人的腦袋和雙肩。太陽照射的窗洞，是這個房間唯一宜人的地方。從這裡可以俯瞰大半個村子。村子鋪展在漏斗形山谷的斜坡上。老師的小桌子就擺放在窗洞那裡。

正對窗戶的牆上有個壁龕，一隻盛滿水的銅桶在那裡閃閃發光。口渴的時候可以順手拿起旁邊的水杯開懷暢飲。在壁龕上部的幾個架子上，閃耀著幾件錫器：盤子、碟子、平底廣口杯。這些東西只在盛大節慶日時，才從龕頂上取下來。

微弱的光線透了進來，照著滿牆塗著彩色大斑點的肖像畫。肖像畫中有承受七個苦難的聖母，這位悲痛的天主之母藍色外套微敞，袒露出她那被七把利劍刺穿的心；而在睜目凝視的太陽和月亮之間的，則是天主，祂的袍子像被狂風吹動似地鼓脹。

在窗子右邊的牆上，畫著永世流浪的猶大①。他頭戴三角帽，身穿白色皮革長袍，腳穿釘著釘子的鞋子，手裡拿著結實

---

① 猶大：傳說中此人因凌辱耶穌而被罰永世流浪，直至世界末日，現用來比喻終日在外奔波，無固定居所的人。——譯注

的拐杖。框著這幅畫的悲歌寫道：「人們從來沒有見過這樣滿臉鬍鬚的人。」畫家沒有忘掉這個細節，老人的鬍子像雪崩那樣展開在長袍上，一直垂到膝蓋。

左邊是布拉班特的潔妮薇埃芙，她由一頭母鹿陪伴；荊棘叢中藏匿著兇狠的戈洛，他握著一把匕首。該畫上面則是克雷底先生之死；他在小酒店的入口，被惡毒的付款者刺殺[2]。在房間四面牆壁的空處，就這樣畫滿了題材五花八門的圖畫。

我對這個博物館讚不絕口。它以紅、藍、黃和綠等豐富的色彩，吸引著我們的目光；雖然老師擺出他的收藏品，並不是為了培育我們的思想和心智。他才不會把這種事放在心上呢。他是具有獨特風格的藝術家，按照他愛好的趣味裝飾自己的住處。而我們則利用著這些裝飾品。

如果說，這個每幅藏畫值一蘇的博物館，一年四季都讓我感到幸福；那麼這間房屋在冬天朔風凜烈、大雪連綿的時候，

---

② 中世紀民間傳說：布拉班特公爵之女潔妮薇埃芙，嫁給特雷夫伯爵為妻。婚後不久伯爵隨國王出征，但不知其妻此時已有身孕。伯爵征戰在外期間，管家戈洛勾引潔妮薇埃芙未遂，懷恨在心，於伯爵歸來時誣其妻與人私通。伯爵下令處死其妻。幸家僕將其母子棄於林中。多年後伯爵於此林中狩獵，遇其妻子。其妻向他證明自己的清白無辜。伯爵深愧，迎其歸家，並嚴懲戈洛。——譯注

則更加吸引我。房間的底牆上是壁爐。相對這間房子的面積來說，它就像我祖母家的壁爐一樣，真是座宏偉的建築。它的拱形牆飾和房間一樣寬，巨大的壁凹有多種用途。

中央是壁爐的爐床，在左右兩邊、與欄杆齊高的地方，開著兩個壁龕。一個是細木製作的，一個是磚石砌成的。每個壁龕就是一張床，鋪著破舊的麥殼床墊。兩塊在滑軌裡滑動的木板代替遮板。如果睡覺的人想把自己隔離起來，這兩塊木板就可關上這只匣子。這間寢室隱藏在壁爐臺下，向這間房裡的兩個享受特權者——寄宿生，提供雙鋪位。夜裡，當西北風在黑沈沈的運河口上怒號呼嘯，弄得雪花漫天飛舞時，把遮板關上後，待在壁龕裡十分舒適。

房間的其他地方，都被壁爐爐床的附屬裝置占用：三腳板凳、乾燥用的鹽罐、雙手操縱的鏟子，還有風箱。這個風箱和我祖父家的一樣，靠兩個腮幫鼓脹吹氣。它是將一根粗大的冷杉木，用燒紅的烙鐵掏通做成的，透過這個箱孔，嘴巴呼出的氣被引導到遠處需要重新點燃的木柴上。在兩塊石頭搭成的臺子上，燃著教師提供的一綑樹枝，和我們每人每天早上必須帶來的木柴；如果我們想有權享用壁爐裡的美味佳肴的話。

這火爐不是為我們而燒，它最主要是為了燒熱擺成一排的

三口小鍋。鍋裡慢慢煮著小豬的美食——麩皮和馬鈴薯。

　　儘管我們帶了木柴，可是燒煮豬食才是這堆燒得旺旺的爐火的真正用途。兩個寄宿生享受著特權，坐在凳子上。其他的人則圍住大鍋，蹲成半個圓圈。大鍋裡的東西沸騰地盛滿鍋邊，冒出一小股一小股的蒸氣，發出噗通噗通的聲響。

　　當老師的目光轉移開時，膽大的孩子就用刀尖去刺煮得熟透的馬鈴薯，把它添加到自己的那塊麵包上。我在這裡必須說明，雖然我們在學校裡學的很少，但卻吃的很多。一邊寫字母或者寫數學，一邊敲胡桃、啃麵包，是很平常的事。

　　對我們這些年紀小的來說，除了學習時嘴巴塞得滿滿的，有時還會加上另外兩種堪與敲胡桃相比的安慰。房間有門和家禽飼養場相通。在飼養場裡，母雞被小雞簇擁著搔扒糞堆，小豬快活地在石槽裡玩水。這扇門經常開著，我們有事沒事都可以到外面去。門打開後，那些調皮鬼就盡量不去關上。

　　門打開後，小豬立刻奔來，一個接一個排成行。牠們被煮熟的馬鈴薯味道吸引而來。年紀小的學生，比如說我的板凳恰好就在銅桶下面，緊靠著牆。敲胡桃敲到口渴時，很方便就能喝到水。這時，我的凳子正好在小豬奔來的通道上。牠們來時

碎步小跑，低聲咕嚨，纖細的尾巴捲曲起來。牠們輕輕摩擦我們的腳，用玫瑰色稚嫩的嘴搜索我們的手心，以便取走麵包殘屑。牠們還用機靈活潑的小眼睛，探尋我們的衣袋裡是否有乾栗子。牠們在教室裡巡遊，一會兒在這裡，一會兒在那裡，老師和善地用手帕趕走牠們，讓牠們回到飼養場。

母雞也來參觀，身旁跟著一群毛茸茸的小雞。我們大家都急急忙忙弄碎麵包給這些可愛的參觀者。大家比熱情比殷勤，把牠們吸引到自己身邊，還用手指撫摸小雞背上柔軟的絨毛。不，我們並不缺少消遣。

在這樣的學校裡，我們能夠學到什麼呢？讓我們先談談年紀小的，我就是其中之一。我們每個人手裡都有，或者被認為都有一本值兩蘇的書——兒童識字課本。灰色的封面上是一隻鴿子，或者類似鴿子的東西。第一頁是個十字架；隨後是字母系列；這一頁翻過後就是可怕的ba、be、bi、bo、bu，這是大多數人的暗礁。越過這可怕的一頁後，我們就被視做會讀了，並且得到准許和大孩子一道學習。

但是，要使用這本小書，老師至少必須照顧到我們每一個人，讓我們知道用什麼方法入門。這個老實人沒有一點空閒，他花在大孩子身上的時間實在太多。把那本畫著鴿子、了不起

的兒童識字課本強加給我們，只是為了讓我們有小學生的舉止。我們應當坐在板凳上思考它，在鄰座同學的幫助下辨認它；如果鄰座同學偶然認識幾個字母的話。可是，我們思考不出什麼結果來，因為大家都只牽掛著光顧小鍋裡的馬鈴薯。同學間為了一粒彈子爭吵、呼嚕呼嚕叫的小豬闖入、小雞不時來訪，這些都干擾了我們的思考。這些分心的事幫助我們耐下性子，等待老師准許我們放學。這才是我們最認真的事啊。

大孩子們在寫字，房間的那一點光線屬於他們。他們坐在狹窄的窗子前，永世流浪的猶大和兇惡的戈洛在那裡相互對望著。房間裡唯一那張周圍有板凳的桌子屬於他們。學校什麼也不提供，甚至連一點墨水也不提供，每個學生來這裡得帶著一套完整的用品。那時的墨水瓶是個分為兩層的紙盒子，讓人想起哈伯雷筆下那個古代的筆盒。

盒子上面一格收放羽毛筆；這些筆取自火雞或者鵝的翅膀，用刀子削剪而成。下面一格收放裝在小瓶子裡的一點墨水；墨水是混合著煤煙的醋。

老師的首要工作是削剪羽毛；然後根據學生的能力，在練習簿空白頁的第一行劃一條槓、寫一行孤立的字母或者單字。削剪羽毛是件精細困難的工作，對笨拙的指頭來說，可是有危

險的。這些事做好後，我們來瞧瞧讓老師的工作變得美麗的傑作吧。

　　老師的手靠小指支撐用力，手腕像波浪般波動彎曲，準備做手的衝躍動作。突然，這隻手啟動、飛躍、旋轉起來。瞧，就在他寫的那行東西下面，展現出一隻由環形、螺旋形和螺線形組成的花環，花環裡框著一隻展翅欲飛的鳥。請注意，這些都是用紅墨水畫成的。只有這美麗的作品才配得上這支羽毛筆。在這樣的奇蹟面前，我們所有的孩子全都驚呆了。晚上，一家人聊天時，大家把這個從學校裡帶回來的傑作傳來傳去，說：「多了不起的人啊！他一筆就為你做了個聖靈。」

　　在我的學校裡，大家都讀些什麼呢？頂多讀讀法文聖徒故事的幾個片段。拉丁文倒是經常學，這是為了教我們在晚禱時唱歌。學習狀況最好的學生，試著辨讀手抄本和買賣契約。那裡面有公證人所寫，就像天書般晦澀難懂的語句。

　　歷史呢？地理呢？從來沒人談起過。地球是圓的還是方的，這對我們有什麼重要的呢！人們為了讓它生產出東西所遇到的困難，並不會因此就有所變化嘛！

　　文法呢？老師很少關心，我們就更不關心了。名詞、直述

句、假設語氣和其他文法術語，以其新鮮和艱難討厭的結構令我們驚訝不已。書面語言或者口頭語言的正確使用，都必須經過練習才能學會。但這個問題並未束縛住我們，我們才不會爲此小心謹慎地說話呢。放學回家牧放羊群時，大費心思地講究這些東西又有什麼好處呢？

算術呢？沒錯，大家稍微學一點，但不是在這個學術名稱下學。我們把它叫做計算。寫些不太長的數字，把它們加總起來；或者把一個數從另一個數中扣掉，這就是經常性的練習。星期六晚上，爲了結束一週的學習，大家都忙亂起來。學習狀況最好的學生站起來，用響亮的聲音背誦小冊子裡的頭一個十二。我之所以說十二這個數字，是因爲當時使用舊十二進位制的計量制。這種用法把乘法表一直擴充到十二。

那個學生背完第一個十二，整個班，包括年齡較小的學生，大家就一齊重複一遍。那種喧鬧聲，如果小雞、小豬在場，準會被吵得逃之夭夭。乘法表要一直背誦到十二乘十二。領頭唱出給下一個十二的起音，整個班又一齊背誦。背誦時大家唯恐嗓門提得不夠高。在學校能教給我們的東西中，小冊子是大家學得最好的，這種喧嚷的方法終於讓數字牢牢地刻印在我們的腦子裡了。

　　但這並不是說，我們都變成了靈巧能幹的計算者，即使是最熟練的人，也很容易在乘法進位數中被弄得暈頭轉向。至於除法，能夠進階到這一步的人還真是鳳毛麟角。總之，解決小問題時，人們更常用心算法，反而較少使用巧妙的進位法。

　　總之，我們老師是個出類拔萃的人。對他來說，要辦好學校只缺一樣東西，那就是時間。他的職務如此繁多，占去了他太多的時間，因此留給我們的那點時間十分有限。

　　他替一個非本村的地主管理財產，這個地主要隔很久才露一次面。我們老師負責管理一座有四座塔的古堡，這些樓塔已經變成了鴿棚。他還主持乾草的收儲、胡桃的摘打、蘋果的採摘、燕麥的收割。在氣候良好的季節，我們都會幫他一把。

　　冬天時常去的學校，這時候差不多空無一人，只剩下孤零零幾個對農事還派不上用場的孩子。其中就有那個有朝一日會把這些值得記憶之事寫下來的孩子。這時上課更加愉快。課程常常在乾草堆、麥稈堆上進行。上課內容往往就是清掃鴿棚，或是壓碎雨天時從堡壘裡爬出來的蝸牛。蝸牛的堡壘就在與城堡相通，花園裡的黃楊木林邊緣。

　　我們的老師是個理髮匠。他用靈巧的手，那隻描繪螺旋狀

的鳥來美化我們習字簿的手，為當地有頭有臉的人物——村長、神父、公證人剃頭髮。我們老師是打鐘人。村子裡的婚禮、受洗都會中斷學校上課，因為他必須鳴響鐘聲。雷雨的威脅也會讓我們放假，因為他必須搖動大鐘，讓人們預防雷電和冰雹。我們老師是唱詩班的領唱人。當他在晚禱上唱聖母讚歌時，他那洪亮的聲音響徹整個教堂。我們的老師也為村子的大鐘上發條並校準，這是他的榮譽職務。他看一眼太陽，就了解大概是什麼時候，然後走上鐘樓，打開木板，置身一把大旋轉鐵叉的齒輪中間。這把鐵叉的秘密只有他才知道。

有這樣的學校、這樣的老師、這樣的榜樣，我那初萌、幾乎還不明確的興趣愛好，會變成什麼呢？在這樣的環境中，這些興趣愛好始終受到壓抑，將會消失。然而，實際情況並非如此，因為胚芽有很強的生命力。它攪動我的血液，不再離開我的血管。它到處尋找食物，甚至找上我那值兩蘇的兒童識字課本的封面。那裡有我所觀察、所思考的鄉野鴿子的圖像。我思考這個圖像的勤奮程度，遠遠超過用在學習上的動力。

這隻鴿子那被斑點狀圓環框著的圓眼睛，似乎在對我微笑。牠的翅膀對我講述，牠在那上空美麗雲彩之間的飛翔。我一根根數著這對翅膀上的羽毛，這對翅膀把我帶到山毛櫸林裡。這些樹在一張苔蘚地毯上豎起光滑的樹幹，白色的蘑菇從

地毯上露出來，像一隻流浪的母雞留下的蛋。這對翅膀還把我帶到積雪的山峰，鳥用牠那紅色的爪子，在那裡留下星形的印記。我的鴿子朋友多麼出色啊。牠安慰我，讓我忘掉隱藏在書本封面下的辛酸。有了牠，我聽話乖巧地坐在板凳上，耐著性子等待別人讓我出去。

　　露天學校還有其他樂趣。當老師帶領我們砸碎黃楊木林邊緣的蝸牛時，我並不總是小心翼翼地履行我的消滅者職責。我的腳後跟有時在我剛才收集到的一打蝸牛面前躊躇起來。牠們多麼美麗啊！評判一下吧：這些蝸牛有黃色和玫瑰紅的，有白色和褐色的，牠們全都有呈螺旋形旋轉的黑色帶子。我用袋子盛滿顏色豔麗的，以便隨意觀賞。

　　在替老師的草地收割牧草的日子，我和青蛙打起交道來。剝了皮的青蛙被放在一根劈開的竹竿梢，充當我的餌，擱在小溪旁邊，誘使蝦子從洞穴裡出來。我在橙木上捕捉麗金龜。這種金龜子是如此美麗，連蔚藍色的天空都會相形見絀。我採摘水仙花。學習用舌尖吸吮甜蜜的露滴，露滴必須在有裂口的花冠底部尋找。我還了解到，有一種頭疼是享受這種美味時間過久的後果，但身體的這種不適，絲毫沒有消減我對這種美麗白花的讚慕。它在漏斗的入口處，戴著紅色打褶頸圈。

　　打胡桃的時候，貧瘠的草地爲我留下蝗蟲。這些蟲子把翅
膀展開成藍色的扇形，有些則展成紅色扇形。就這樣，即使在
酷寒嚴冬，鄉村學校也源源不斷地向我對事物的好奇心提供食
糧。不需要什麼指引和例證，我對蟲子和植物的熱情自動發展
茁壯。

　　沒有進步的，是我的文科知識。我爲了鴿子，大大荒廢了
文科學習。當父親因爲興之所至，偶然間從城裡帶回將使我在
閱讀之路產生衝勁的東西時；那時的我，總是對苦澀的兒童識
字課本不熟練。儘管這東西在我的智力覺醒方面發揮重大的作
用，但我花在其中的精力實在不太多。啊！眞的不太多。父親
帶回的書裡有一幅價值六里亞的大圖像，五顏六色，分割成格
子狀。每一格裡都畫著一種動物，並寫著其名稱的第一個字
母，這是教人識字的字母表。

　　要把這幅寶貴的圖畫放到哪裡好呢？正好家中孩子的房間
裡，有一扇跟學校窗戶一樣的小窗子。它像學校的窗子那樣，
底部開著一個壁龕；也像學校的窗子那樣，可以俯瞰整個村
子。這兩扇窗子一扇在有鴿棚的古堡左邊，另一扇在右邊。這
兩扇窗子在山谷漏斗形窪地的頂端平分秋色。要隔很久一段時
間，當老師離開他的那張小桌子時，我才能去享受學校窗戶帶
來的樂趣。但是，我擁有家裡的第二扇窗戶，可以隨心所欲地

使用。我在那裡流連忘返，坐在一張插在窗洞裡的小木板上。

　　我在那裡飽餐秀色。我看見了世界的邊界，換句話說，除了一個薄霧彌漫的缺口外，我看見了擋住地平線的丘陵。在這個缺口裡，在赤楊和柳樹下面，流著蝦子漫游其間的小溪。在那上面，幾棵被北風吹動的橡樹聳立山脊，直入雲霄。再遠些就沒有什麼了，那裡是充滿了神秘的未知世界。

　　在山谷底部有座教堂，教堂裡有三座時鐘。廣場坐落在稍高的地方。在寬大拱頂的遮護下，噴泉的水淙淙地從一個水池流向另一個水池。我坐在窗邊，聽見浣衣婦女絮絮不休的饒舌、捶衣杵一下一下的敲打聲、用砂土和醋擦洗小鍋子的尖銳刺耳聲。在斜坡上有稀疏散布的小屋，屋前的小園子呈階梯狀，以搖搖晃晃的圍牆圈護著；牆在泥土的推動下突起，有坍塌之虞。到處都是很陡的斜坡小街巷，路面鋪著天然的石子，凹凸不平。在這些危險的通道裡，騾子就算有堅固的蹄，也不敢載負著砍下的木柴行走。

　　在村子外，丘陵的半山腰有一株高大挺拔的百年椵樹，人們叫它「這樣樹」。玩耍時，它那歷經漫長世紀歲月而被掏空的樹幹，是我們最喜愛的躲藏處。在趕集日的時候，它那寬闊龐大的葉簇向牛羊群灑下樹蔭。

在這終年唯一的莊嚴日子裡，幾個想法突然在我的腦海裡迸現。我了解到，世界並非和我的大貝殼丘陵一同終結。我看見小酒店老闆把酒裝在山羊皮皮囊裡，載負在騾子背上運來。在寬大的廣場上，我看見煮好的梨盛滿了罈子，還看見一筐一筐的葡萄排成行。這是種初為人知的水果，但大家卻已對它垂涎欲滴了。我羨慕旋轉羅盤。你付一蘇，這個玩意就開始轉圈，然後指標突然停在圓盤的一點上。它有時讓你得到一隻玫瑰色麥芽糖大鬈毛狗，有時讓你得到一個用撒滿杏仁屑的茴香做成的小圓瓶，有時讓你什麼也得不到。最常見的當然是最後面這種情況。

在地上，一塊灰色麻布上，陳列著印有紅色小花的印度花布捲。這對姑娘們來說，是一種誘惑。在不遠的地方，擺著山毛櫸木鞋、陀螺和黃楊木笛。牧羊人在那裡選擇他們的樂器，試吹幾支稚拙的曲調。對我來說，這裡有多少新穎的東西啊！在這個世界上有多少東西可以觀看啊！但是，觀賞奇蹟的時間十分短暫。晚上，有人在小酒店裡推擠拉扯、鬥鬥口舌後，一切都完結了。村子又回歸寧靜。

我們別滯留在這些對生命的黎明的回憶上吧。那幅從城市帶來的名畫，要把它放到哪裡才更適宜觀賞呢？當然，應該把它貼在我的窗櫺上。房間的凹進處連同它的小木板座位，就構

成了一間小小的學習室。在那裡，我能夠交替注視著粗壯的椴樹和兒童識字課本上的那些牲畜。

　　我寶貴的圖畫，現在輪到我和你打交道了。我們從驢子（Ane）這個神聖的牲畜開始。牠的名稱以粗大的字母開頭，教給我字母 A。牛（Boeuf）教給我字母 B，鴨子（Canard）教給我字母 C，火雞（Dindon）讓我清楚讀出字母 D 的音。剩下的依此類推。沒錯，有幾個格子就顯得黯淡了。我和河馬（Hippopotame）、瘤牛（Zebu）關係冷淡，牠們想要我讀出 H 和 Z。這些奇怪的動物都是我們陌生的生物，要由此聯想到相應的字母，實在太抽象了。牠們那固執倔強的輔音，讓我猶豫不決了好一些時間。

　　不要緊。在困難重重的時候，父親及時出現了。我進步得很快，以致在短短幾天內，就能夠卓有成效地翻閱我那本有鴿子的小冊子。要知道直到那時為止，這本小冊子對我來說還是天書呢。我終於入了門，會拼寫了。我的父母很驚訝。這個出乎預料的進步，現在我能夠解釋得出原因了。這些圖畫富於啟發性，讓我和牲畜交往，這很符合我的天性。雖然動物沒有對我履行牠們的諾言，但我仍然要感謝牠們教我識字。透過別的途徑，我一定也會達到這個目標，但不會這樣迅速、這樣愉快。牲畜萬歲！

好運又再度降臨到我身上。有人給了我一本拉‧封登的《寓言集》，做爲我學習進步的獎勵。這是本值二十蘇的書，圖畫很多。沒錯，這些圖畫很小，畫得很不準確，但卻很美妙。上面有烏鴉、狐狸、狼、喜鵲、青蛙、兔子、驢子、狗、貓。這些都是我知道的動物。啊！多麼美妙的書啊！書裡有一些動物對話的插圖，這很投我的愛好興趣。至於了解書裡都說些什麼，那就是另外一碼事了。好好幹吧，我的孩子。把那些你對它們還一點興趣都沒有的音節積累起來，以後它們會對你講話的。拉‧封登將永遠是你的朋友。

後來我十歲了，上侯戴小學。我在大學的小教堂裡擔任望彌撒儀式的助手，這個職務使我獲得了免費就學的待遇。我們四個人穿著寬袖白色長袍，戴紅色無邊圓帽，有時還穿紅色長袍。我在四個人中年紀最小，只是個啞角，是湊數的。什麼時候應該搖鈴，什麼時候應該移開祈禱書，我從來都不是非常清楚。我們有四個助手，兩個從這邊走來，另外兩個從那邊走來，屈膝跪在唱詩班的中央。每當日課結束前，人們唱起「主祐吾王」這首頌歌時，我都感到渾身起哆嗦。這是膽怯的懺悔，還是讓別人去做吧。

我在班上備受青睞，因爲我的法譯外文和外文譯法的練習很出色。在這個拉丁化和希臘化的環境中，我們學的是阿爾班

的國王普羅卡斯、他的兩個兒子努米托爾和阿穆利烏斯的故事。人們談到西內吉爾。這個頜力很強的人在作戰時失去雙手，仍然用牙齒咬住並扣下了一艘波斯風帆戰船。人們講述腓尼基人卡德穆斯。他把龍齒當蠶豆播下，並且從他的種子田中徵集到一支粗野的軍人。這些士兵一邊從地裡出來，一邊自相殘殺。殺戮後唯一的倖存者，一個狠心腸的人，顯然就是粗大臼齒的兒子。

過去如果有人對我談關於月亮的事，我是不會感到驚奇的。我用蟲子來補償自己。蟲子在這個英雄和半神化的夢幻環境中，是永遠不會被忘記的。我在效法卡德穆斯和西內吉爾的功績的同時，少不了在星期天和星期四，去了解報春花、黃水仙是否在草原上出現，朱頂雀是否在刺柏上孵卵，金龜子是否從搖曳的白楊樹上大批大批掉落。我對大自然的激情始終那麼旺盛。

我逐步讀到了維吉爾的作品，我非常喜愛梅麗貝、科里多、墨納爾克、達墨塔斯這些人物。過去我那牧羊人的調皮搗蛋行為，幸好沒有被人注意到。書中除了講述人物的故事，還有一些關於蜜蜂、蟬、斑鳩、小嘴烏鴉、山羊、金花雀的有趣細節。用響亮詩句敘述田野裡的事物，那才是真正的快樂享受。拉丁詩人在我的記憶裡，留下不可磨滅的印象。

　　然後，我不得不突然向學習告別，和蒂迪爾和墨納爾克告別。厄運無情地襲來。家裡已經沒有麵包了。孩子，聽憑上帝的安排，能逃到哪裡就逃吧。盡可能掙兩個買烤馬鈴薯的蘇吧，生活將變成可憎的地獄。好啦，這個就別談了吧。

　　在這惶惶不可終日的歲月裡，我對昆蟲的愛好應該喪失了吧。不然，實際情況完全不是這麼回事。這種愛好在「墨杜薩號」的木筏③上堅持著。對那隻我第一次遇見的松樹鰓金龜的回憶，仍然留在我的腦海裡。牠的觸角裝飾、牠那漂亮的栗色底上布滿白斑的裝飾，在深重苦難中，是一線陽光。

　　長話短說吧。好運從不背棄勇敢之人，它把我帶到沃克呂茲初等師範學校。在那裡保證有粗食糊粥可吃，粥裡有乾栗子和鷹嘴豆。校長是個目光遠大、慷慨大度的人，他很快就對我這個新來的學生有了信心。他幾乎讓我隨意行動，只要我能達到學校教學大綱的要求就行了。

　　我學過一點拉丁文和拼字法，比起我的同學來，我稍稍領

---

③ 「墨杜薩號」的木筏：1816年6月17日，法國輪船「墨杜薩號」自艾克斯駛往塞內加爾，途中因遇海難而放下一長20公尺寬7公尺的木筏。此筏收容旅客149名，在海上飄泊12日後，生還者僅15人，其餘的或中途被拋入海中，或被其他旅客吞食。此處喻危難處境。──譯注

先。於是我便利用這個條件，來整理那些關於植物和蟲子的模糊知識。當我周圍的同學們打開字典，仔細檢查聽寫練習的時候，我卻在書桌上，秘密地研究歐洲莢竹桃的果實、金魚草的殼、胡蜂的螫針以及步行蟲的翅鞘。

我在想像中已經嚐到自然科學的滋味，而這種滋味又是我不惜一切代價偷偷嚐到的。因此，我離開學校時，已經比任何時候都更加醉心於昆蟲和花了。然而，我卻必須拋棄它們。未來的謀生手段和有待大大充實的教育，都使得我非這樣做不可。為了升到初等師範學校的水準之上，我該做什麼呢？在當時，這所學校要養活學校的教師都很困難了。博物學不能引導我得到什麼，那時的教學排斥這門科學，認為它配不上拉丁文和希臘文。那麼對我來說，就只剩下數學了，它需要的工具很簡單：一塊黑板、一支粉筆和幾本書。

因此我廢寢忘食，積極投身圓錐曲線、微分和積分的學習中。沒有導師、沒有別人的幫助，我單槍匹馬，日復一日地與難以克服的困難進行艱苦的抗爭。我鍥而不捨的努力終於消除了數學的深奧和神秘。接下來的是自然科學，我也是如此刻苦地學習。

請想想吧，在這場激烈的鬥爭中，我喜愛的科學將會變成

什麼。我稍有一絲絲想從學習裡解脫的願望，就責備自己，擔心自己受到某種新的禾本科植物、某種不了解的鞘翅目昆蟲的誘惑。我強迫自己學習數學，我的博物學書籍被拋到腦後，拋到了箱底。

後來，我被派到阿嘉丘中學教授物理和化學。這一次，誘惑太強烈了。充滿奇蹟的大海和波浪，送來沙灘上美麗的貝殼；長滿香桃木的叢林、野草莓樹和乳香黃連木，整個華美的自然天堂，以極大的優勢和數學的餘弦定理搏鬥。我屈服了。我的餘暇被分為兩部分，其中大部分歸於數學。根據我的計畫，數學是我日後在大學裡學習的基礎。另外一部分，則怯生生地用於植物標本的採集，用於對海洋事物的研究。我如果沒有受到 X、Y 的糾纏，能夠毫無保留地專注於我的傾向愛好；這將會是個什麼樣的地方，這又將是怎麼樣了不起的學習啊！

但我們是聽憑風吹雨打的麥稈。我們想邁向自願選擇的目標，但命運卻把我們推向相反的方向。數學是我青年時代過分專注的事物，但對我幾乎毫無用處。我曾經盡可能為之節衣縮食的蟲子，卻撫慰了我的老年歲月。然而，我並不因此就對我始終非常尊重的餘弦懷恨在心。雖然它從前讓我臉色蒼白、形容枯槁，然而當我晚上遲遲不能入睡時，過去常讓我得到消遣的餘弦，現在仍讓我獲得一些枕上的消遣。

　　就在這個時候，大名鼎鼎的亞維農植物學工作者，雷基安來到了阿嘉丘。他總是夾著一個裝滿灰色紙張的紙板盒，橫跨科西嘉島採集植物標本，並把它們撫平、弄乾，分送朋友。我們很快就結識了。我空閒時常陪他到處奔跑，研究植物。這位大師從來沒有過比我更加專心致志的弟子。

　　說實話，雷基安並不是個學者，但卻是一個十分熱心積極的收集者。如果要說出某種植物的名稱和地理分布情況，鮮少有人覺得能夠和他一較高下。一小段草、一小層苔蘚，一小層地衣、藻類的一條細線，他無所不知。當科學的命名工作剛剛開始時，這是多麼可靠的記憶啊！他對人們所見的事物做了多麼井然有序的分類啊！我在植物學方面欠雷基安很多情。如果死神多留給他一些時間，我肯定會欠他更多的情。他有一顆慷慨大度的心，向新手的困難大大敞開的心。

　　隨後的一年，我認識了莫干-唐東。透過雷基安的穿線，我和他交換過幾封關於植物學的信。這位土魯茲的傑出教授來到我們這地區，他打算參考植物誌寫一本植物圖集，所以需要對植物的分布地點進行研究。他到來時，旅館房間已經都被預訂一空了，因為省議會的成員要在此召開會議。於是我提供他食宿：一張臨時搭起面海的床、海鱔、大菱鮃和海膽等菜肴。這是這片好山好水所供應的一般菜色。但是對這位博物學家來

說，卻十分新穎，而且很有意思。我熱情提供的東西吸引了
他，他深受感動。吃飯時，我們對自己所知的無所不談。半個
月時間，我們的植物採集活動結束了。

　　與莫干-唐東在一起，在我身上顯露出新的遠景。他不再
是個記憶力萬無一失的專業辭彙分類者，而是一個思路開闊的
博物學家，一個從微小細節晉升到宏大概括的哲學家，一個善
於把形象化話語魔力般的外套，投到赤裸裸真理上的人文學者
和詩人。在精神上，日後我再也沒像當時那樣快樂過。他對我
說：「放棄你的數學吧！沒有人會對你那些公式感興趣的。來
研究蟲子、研究植物吧。如果你確實像你表現的那樣，血管裡
有股熱忱，你以後會找到傾聽你講話的人的。」

　　我們對島中心的荷諾索山進行了一次遠征。這座山我已經
非常熟悉。我讓這位學者收集到白霜不凋花，這種令人羨慕的
花卉像銀色的罩布；還有erba muvron，科西嘉人叫它盤羊
草；以及毛茸茸的瑪格麗特皇后，這種植物穿上棉絮，在白雪
身旁微顫。這位學者還收集到很多其他稀有的植物物種。這些
都是植物學家的極大樂趣。可是對我來說，他的話和他的熱
情，比白霜不凋花更吸引我、感染我。我從寒冷的山峰下來
時，已經打定了主意：放棄數學。

　　他離開的前夕對我說：「你專心研究貝殼，這已經很了不起了。但是還不夠，你得特別去了解蟲子。我這就讓你看看怎麼做。」他於是拿著一把從縫衣箱裡取來的剪刀，和兩根匆匆忙忙用葡萄嫩枝裝上柄的縫衣針，讓我觀看在一盆深水中對一隻蝸牛所做的解剖。他逐步解釋、描述與展示器官，我一生中唯一聽過、而且最值得記憶的博物學課，就是這樣進行的。

　　是做結論的時候了。我就本能這個問題問自己，因為我不能問沈默寡言的金龜子。我盡量審查自身，於是得到這樣的回答：「從孩提時代起，從我最初智力的覺醒時刻起，我就有觀察研究自然事物的癖好。用一個切題的詞來說，那就是我有觀察事物的才能。」

　　在談完我直系親屬的詳細情況後，引用遺傳論來解釋這些就會讓人發笑了。誰也不會冒昧地引用大師們的話和例子。在這些情況中，絕對沒有什麼科學教育，這是學校的收穫。我除了為了接受考試的檢測外，從來沒有進過大學的教室。我沒有教師、沒有指導者，經常沒有書本。我不顧苦難、不顧可怕的悶熱房間，我前進，我堅持，我熬過考驗，以致我難以抑制的才能終於傾注出它那微薄的內容。啊！是的，很微薄，但是，如果有環境的助益，它或許具有某些價值。我生來是個動物畫家。為什麼是？怎樣是？沒有答案。

我們所有人因此在不同的方向，程度不等地，用特別的印記標示出我們自身的特徵，一種根源難以探知了解的特徵。這些特徵因其本身使然，所以也就是這樣的樣貌。沒有人知道的比這個更多。天賦無法代代相傳。能人的兒子可能是個白痴。天賦也無法獲得，但可以經由練習加以完善。就算在溫室裡盡力精心培育，但要是血液裡沒有處於萌芽狀態的天賦，就永遠得不到它。

人們在談到動物的時候，擁有「本能」這名稱的東西是天分的類似物。本能和天分彼此都是位居平凡庸俗之上的高峰。本能代代相傳，對某個物種來說，歷久不變，尺寸一致。它是永恆、普遍的。在這一點上，本能和天分迥然不同。天分不能代代相傳，從一個人傳給另一個人，它變化無常。本能是家族不可侵犯的遺產，它降臨到眾人身上，毫無區別。對本能而言，差異並不存在，它也不依存於同類的結構，而是像天分那樣在某處顯露出來，無需任何重要的理由。它無從預見，在身體裡無從解釋它。當食糞性甲蟲和其他昆蟲被問及這一點時，牠們都本著自己的那種才能回答我們（如果我們能夠理解牠們的話）：「本能就是蟲子的天分。」

第五章
潘帕斯的食糞性甲蟲

　　周遊世界，跑遍五洲四海，從一個天涯到另一個海角，察看各種環境中千變萬化的生活，這對善於觀察的人來說，幸運至極。這就是魯濱遜的漂流事蹟讓我感到樂趣無窮的青春歲月時的美夢。緊接著充滿玫瑰色的幻想旅行之後而來的，是鬱鬱寡歡和足不出戶的現實。印度的熱帶叢林、巴西的原始森林、南美洲大兀鷹喜愛的安地斯山脈的高峰，減縮成一塊像探險場地那樣四面圍著牆的卵石地。

　　上帝助我別這樣抱怨不滿，牢騷滿腹。思想的收穫並非得靠遠赴千里之外去探險旅行不可。讓-雅克[1]在他的金絲雀所棲息的海綠樹叢中採集植物；聖-皮耶的貝納丹[2]從偶然來到

---

① 讓-雅克：即盧梭，法國思想家、文學家，1712～1778年。——譯注

他窗戶角落上的一株草莓，發現了一個世界；梅斯特爾[3]把一張扶手椅當做轎式馬車，在房間四周做了一趟最著名的旅行。

　　撇開穿越荊棘叢時，轎式馬車難以駕馭外，這種旅行方式是我力所能及的。我在圈圍起來的小塊土地上，一小段一小段路地旅行，而且這樣旅行了上百次。我在一戶又一戶的人家前駐足；我耐心地詢問，要相隔很久才能得到隻字片語的答覆。我熟悉那裡最小的村鎮；我熟悉修女螳螂居住的每根細枝；熟

冠冕黃斑蜂（放大2倍）

悉蒼白的義大利蟋蟀在夏夜的寧靜裡，輕輕唧唧叫的荊棘叢；我熟悉黃斑蜂這個小棉袋廠主所耙平的、披著棉絮的每根小草；我熟悉切葉蜂這個樹葉裁剪者，開發的每個丁香矮樹叢。

　　如果在荒石園的每個角落旅行不夠，長途旅行就向我提供豐足的禮物。我繞過鄰近的籬笆，在約一百公尺遠的地方和聖甲蟲、天牛、糞金龜、蜣螂、白面螽斯、蟋蟀、綠色蟈蟈兒，最後還和很多昆蟲族群有了交往。研究這些族群的發展史，將

② 貝納丹：法國作家，1737～1814年。——譯注
③ 梅斯特爾：法國作家，著有《圍繞我的房間旅行》等書，1763～1852年。——譯注

耗盡一個人的生命。當然，我對近鄰感到厭倦，甚至已經厭倦過度，但我還是沒有去千里之外做長途跋涉旅行。

　　其次，周遊世界，把注意力分散在大批實驗對象上，這並不是觀察。旅行的昆蟲學家，能夠把成百上千種昆蟲釘在他的盒子裡，這是專業詞彙分類者和收集者的樂趣。但是，收集詳盡的文獻資料卻完全是另外一碼事。旅行的昆蟲學家是科學領域內永世流浪的猶大，沒有閒暇停下來。當他為了研究某些現象，需要長期停留的時候，下一個行程又在催促他。別要求他在這樣的情況下做辦不到的事；且讓他在軟木板上釘吧；讓他在盛著塔菲亞酒④的短頸廣口瓶裡浸泡吧；讓他把需要細緻耐心且需花費大量時間進行的觀察，留給那些深居簡出的人吧。

　　由此可以明白，為什麼除了專業詞彙分類者所列出的、枯燥無味的昆蟲體貌特徵之外，昆蟲的歷史內容極端貧乏。異國他鄉的昆蟲種類繁多，弄得我們疲累不堪，可是這些昆蟲始終對牠們的習性保密。不過，將我們眼前出現的情況和別處的情況加以比較，這是恰當的。觀察同一個昆蟲同業公會裡，氣候條件變化時，本能如何變化，是件有益的事。

④ 塔菲亞酒：西印度群島產的甘蔗酒。——譯注

　　這時，旅行的遺憾又湧上我的心頭。我現在比任何時候都覺得更加空虛，除非我能夠在《天方夜譚》裡那張只需坐在上面，就可周遊世界的魔毯上找到座位。啊！神奇的飛行器啊，它比梅斯特爾的轎式馬車更討人喜愛。但願我能有一張雙程票，在這飛行器上得到一個很小很小的角落。

　　我真的得到了這個角落。有這個出乎意料飛來的好運，我應該感謝基督教會學校的修士──布宜諾斯艾利斯薩爾中學的朱迪里安。他虛懷若谷，受他恩惠的人頌揚他會令他怫然不悅。這裡我只小談一下，應我的要求，他的眼睛代替了我的眼睛。他尋找、發現、觀察，他把他的筆記和發現的材料送給我。我用通信方式和他一起觀察、尋找，一同發現。

　　成功了！多虧這位卓越的合作者，我在魔毯上有了座位。我現在在阿根廷共和國的潘帕斯草原上，渴望把塞西尼翁的食糞性甲蟲的技藝，和牠們遙在另一個半球上的競爭者的技藝，進行比較。

　　多麼好的開端啊！相遇時的巧合使我首先得到了亮麗法那斯。這種昆蟲閃耀著銅的紅光和綠寶石鮮亮的翠綠。人們看見這樣貴重的飾物載負著糞便，真是大吃一驚。這是糞堆裡的一顆寶石。雄蟲的前胸有個凹下的半月形，肩上有鋒利的翼端，

額上插著一隻堪與西班牙蜣螂媲美的角。
牠的伴侶同樣渾身閃爍著金屬光澤，但沒
有稀奇古怪的珠寶首飾。這種飾物在普拉
塔⑤和我國的食糞性甲蟲中，爲雄蟲所特
有，專門用來獻媚賣俏。

亮麗法那斯

　　然而，這種亮麗的外地昆蟲會做什麼呢？月形蜣螂會的牠
們都會做。跟月形蜣螂一樣，牠們定居在牛糞餅下面，在地下
揉捏卵球形麵包。牠們做這工作時非常周全，無一遺漏：體積
最大和表面最小的圓形大肚子、預防乾燥過快的硬殼、孵化室
末端的葫蘆柄，還有讓胚胎所需空氣能夠進入的毛氈圍牆。

　　這些我在家鄉都見過。在那邊，幾乎在世界的另一端，我
又再次見到了。生命在不可移易的邏輯支配下，在工作中重
複。在某個緯度、某個地區的眞實事物，不可能在另一個緯
度、另一個地區虛妄不實。而爲了深入思考探索，我們便往遙
隔千里的外地尋找新景象。

　　亮麗法那斯居住在牛糞圓麵包下面，想必會從這塊麵包得
到極大的好處。牠想必還會效法月形蜣螂，把好些卵球安置在

⑤ 普拉塔：南美洲大西洋岸，烏拉圭與阿根廷之間的河口灣。──譯注

亮麗法那斯的孵化室

牠的窩裡。但是，這些事牠都沒有做，牠寧願從一個新發現的物體流浪到另一個新發現物，並且從每個物體中抽取出製作一個小球所需的物資。然後將小球埋在地裡，讓它自己孵化。亮麗法那斯是如此奢侈，即使是在遠離布宜諾斯艾利斯的牧場上對羊糞進行加工，牠也不需要節約。

潘帕斯草原上這種首飾般的蟲子，不曉得有沒有與父親合作，一起工作？我不敢堅稱有，因為西班牙蜣螂對我否認這一點；牠讓我看到母親怎樣獨自建立家庭，並且讓唯一的地窖裝滿小球。每種蟲子都有自己的生活習性，這種習性的秘密我們還不了解。

雙色麥茄托蒲和居間麥茄托蒲這兩種昆蟲，在外貌上與聖甲蟲有某些共同點。麥茄托蒲用藍黑色代替聖甲蟲的烏木色。

雙色麥茄托蒲

此外，雙色麥茄托蒲讓前胸發出絢麗的銅色光澤。這兩種昆蟲都有長長的腳、裝飾著發光齒飾的風帽和扁平的鞘翅，是著名的球狀的聖甲蟲的縮小版，只不過縮

得不充分罷了。

　　牠們也具備聖甲蟲的才能。其產
品也是一種梨狀物，但牠們製作這種
產品的技藝更加質樸。產品的頸部近
乎錐形，沒有優雅的彎曲形狀。就優
美雅致而論，比不上聖甲蟲的產品。
然而，從運轉輕快和適合緊抱這個角
度考量，我對這兩種麥茄托蒲，這兩
個模型工，更加充滿了希望。沒有關
係，麥茄托蒲的產品是符合球狀昆蟲
的基本技藝的。

居間麥茄托蒲的糞球

牛糞蟲（放大1½倍）

　　第四個是牛糞蟲。牠的工作擴大
了問題的領域，但並沒有透露出任何
前所未聞的新知。這種昆蟲十分美麗，穿著金屬般的外衣，根
據光線照射角度的不同，有時呈綠色，有時呈銅紅色。牠的四
角外形、鋸齒狀的長前腳，使牠看上去更接近寬胸蜣螂。

　　有了這種昆蟲，食糞性甲蟲公會顯現出一種極爲出人意料
的面貌。我們認識一些像軟麵包揉麵工那樣的蟲子。現在這裡
就有一些。牠們爲了讓圓形大麵包更新鮮的儲藏，發明了陶瓷

製品，而自己則成了陶瓷工，負責加工用來包裹幼蟲食物的黏土。牠們先於我的家庭主婦，先於我們所有的人，知道用圓鼓的罈子讓食物在夏日暑熱難熬時，不致乾燥。

　　牛糞蟲的產品呈卵球形，形狀和蜣螂的產品區別不大。但是在牠的產品中，卻顯露出美洲蟲子的靈巧。在內部的核，這個通常由母牛或綿羊提供的糞便糕餅上，均勻地塗著一層黏土。這層黏土成了既牢固又可預防蒸發的陶瓷。

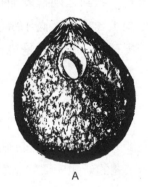

A

牛糞蟲的糞球，A 為剖面圖

　　土罈子恰好盛滿，接合線上沒有一點間隔。這個細節顯示出這隻昆蟲的生產方法。這種罈子根據食物的儲量而製作。根據麵包業通行的習慣，富營養價值的卵球已經做好，卵存放在孵化室後，牛糞蟲就成堆成堆地收集鄰近的黏土，把它塗貼、

壓縮在這些食物上。這些東西製作完畢，就被牠不嫌厭倦、耐心無比地弄得光滑。這時，這個細小的罈子就像切割器製作出來的一樣，整齊勻稱得可以媲美人類製的罈子。它可是一片一片敷貼起來的啊！

在卵球末端的乳突是孵化室。卵就放在那裡。胚胎和羸弱的幼蟲在阻絕空氣進入的黏土覆蓋層下，怎樣呼吸呢？

別擔心。陶瓷工對此瞭如指掌，胸有成竹。牠避免用內壁的黏土把頂端關閉起來。在離乳突頂端一段距離的地方，牠不再使用黏土，而是塞上木質碎塊和細小而未經消化的食物殘渣。這些殘渣碎片以某種次序排列起來，好像在卵上搭了個熱帶地區的茅草屋頂，空氣通過這個粗糙的天花板流通。

面對這個新鮮糧食的黏土保護塗層，面對這個用一綑麥稈堵塞住的通氣窗；這個在阻禁外物入內的同時，又讓空氣自由進入的通氣窗，人們開始思索了。如果人們不超越平凡庸俗的境界，這將是個永恆的問題：這種昆蟲是如何獲得這種聰明的技藝的呢？任誰都不會違背這兩個原則：幼蟲的安全和便利的通風性；誰都不會違逆，甚至這個拉科代爾的格龍法斯也不會。牠的才能為我們打開了視野。

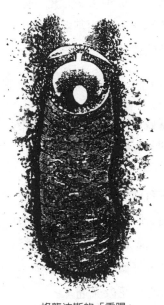

格龍法斯的「香腸」

格龍法斯，即老母豬之意，這個令人厭惡的名字並未誤導我們對這種昆蟲的概念。相反地，牠也如同前述那些昆蟲，是種漂亮的食糞性甲蟲，暗銅色、粗短，像野牛寬胸蜣螂那樣身體呈四方形，身體大小也差不多。牠也有自己的技藝，至少在工作方面是這樣。

牠的巢穴分成幾部分，分成為數不多的圓柱形小間。這些小間是幼蟲的住所。對每隻幼蟲來說，糧食就是約一根拇指高的牛糞磚，被細心緊壓，填滿凹陷的地方，就像壓入模子的軟麵團一樣。直到那時為止，格龍法斯的產品還跟野牛寬胸蜣螂的產品一樣。但是類似的程度只到此為止，其他的特性則和我國各地區的食糞性甲蟲截然不同。

我們的香腸模塑工——寬胸蜣螂和糞金龜，把卵放在圓柱體下端，放在糧食堆內部的圓形小間中。牠們在潘帕斯的競爭者，則採用截然相反的方法，把卵放在糧食上面，在香腸的上端。幼蟲不需要為了進食再上升；相反地，牠應該下降。

　　更妙的是，卵不直接安置在糧食上，而是放在一個內壁厚兩公釐的黏土房間裡。這個內壁充做密封蓋，蓋住有營養的柱狀物，彎曲成小碗狀，然後再度上升彎曲成天花板的拱頂。

　　就這樣，卵被放置在一個礦物質的箱子裡。這只箱子跟糧倉毫不相通。倉庫關得密密實實。新生幼蟲最初用牙齒咬時，必須咬碎封條，弄破黏土地板，並且在地板上面開鑿一個活拉門，如此才能去到下面的糕餅倉庫。

　　雖然有待鑽開的物質是層細薄的黏土，但對幼蟲那軟弱的大顎來說，開鑽行動卻十分艱苦。其他幼蟲一出生，就可直接啃咬到處包圍著牠們的柔軟麵包，可是這種幼蟲脫離卵後，在進食前卻必須先在牆上打開缺口。

　　這些障礙物有何用處呢？我毫不疑惑，它們自有存在的理由。之所以幼蟲出生在封口被蓋住的鍋底，之所以牠必須咀嚼磚地板才能到達食品儲藏室，想必是出自種族興旺發達的需求。那麼，那都是些什麼樣的條件呢？要認識這些條件，必須在當地進行研究。我只有幾個蟲窩做為資料。這些都是死東西，很難弄明白隱含其中的秘密。然而，這些東西卻讓我隱約見到了希望。

　　格龍法斯的洞穴不深，牠的糕餅是細小的圓柱體，在那裡會冒著乾燥的危險。潘帕斯草原跟我們這地區一樣，糧食乾燥是致命的危險。要消除這種危險，最明智之舉就是把糧食妥善儲藏在封閉緊實的容器裡。

　　好，這個容器挖在防水的土裡。土很細、均勻，沒有一粒礫石、一顆沙粒。洞穴裡有個由放卵的圓形小間底部所形成的罩蓋，這樣它就成了一個內部長期存放東西都不會乾燥的罈子，即使在烈日如焚的夏日，也不會有乾燥的危險。不管孵化時間多遲，新生的幼蟲找到罩蓋，就會吃到幾乎和當天收穫的糧食同樣新鮮的食物。

　　我們的農業學在飼料保藏儲存方面，還沒有更好的辦法；那麼，黏土的儲藏窖室有嚴密的罩蓋，這的確是個不錯的辦法。但是，這辦法有個缺陷，要去到食品櫃，幼蟲首先必須打開一條穿過房間地板的通道。牠最初找到的食物，不是牠那虛弱的胃所需的粥糊，而是需要咀嚼的硬磚頭。

　　如果卵直接放在糧食上，就放在盒匣裡面，那將會省去多少艱苦的工作啊。然而，我們的邏輯推理犯了一個大錯誤，忘記了一個根本的要點，而這一點正是昆蟲竭力要避免的。卵需要呼吸，牠的發育成長需要空氣；而空氣不可能進入封閉嚴密

的黏土罈子裡，幼蟲必須在罈子外面誕生。

我同意這種看法。但是，卵在糧食堆上面，在像罈子那樣無法滲透的黏土小匣子裡，關門閉戶隱藏起來，這對呼吸也沒有任何幫助呀。讓我們更加貼近、更加仔細地進行觀察吧，一定會得到滿意的答案的。

孵化室的內壁很光滑，母親小心細緻地用灰泥把它弄得光滑，只有拱頂比較粗糙。因為建築工具無法從外面到達那裡，使它平整光滑。此外，在這個彎曲有凸紋的天花板中央，有一個狹窄的閘口。這是通風孔，好讓匣子裡的空氣和外面的空氣能夠對流。

這個洞口毫無阻礙，十分危險，搞破壞的傢伙會趁機鑽進小匣子。母親預見了這種危險。於是用一塊牛糞再製的毛塞子，把呼吸閘口堵塞起來。這個塞子非常好，是一種可滲透的堵塞物。這塞子與各類食糞性甲蟲模型工製作的葫蘆塞、梨塞一模一樣，簡直就是它們的複製品。為了讓蟲卵在不滲透圍牆裡通氣，這些模型工都知道再製毛塞子的微妙秘密。

潘帕斯草原可愛的食糞性甲蟲，你的名字不美，但技藝卻很出色。然而在你的同伴中，我知道有一些比你更靈巧、更具

米隆法那斯

創造性。牠就是米隆法那斯，一種全身呈藍黑色的出色昆蟲。

這種昆蟲的雄蟲前胸像海角那樣突出，頭上的扁角寬而短，角的末端呈三叉形。雌蟲則用簡單的皺褶代替這種飾物。雄雌兩種蟲的頭罩前部，都有一個雙尖頭。這肯定是用來挖掘搜索的工具，也是用來切碎東西的解剖刀。這種昆蟲由於外形粗短、壯實、四角，使人聯想起奧氏寬胸蜣螂。後者是蒙貝利耶附近地區罕見的昆蟲之一。

如果因為形狀相似，技藝就相似。那麼人們理應毫不猶豫地，把類似野牛寬胸蜣螂製作的香腸，或是像奧氏寬胸蜣螂製作的粗短豬血香腸，歸於米隆法那斯。啊！當問題涉及動物本能時，理論就會誤導人。方脊樑骨和短腳的食糞性甲蟲，擅長製作圓柱狀作品的技藝，而聖甲蟲卻是製作更加工整、體積更大的葫蘆狀作品。

粗短的昆蟲以其產品的優美雅致，令我們稱奇。這種產品具有幾何學般的嚴格準確，簡直無懈可擊。它的頸部並不細長，卻把優美和力量結合起來。牠的模型因為細頸半開，鼓突部分刻印著漂亮的格狀飾紋，彷彿取樣於印第安人的葫蘆。這

種格狀飾紋是這種昆蟲蹠節的標記。這種昆蟲好像是受藤柳甲冑防護的馬口鐵壺，這個鐵壺可能近似，甚至超過雞蛋大小。

這真是既奇特又完美得極其罕見的產品。而想到它的製作工那呆板粗笨的外貌，更是讓人叫絕。這再一次說明，不能憑工具看匠人，食糞性甲蟲和人類亦然。還有更勝於工具的東西引導著塑造模型的匠人，有時我將它稱為蟲子的才能和天分。

米隆法那斯無視困難，表現得多好啊。牠無視我們所做的分類，牠是食糞性甲蟲，就是牛糞的熱烈愛好者。米隆法那斯既不是為了自己，也不是為了親人而重視牛糞。牠需要的是屍體的膿血。人們看見牠在家禽，比如狗或貓的骨骼下面，旁邊圍著一般的裝殮葬屍工。我描繪的那只葫蘆躺在地上，在一隻貓頭鷹的屍體下面。

誰願意解釋一下，埋葬蟲的胃口和金龜子的才能的結合吧。至於我，已經不打算再做這件事了，因為昆蟲的癖好使我感到困惑，這種癖好沒人能夠只根據昆蟲的外貌就猜測出來。

我知道在我住處附近還有一種食糞性甲蟲，也是屍體殘餘的利用者。牠是死鼴鼠和死兔子的常客。但是，這個裝殮葬屍的矮傢伙並不因此而鄙棄糞便。牠像其他金龜子一樣，在糞堆

裡大吃大嚼。也許牠們執行著一種雙重飲食制度：奶油球形糞
便蛋糕是供給成蟲的；略微發臭的腐肉上，味道濃重的香料是
供給幼蟲的。

　　類似現象在別處也存在。狩獵性膜翅目昆蟲吸飲花冠底部
的蜜，但牠餵養幼蟲卻用野味肉。同一種昆蟲的胃，先是吸納
野味，然後是糖。這個用來消化食物的囊袋，是在發展過程中
產生了變化嗎？總之，這個胃也和我們的胃一樣，到了晚年變
得厭惡，乃至鄙棄在青年時代令牠大快朵頤的東西。

　　現在讓我們更深入、仔細地觀察米隆法那斯的產品。運送
給我的葫蘆已經乾透，硬得簡直像石頭，變成了淺咖啡色。放
大鏡在內部和表面都沒有發現一絲木質碎片，這些碎片是牧草
殘渣的證明。因此，奇怪的食糞性甲蟲並沒有利用牛糞糕餅，
也沒有利用任何類似物。牠是用別的東西製作牠的產品。這東
西是什麼，最初很難弄清楚。

　　我把葫蘆拿近耳朵搖動，它發出了些微聲響，就像乾果殼
裡無拘無束的果仁發出的聲響一樣。難道這裡面有因為乾燥而
變瘦的幼蟲嗎？有死掉的昆蟲嗎？我猜想是這樣的，但是我弄
錯了。不過，就增廣見聞來說，更棒的還在後頭呢。

我謹慎小心地用刀尖刮開這個葫蘆。看見一片同質而均勻的內壁（我的三個樣品中，最大那個的內壁厚達兩公分）下面嵌進了一個圓核，圓核正好填滿孔洞，但沒有一處緊貼圍牆。我搖動葫蘆時所聽見的碰撞聲，就是這個圓核自由轉動時所發出的聲音。

從色彩和外觀看，核和殼沒有什麼區別。但是，且把這個核砸爛，仔細檢查它的殘餘。我在這些碎片中，辨認出碎骨頭、絨毛絮片、外皮長條、肉塊。所有這些，全都淹沒在一種類似巧克力的土質糊狀物中。

用放大鏡篩選這種糊狀物，清除屍體碎片後，把它放在熊熊烈火上，它馬上變黑起來，表面蓋上一層發光的浮腫物，並且噴出一股股嗆人的煙。在煙裡，可以清楚辨別出被焚燒的動物質。這個核整個浸透了膿血。

殼經過同樣的處理，也變黑起來，但發黑的程度比較輕。幾乎沒有冒什麼煙，也沒有蒙上像煤玉般烏黑發亮的浮腫物。最後，殼裡完全沒包含核裡的那種屍體碎片。殼和核鍛燒後的殘餘物，是很細的紅色黏土。

這個粗略的分析告訴我們，米隆法那斯是如何烹製菜肴

的。供幼蟲食用的是包餡酥餅，肉餡是牠用頭罩上兩把解剖刀和前腳的齒狀大刀，從屍體上割下的東西：毛絲碎屑和絨毛、搗碎的小骨、肉和皮的細條。這種紅燒野味、使菜肴汁水變稠的佐料，原先是一種浸透腐爛肉汁的細黏土凍，現在像磚一樣硬。最後，餡酥餅的糊狀外表變成了黏土殼。

昆蟲糕餅師傅為了讓糕點有漂亮的外觀，便用圓花飾、繩形花飾、香瓜凸紋絡等，來美化糕點。米隆法那斯對這種烹飪美學並不外行。牠把酥餅的外殼做成漂亮的葫蘆，並飾上有指紋的格狀飾紋。

葫蘆的外殼是一種不討米隆法那斯喜歡的皮殼。它在有滋味的肉汁裡浸泡得太短，可以猜得出它並不是用來食用。可能當胃變得強壯結實，不嫌棄粗糙的食物時，幼蟲會略微刮淨糕餅店鋪的內壁。但是，一般來說，直到幼蟲長大到能出走時，葫蘆始終沒有受到觸動損傷。這個葫蘆不只是讓熱酥餅保持新鮮，而且始終是保護隱士的保險箱。

在糊狀物上面，葫蘆的頸部，有一個有黏土內壁的圓形小間。這是內壁的延續。一塊用同材質製作的厚地板，把這個小間和糧倉隔開。這個小間是孵化室，卵就產在那裡。我在孵化室裡找到了卵，但已經乾燥。幼蟲就在那裡孵化。幼蟲為了到

達提供食物營養的小餡餅那裡，必須事前打開一扇連通幼兒室和糧倉的活動門。

　　總之，這是以另一種建築風格修建的格龍法斯的大廈。幼蟲誕生在一個高出食物營養櫃，而且與牠不相通的小匣子裡。新生的幼蟲自己必須及時打開盛著食品的罐頭盒。之後，當幼蟲待在酥餅上面時，人們的確發現地板上被鑽了一個正好足夠牠通過的孔洞。

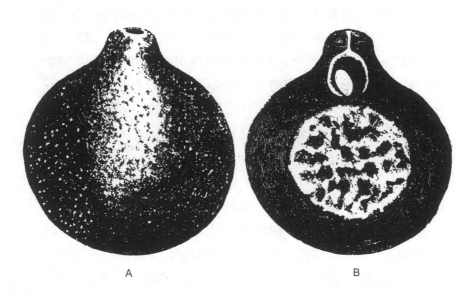

A　　　　　　　　　　　　　　B

A 為米隆法那斯的葫蘆，B 為剖面圖

嵌豬油的小牛肉片裏著一層厚厚的陶瓷覆蓋層，這個陶瓷層能夠根據幼蟲緩慢孵化的需要，長久保持食物的新鮮。這是一個我不了解的細節。蟲卵在牠那同是黏土質的巢室裡，安全地放置著，完美無缺。截至那時爲止，一切都再好不過了。米隆法那斯對於修築防禦工程的訣竅，以及糧食過早蒸發之虞，都瞭若指掌。現在，只剩下胚胎的呼吸問題了。

爲了解決這個問題，這種昆蟲獨具匠心，有非常巧妙的主意。在葫蘆頸部，循著軸線打通一條頂多只能插進一根細麥稈的小管道。在葫蘆內部，這個閘口開在孵化室頂的最高處；在外部，則開在葫蘆柄的末端，像喇叭口那樣半開著。這就是通風煙囪。它極其狹窄，塞有構成阻礙但並不堵塞它的灰塵微粒。這種狹窄和這些微塵，保護蟲卵不受闖入者的侵害。這樸素純眞的傑作，令人讚嘆。我錯了嗎？如果說，這樣一座建築是偶然的成果，那麼我們必須承認，這盲目的偶然具有非凡的遠見卓識。

遲鈍的昆蟲要建好這樣棘手、複雜的工程建築，該怎樣辦呢？我以旁觀者的眼光掃視南美洲潘帕斯草原時，只有產品的結構指引我。從這種結構可以推測出這個工人的辦法，而不會有重大謬誤。因此，我大膽地設想了牠工作的進展情況。

　　這隻昆蟲遇到了一具小屍體，屍體滲出的汁液軟化了下面的黏土。這隻蟲子根據好運帶來的財富大小，把這些黏土或多或少地收集起來，並沒有什麼明確的限制。如果這種塑性材料數量很多，收集者花用起來就毫不吝惜，糧食儲櫃會因此更加牢固，製成的葫蘆就碩大無比，體積比雞蛋還大，外殼有兩公分厚。但是，這樣一大堆東西非模型工的力量所能勝任，牠加工製作得不好，在外形上留下了艱難工作的笨拙印記。如果塑性材料十分稀有，這隻昆蟲就讓收集物只用於當務之急。在這種情況下，牠不拘形式、不受約束，做出了一個整齊均勻的漂亮葫蘆。

　　透過前腳的按壓和頭罩的辛苦工作，先把黏土揉捏成球，然後挖掏一個很厚的大盆。蜣螂和金龜子有相同的做法，牠們在圓球頂上造一個小盆。在對卵球或小梨進行最終模製前，蟲卵將產在這個小盆中。

　　在第一項工作中，米隆法那斯只是個陶瓷工。不論屍體流出的汁液滲浸黏土的程度多麼不充分，任何黏土只要具有塑性，對牠來說就已足夠。

　　現在，這隻昆蟲成了肉類加工者。牠用有鋸齒的大刀，從腐爛牲畜身上割下幾小塊肉，剪切牠認為最適合備辦幼蟲豐盛

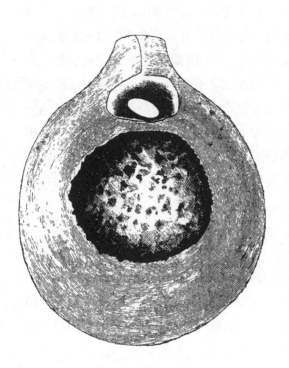

米隆法那斯的葫蘆

飯菜的原料。牠把所有的殘屑碎片通通收集起來，把它們和掺著大量膿血的黏土，揉和成一團。混合攪拌需要高超的技巧，像其他的球狀甲蟲的小球製作一樣，不經轉動就得到了一個圓球。再補充一點，無論最終葫蘆的大小如何，這個球狀物的體積幾乎始終不變，這份定量口糧是根據幼蟲的需要計算的。

現在，酥餅已經準備好。它放在黏土盆裡，盆口大敞著。這道菜安放時沒有緊壓，以後不會有固定形狀，也不會和外殼黏附緊貼在一起。這時，陶瓷製造工作又恢復了。

　　這隻昆蟲用力擠壓黏土盆的厚邊，製作包裹肉製品的套子。最後，這肉製品的頂端被一層薄薄的內壁包住，而其他各處則包裹著厚厚的一層內壁。在頂端的內壁上，留下一個環形軟墊。此處內壁的厚度，和開飯時刻在其間打洞的小蟲的弱小程度成正比。輪到這個軟墊被模塑時，它變成了一個半圓形的窟窿。蟲卵就產在這裡。

　　擠壓黏土盆那火山口般的小口邊緣，使其慢慢封閉，這樣造葫蘆的工作才算完結。盆口關閉，變成孵化室。這道程序尤其需要技巧。在製造葫蘆柄的同時，必須一邊壓緊材料，一邊沿軸線留下通道，做為通風的煙囪。

　　一次計算失當的按壓，就會立刻堵塞住這個狹窄的閘口。在我看來，建造這個閘口極其困難。人類最好的陶瓷工即使依靠計算，也無法完成這項工作。昆蟲是一種用關節連接的自動木偶，牠連想都沒想，就挖通了一條穿過粗大葫蘆柄的管道。如果牠想到這一點，牠就不會成功了。

　　葫蘆製作完畢後，就只剩下加以美化裝飾了。這是需要耐心的修飾工作。這種工作使彎曲部分臻於完美，並且在柔軟的黏土上留下印記，這就好像史前時期的陶瓷工，用拇指尖印在他的大肚雙耳罎上的印記一樣。這裡的事辦完了，這隻昆蟲就

會在另外一具屍體下面重新開始工作；因為一個洞穴只安放一個葫蘆，像聖甲蟲那樣，不會多。潘帕斯草原上還有一位昆蟲藝術家，就是雙脊埋葬蟲。牠全身漆黑，身材和最粗胖的屎蜣螂一樣。從外形上看，埋葬蟲很像屎蜣螂，牠也是屍體的開發者。若說牠開發屎堆，那終究也並非為了牠自己，而是為了牠的家庭。

牠革新了製作小球的技藝。牠的產品是朝聖者的葫蘆，一種鼓突著兩個大肚子的葫蘆，也一樣布滿指紋。一個細細的頸把葫蘆上下兩個圓球連接起來。上層較小，是蟲卵藏身其間的孵化室；下層較大，是堆放糧食的大倉庫。

雙脊埋葬蟲的葫蘆

不妨想像一下，薛西弗斯蟲的小梨把牠的孵化室鼓突成一個比梨肚稍小的小球。讓我們假設，在兩個球體中間有一個裂口大張的滑輪凹軌，那麼在形狀和體積大小方面，我們差不多就會得到埋葬蟲的產品。

把這個雙鼓突的葫蘆放在烈火上燒，它變成了黑色，表面蓋滿像烏黑珠子般發光的膿瘡，散發出一種動物質被焚燒後的氣味，並且留下殘餘物，一種紅色黏土。因此可以肯定，這種

材料是黏土和膿血混合而成。此外，在這種糊狀物裡，稀疏散布著屍體的殘屑碎片。蟲卵在小球裡，在一個天花板上有很多細孔的房間裡。這是應通風所需而有的細孔。

這個小裝殮葬屍工有比牠的小香腸更好的東西。牠和野牛寬胸蜣螂、薛西弗斯蟲、月形蜣螂一樣，有父親的合作。在每個洞穴裡有好幾個搖籃，父母親總在那裡。這對形影不離的昆蟲，牠們在做什麼呢？牠們在監護一窩幼蟲、在勤奮地修飾加工，讓受到裂縫和乾燥威脅的小香腸保持良好狀態。

使我得以在潘帕斯草原上徒步旅行的魔毯，沒有向我提供其他任何值得記下的事物。此外，新世界在食糞性甲蟲方面十分貧乏，它比不上塞內加爾和上尼羅河地區。這兩處是蜣螂和金龜子的天堂。但是，我們應該感激它向我們提供了一份寶貴的資料：被通俗語言以食糞性甲蟲這個名稱表示的昆蟲界，分為兩個同業公會，一個開採牛糞，一個利用屍體。

除了極為罕見的例外，後者在我們這個地區沒有代表性的昆蟲。我已經把屎蜣螂做為屍體腐臭的愛好者，並加以引證了。記憶也沒喚起我其他任何類似的例子。要找到相同的愛好者，還必須去另一個世界。

在最初原始環境中的昆蟲淨化者之中，曾經發生過分裂嗎？這些最初專心從事相同行業的淨化者，後來分工承擔不同的衛生任務，即一些負責掩埋腸子排出的污物，另一些則掩埋死者留下的污物嗎？這兩種糧食的獲得會導致兩種行業公會的形成嗎？

這種看法不能成立。死亡不能和生命分開。任何有屍體的地方，也會有動物消化的殘渣。食糞性甲蟲對這些殘渣的來源地並不苛求。因此，如果真正的食糞性甲蟲確實變成了裝殮葬屍者，或者裝殮葬屍者變成了真正的食糞性甲蟲；那麼，在分裂這個問題上，糧食短缺就不發揮任何作用。對兩者來說，待開採利用的材料什麼時候都不短缺。

無論說是糧食的欠缺也好，氣候變化也好，反常的季節也好，都不能解釋這種奇怪的分裂現象。那麼，對於牠們原始的特長，即非經習得而是天生的愛好，就必須進行觀察研究。把某種愛好加之於某種昆蟲的，決不是身體結構。

在透過實驗了解情況前，我用激將法要最能幹的人只根據昆蟲的形態說出：像米隆法那斯這樣的昆蟲，從事哪一種職業。他回想起彼此形態近似、都屬開發糞便的各種寬胸蜣螂，以為這種外地蟲子是另一種牛糞開發者。但是，他錯了。對包

餡酥餅的分析剛剛告訴了我們這一點。

　　真正的食糞性甲蟲不能由外貌判定。我的盒子裡裝著一種來自卡宴⑥，被專業術語稱為「喜慶法那斯」的昆蟲。牠穿著節日服裝，特別引人注目。牠看起來可愛、優雅、漂亮，擔當得起這個名稱。牠呈金屬紅色，閃著紅寶石光澤。前胸裝飾著深黑色大點，與燦爛的紅寶石形成對照。

　　光彩奪目的深紅色寶石，在炎炎烈日之下，什麼是你的職業呢？你有首飾方面的對手——亮麗法那斯那種田園詩般的品味嗎？或是像米隆法那斯那樣，是腐臭肉食品業的工人，即牲畜肢解工嗎？我注視著你，佩服你。你的工具什麼也沒告訴我。沒見過你工作的人，無法說出你的職業。我相信真誠的大師，相信會說「我不知道」的學者。在我們這個時代，這樣的大師學者真是鳳毛麟角，但畢竟還是有的。他們在造就暴發戶、肆無忌憚的鬥爭中，不像他人那樣心浮氣躁。

　　在潘帕斯的旅行，可以得出一個有意義的結論。在這裡，地球的另一個半球，季節顛倒，氣候有別，生物學環境不同；然而，那裡真正的食糞性甲蟲卻重複著我們這裡食糞性甲蟲的

⑥ 卡宴：法屬圭亞那首府。——譯注

習性和技藝。而持續的、不像我們那樣經由第三者間接進行的學習，將大大擴充類似的工作者——食糞性甲蟲的名單。

不僅僅是在普拉塔牧草茂密的草原，昆蟲牛糞模型工根據這樣的原則行事；人們還可以無需擔心有謬誤之虞地肯定：衣索比亞漂亮的蜣螂、塞內加爾的金龜子，也和我們這裡的同類昆蟲一樣工作。

其他的昆蟲，不管牠們居住的地區有多遙遠，也有同樣的技藝。我從刊物中得知，有關蘇門答臘一種細腰蜂的情況。牠和我們地區的同類昆蟲一樣，是熱中的蜘蛛獵捕者，是污泥小室的修建者。牠也對窗戶帷幕飄動的飾物很感興趣。這些飾物是牠築窩的活動支撐物。

刊物也告訴我們，有種一馬達加斯加土蜂會替牠的每隻幼蟲，提供一隻犀角金龜幼蟲的小肥肉丁。這正如同我們的土蜂，用生理構造相近、神經系統集中的捕獲物，比如花金龜、細毛鰓金龜，甚至犀角金龜的幼蟲餵養牠們的家庭成員一樣。

這些刊物告訴我們，美國德州有一種蛛蜂，是強悍的獵人。牠捕獵一種可怕的舞蛛，並且和我們的環節蛛蜂比膽量，用匕首刺殺黑腹舞蛛。

　　這些刊物告訴我們，撒哈拉的飛蝗泥蜂，白邊飛蝗泥蜂的競爭者，對蝗蟲動手術。舉證且到此為止吧，這類舉證很容易大量增加篇幅。

　　環境影響的說法，是最方便讓動物隨著我們的理論而變化的託辭了。這種說法含糊不清，有彈性，可以變通，而且不會讓人名譽受損。它賦予無法解釋的事物一種似有似無的說明性。但是，環境的影響真如其所說的那樣強大嗎？

　　環境是能稍微改變一下身材、毛皮、顏色、外部附屬物。這種看法可以接受，但如果再推得遠一些，就是違反常理了。如果環境變得過分苛求，動物就會對抗牠所忍受的暴力，寧可被壓倒也不會改變自己。如果環境緩慢而柔和地發生作用，經歷考驗者就會勉強地遷就；不過卻會不屈不撓地拒絕放棄牠現在的形態。若不是照自己的本性生活，就是一死而已，別無其他選擇。

　　本能——動物的高等特徵，對環境命令的抗拒程度不亞於器官——牠的活動的僕人。數不勝數的行業團體，分工承擔昆蟲世界的工程。這些公會中的每個成員，都服膺於氣候、地區、大氣，及最嚴重的混亂都不能使之屈服的法則。

瞧瞧潘帕斯草原上的食糞性甲蟲吧。在世界的另一端，在那水草豐茂的遼闊草原上，在那與我們貧瘠草地迥然不同的牧場上，牠們採用牠們那遠在普羅旺斯的同行的方法，而沒有什麼明顯的變異。環境的巨大變化絲毫不能改變昆蟲族群的基本技藝。

可以取用的糧食，同樣不能改變昆蟲族群的這種基本技藝。牠們現在的糧食主要是牛糞。但是，牛在潘帕斯草原是新來者，是西班牙征服該地區後引進的。在這些糧食供應者到達之前，麥茹托蒲、牛糞蟲、亮麗法那斯吃些什麼？揉捏什麼呢？駝羊，這個高原的主人無法餵食這些閉居在平原上的食糞性甲蟲。在古代，牠們的飼養者或許是碩大無比的大地懶[7]，這個生產無比豐富的牛糞工廠。

食糞性甲蟲模型工像我們的金龜子一樣，從這個只剩下罕見骨骼的巨獸的產物，轉到牛、羊的產物，而不改變牠們的卵球和葫蘆，並且仍然和我們的金龜子一樣，堅守牠們的梨狀物。當牠們最喜愛的食物──綿羊的羊糞奶油圓麵包短缺時，牠們就接受母牛的牛糞圓麵包。

---

⑦ 大地懶：古生物，大地懶屬動物，一種貧齒類化石動物，體積龐大，接近現代象。──編注

在南方和在北方一樣，在遙遠的地區和在這裡一樣，所有的蜣螂都加工小圓球裡有蟲卵的卵球，所有的金龜子都揉捏頸部有孵化室的小梨或葫蘆。但是，由大地懶、牛、馬、羊、人或其他動物所供給的加工用糞便材料，可以根據時間和地點大大改變。

千萬別從這種多樣性中做出本能改變的結論。如果這麼做，那就是只看見麥稈，而忽略了樑柱。例如切葉蜂的技藝是用樹葉製作袋囊，黃斑蜂的技藝是用植物的廢毛製成棉絮袋子。無論材料是從哪一株灌木的樹葉上摘來，或者必要時從一朵花的花瓣上剪下；或者棉絮是根據偶遇的情況在這裡或那裡採收的，基本的技藝卻是不會改變的。

因此，食糞性甲蟲無論在哪個來源地儲備材料，牠的技藝都是不會改變的。的確，這就是永遠不變的本能，是我們的理論所無法動搖的根本。

這種本能在牠的工作中這樣合理，爲什麼要改變呢？即使有意外情況的幫助，牠又能夠在哪裡找到更好的辦法呢？儘管工具從一種變爲另外一種，本能仍然啓發所有的食糞性甲蟲模型工採用球狀的外形。這種建築物的外形，在安置蟲卵時幾乎沒有任何改變。

打從一開始，所有的昆蟲都在沒有圓規及機械軸承，也沒有在基座上移動工作物的情況下，得到了圓球體，製作了一個加工起來困難棘手，卻對幼蟲極其有利的固體物。比起無定形、沒經過精心加工的一大塊東西來，所有昆蟲都更加喜愛這個經過特別精心加工、耗費龐大的圓球。對太陽也好，對食糞性甲蟲的搖籃也好，球狀是最適於保存能量的最佳形狀。

當麥克勒維為金龜子取名為荷利奧坎達爾，即太陽的鞘翅類昆蟲時，他看到的是什麼呢？是頭罩的輪輻狀齒形裝飾，和昆蟲在強烈陽光下的嬉戲玩耍嗎？更恰當地說，他是回想起埃及的象徵——聖甲蟲了嗎？聖甲蟲在寺廟的三角楣上把一個朱紅色的球，那太陽的形象做為藥丸豎立在空中。

拿遼闊無比的宇宙和昆蟲那微不足道的彈丸小球做對照比較，並未使尼羅河畔的思想家感到厭惡。對他們來說，最高的榮耀在極端的卑下中找到了類比對象。他們的看法對嗎？

不對，因為食糞性甲蟲的產品向善於思考的人，提出了一個重大的問題。這個問題把我們置於這樣的抉擇中：要嘛，給食糞性甲蟲的扁腦袋一個很高的榮譽，是牠自己解決了儲藏物的幾何學問題；要嘛，求助於智慧之神所支配的事物的總體和諧。智慧之神通曉一切，已經預見到了一切。

第六章

昆蟲的著色

　　正如正式的專業術語所表明，潘帕斯草原上最漂亮的食糞性甲蟲亮麗法那斯，意指光亮、燦爛、輝煌。這個名稱絲毫不誇張。這種昆蟲把寶石光輝和金屬光澤結合起來，根據光線的照射情況，放射出綠寶石的綠色光芒和紅銅的光輝。這種搜尋挖掘污物的昆蟲，為昆蟲珠寶工的珠寶帶來了榮譽。

偽善糞金龜

　　我們的食糞性甲蟲雖然衣著樸實，卻喜歡很豪華的裝飾品。例如某隻屎蜣螂用佛羅倫斯綢般的青銅色裝飾前胸，另一隻則在鞘翅上塗抹醬紅色。偽善糞金龜身體上面是黑色，下面則是黃銅礦石的顏色。糞生糞金龜的身體，整個暴露在光天化日下的部分是黑的，腹部則呈紫水晶的華麗紫色。

　　還有很多其他種類的昆蟲，也表現出形形色色的習性。步行蟲、花金龜、吉丁蟲、金花蟲等，在佩戴的珠寶首飾方面，都能夠與漂亮的食糞性甲蟲媲美，甚至超過牠。有時珠光寶氣的東西會聚一起爭輝鬥豔，連寶石工人也會眼花撩亂。天藍色麗金龜，山間小溪畔橙木和柳樹的主人，呈絕妙的藍色。這種藍比天空的蔚藍更加甜美、更加柔和，只能在某些蜂鳥的頸上、在赤道地區的某些蝴蝶的翅膀上，找到相同的裝飾品。

　　昆蟲是在什麼戈爾孔達找到牠的寶石，來這樣裝飾打扮自己呢？昆蟲在什麼砂金礦裡拾取牠的金磚呢？吉丁蟲的鞘翅是個多麼好的課題啊！顏料化學會在這裡得到令人喜悅的收穫。但是，似乎困難重重，以至於科學還無法了解最樸素服裝的製作原因。這個問題的答案，在遙遠的將來一定會出現，儘管答案永遠不會完整；因為生命的實驗室能夠妥善保留秘密，不讓我們的曲頸瓶知道。目前，藉由敘述我所見的一些現象，或許能為未來的大廈添加一粒沙。

　　這事要追溯到很久以前。當時我正忙於研究狩獵性膜翅目昆蟲，追蹤觀察牠們從卵到蛹的演變情形。就從我的筆記中選取一個例子吧。筆記裡幾乎囊括了我居住地區的所有昆蟲獵人，我選出黃翅飛蝗泥蜂的幼蟲。這種昆蟲因為身材適中，容易讓我們有所了解。

　　幼蟲剛孵出後不久，在吃第一隻蟋蟀幼蟲時，透明的皮下顯露出一些細小的白色斑點。這些斑點數量迅速增加，面積迅速擴大，最後蔓延到全身，只有頭兩個或頭三個體節除外。剖開這條幼蟲，我們會辨認出，這些斑點是脂肪層的附屬物。它們遠非僅散布在表面，還滲透到脂肪層底部；而且數量之多，如果用鑷子夾取其中一小片，很難不採集到另外幾片。

　　這些謎一般的斑點，不用放大鏡也清晰可見，不過若要深入細緻地進行研究時，就需要藉助顯微鏡了。在顯微鏡下，我們辨識出脂肪組織由兩種橢圓囊狀物組成。一種呈淡黃色、透明，充滿含油的小滴；另一種不透明，呈澱粉的白色，被一種顆粒很細的粉狀物鼓脹起來。這粉狀物展開成模糊的長條痕跡。在顯微鏡的載玻片上，包含這種粉狀物的橢圓囊狀物意外地破裂。這兩種囊狀物亂七八糟地組合起來，沒有任何明顯的次序。它們的形狀和體積都相同。

　　前者屬於營養性儲備物質，屬於嚴格意義上的肥肉；後者形成白色斑點。研究這些斑點將占用我們一些時間。

　　用顯微鏡仔細觀察，我們了解到，白色橢圓囊狀物由一種不透明、不溶於水、比水更稠的細小微粒組成。在顯微鏡的載玻片上進行試劑檢驗，用硝酸溶解這些微粒時，微粒沸騰起

泡，沒留下一絲殘餘物。即使當這些細粒封閉在橢圓囊狀物中
時，情況也是如此。相反地，真正的脂肪橢圓囊狀物卻絲毫不
受這種酸的侵蝕，只是稍微變黃而已。

　　讓我們據此進行規模更大的實驗。從許多隻幼蟲身上抽取
出脂肪組織，用硝酸處理，沸騰起泡的強烈程度，就跟一塊白
堊上所引起的化學反應一樣。沸騰平息後，漂浮起一些很容易
分離的黃色凝塊。這些凝塊源於脂肪物質和細胞膜。而那些白
色微粒溶解後，則變成了透明液體。

　　這些白色細粒之謎第一次呈現出來。在這一點上，生理學
和解剖學先驅沒有留下任何論據和資料指引我。我在幾次猶豫
不決之後，終於了解到了這一特徵。我真是心花怒放。

　　溶液在一個置放於熱灰上的小瓷圓皿裡蒸發了。我在圓皿
底上滴幾滴氨水或幾滴水，立刻出現一種漂亮的胭脂紅色。問
題解決了，剛剛得到的染料是紅紫酸銨。所以，使白色橢圓囊
狀物鼓突的物質不是別的，而是尿酸，或者說得更確切些，是
尿酸鹽。

　　如此重要的一個生理學現象，不會是孤立的個案。的確，
自從進行了這個具有根本性質的實驗以來，我在所住地區所有

狩獵性膜翅目昆蟲幼蟲的脂肪組織裡，以及處於蛹態期的食蜜蜂體內，辨識出了尿酸微粒。也在很多其他或處幼蟲狀態或處成蟲狀態的昆蟲身上，觀察到了這些細粒。但是，在這方面沒有任何一種幼蟲比得上膜翅目昆蟲獵人的幼蟲，後者全身有白色虎斑。我認為我窺見了裝飾物的秘密。

　　讓我們仔細察看以獵物維生的兩種幼蟲：飛蝗泥蜂的幼蟲和龍蝨的幼蟲。尿酸——與生命有關的變態的必然產物，或者與它相似的一種酸，想必會在上述兩種幼蟲的體內形成。然而，在龍蝨幼蟲的脂肪層中，並未顯露出這種酸的堆積，但在飛蝗泥蜂幼蟲的體內，則壅塞著這種酸。

　　對後者來說，固體排泄物的管道還沒有運轉起來。消化器官在尾部被梗阻堵塞，沒有排出任何一點東西。尿酸產物由於沒有出路，於是積存在一個大脂肪堆裡。這個脂肪堆就這樣變成了一個倉庫，堆放器官的加工剩餘物和有待加工的可塑性物質。這與高等動物在腎臟切除後的情況十分類似：原先不明顯地包含在血液裡的微量尿素，在它的清除通道被切除後，便積存在血液裡，並且變得明顯起來。

　　反之，在龍蝨幼蟲的體內，排泄物的出路一開始就暢通無阻。尿的產物形成後就隨即離去，體內脂肪組織不再像倉庫那

樣把它們收藏起來。但是，在進行深刻的變態期間，由於任何
排泄都不可能進行，尿酸必然堆積起來，而且也確實堆積在各
種幼蟲的脂肪裡面。

進一步深入研究尿酸剩餘物儘管重要，不過現在著手去做
卻不合時宜。我們研討的題目是著色，那就利用飛蝗泥蜂提供
的資料言歸正傳吧。飛蝗泥蜂的幼蟲幾乎像玻璃那樣透明，顏
色像非凝固蛋白質一樣不鮮豔。在牠半透明的皮下，除了一個
長長的消化袋囊之外，沒有任何有色的東西。這個袋囊被幼蟲
吃下的蟋蟀粥弄得鼓突、顏色黯淡，帶紅葡萄酒色。在這透明
而模糊的底層上，清楚地顯現出成千上萬模糊的白色尿酸橢圓
形囊狀物，而且從這種細點子團裡，隱約可以看見一種漂亮服
裝的半成品。這資料很貧乏，但畢竟已經不錯了。

幼蟲有了這種腸子無法擺脫的尿酸糊，就找到了稍加美化
裝飾自己的辦法。黃斑蜂告訴我們，牠們怎樣在其棉絮小袋子
裡，用牠們的垃圾製作首飾。布滿潔白細粒的皮層，是同樣精
巧的發明。

利用自身殘餘物，花極小的代價把自己打扮得漂漂亮亮，
這甚至在擁有排泄殘餘物所必需的器官的昆蟲那裡，也是一種
極為常用的方法。雖然狩獵性膜翅目昆蟲的幼蟲別無他法，只

能用尿酸在自己身上裝飾虎紋；但也不乏心靈手巧、善於利用保存身體殘渣的辦法，來為自己製作華服的昆蟲；儘管牠們的排泄管道是暢通的。為了裝飾打扮自己，牠們收集、積存別的昆蟲匆忙排出的廢物。牠們化卑俗為美飾。

在這些昆蟲中有白面螽斯。牠是普羅旺斯動物中，最粗壯的軍刀攜帶者。這種螽斯有象牙色的寬臉、奶白色大肚皮和褐色花斑的長翅膀，真是漂亮極了。七月是牠身著結婚禮服的時期，讓我們在水中剖開牠吧。

牠的脂肪組織豐滿，呈暗黃白色，由不規則的網眼花邊狀物組成。這種脂肪組織是被粉狀物鼓突起來的管狀網物。粉狀物集結成白色的點狀污跡，而且清晰顯現在透明的底層上。一小片這種網在一滴水中散碎，產生一片乳狀的雲狀物。用顯微鏡可以在這片雲狀物裡，看到大量不透明的微粒，但卻沒有發現絲毫含油的星狀物，這種星狀物是食用油脂的標誌。

擺在眼前的還有尿酸鹽。用硝酸處理這些脂肪組織時，產生了類似處理白堊的沸騰現象，以及足夠的紅紫酸銨，把滿滿一杯水都染成了胭脂紅。這堆浸透尿酸而無食用油脂殘餘的花邊，是多麼奇怪的脂肪物啊！結婚時期已經來到，臨近末日的昆蟲會用營養儲備來做些什麼呢？牠擺脫了為未來進行的積蓄

工作後，只需要愉快度過所剩不多的日子，只需要為最後的節
日把自己打扮得漂漂亮亮。

　　因此，牠把最初的營養儲蓄倉庫變成顏料工廠。用牠那類
似白堊的尿酸糊，充分塗抹自己的肚子，肚子變成了奶白色。
牠還塗抹額、臉、面頰，那些地方便有了舊象牙的外觀。的
確，牠身體的這些部分立刻在半透明的皮下，覆上一層顏料。
這種顏料可以變為紅紫酸銨，在本質上和脂肪花邊的白色粉狀
物相同。

　　對於蚧斯服飾的這種分析，生物化學並未進行同樣簡單、
同樣給人強烈印象的實驗。我要向手邊沒有奇怪的蚧斯類昆蟲
的人，也就是熱帶地區的朋友們，推薦葡萄樹短翅蚧斯。這種
昆蟲十分常見。牠的腹面也呈乳白色，這種顏色同樣來自尿酸
石灰漿。在蠍蠍兒系列中，還有很多身材較小、鑑定起來更加
棘手的種類，牠們都會程度不等地向我們顯示同樣的結果。

　　白中染黃，這就是蚧斯類昆蟲的尿液色彩所告訴我們的。
一種毛毛蟲——大戟天蛾的幼蟲，將把我們引向更遠的領域。
牠的身體呈紅、黑、白、黃，五顏六色。就外貌而言，在我們
這地區，牠最惹人注目。因此，雷沃米爾給牠取名為「美
人」。牠對這個美譽當之無愧。在這種蟲子的黑底色上，朱砂

紅、鉻黃黃、白堊白並
列成星、點、斑、帶，
界限劃得如同百衲衣那
刺眼的碎塊一樣清晰。

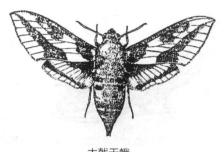

大戟天蛾

讓我們剖開毛毛
蟲，用放大鏡觀察牠身
上的鑲嵌畫。在皮下除了染著黑色的部位外，還會看到一個色
素層。它是一種這裡呈紅色、那裡呈黃色或白色的黏性分泌
物。從這個五顏六色的膜層上剝下一個皮片，用硝酸處理它。
色素——顏色並不重要，在硝酸中溶解時沸騰起泡，接著產生
紅紫酸銨。因此，毛毛蟲那色彩鮮豔的制服，也來源於尿酸。
尿酸以微小分量存在於脂肪組織裡。

毛毛蟲身體的黑色部位是例外。這些部位硝酸水難以侵
蝕，用這種化學物質對它們進行處理的前後，它們都保存自己
的黯淡顏色；而用試劑除去了色素的那些部位，卻變得近似玻
璃的透明。美麗的毛毛蟲外皮，在著色方面分成兩種碎片。

那些深黑色碎片可視做染料的產物。染料把這些碎片徹底
浸透，和它們的分子合為一體，無法以硝酸分離。其他碎片，
紅的、白的或黃的，是真正的油漆塗層。它們在半透明的薄片

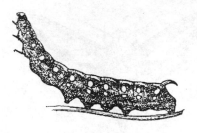

大戟天蛾的毛毛蟲

上有尿石灰漿。這是產自於從脂肪層細管向它們流注的液體。當硝酸的作用結束後，在深黑色碎片那無光澤的黑色底層上，出現了一些紅色、白色或黃色碎片的透明星點。

　　以下是從不同昆蟲目中取來的一個例子。就服裝的美麗而言，在蜘蛛綱昆蟲中，彩帶圓網蛛眞是得天獨厚。在牠那粗大的腹部表面，深黑、蛋黃般的鮮黃，以及像雪那樣耀眼的純白，交替排成橫條。在腹部末端只有黑、黃兩色，排列方式也不同。黃色從縱向排成兩條帶子，這些帶子延伸到吐絲器旁邊，顏色逐漸變成了橘黃。在胸側，一個像雞冠花般的淺淡圖案向周圍擴散，很難辨明這是什麼。

　　用放大鏡從外面觀察黑色部分，沒有任何特別的地方。它是同質的，各處的強度相同。相反地，在染了其他顏色的部位，看得見一些由多角顆粒所構成、網眼緊密的小網，它們堆成了小堆。用剪刀剪開腹部邊緣，很容易就把昆蟲背部的角質外皮整塊取下，而不帶出這個外皮所保護的器官肌肉。在白色條帶的部位，薄薄的皮層呈半透明。在黃色或黑色條帶部位，皮層則是黃色或黑色。這些紅、白或黃色的碎片，其顏色的確

源於一種色素塗料。用畫筆尖很容易移離、掃開這種物體。

　　在白色條帶部位，揭去皮層，露出一層多角形的白點。這些白點排成一條帶子，時密時疏。通過觀察可以看到，這些細粒呈透明狀，為活躍的蟲子形成了雪白的飾帶。沒有任何東西破壞腹部表面優美的鑲嵌畫，白色腰帶與彩色腰帶十分協調。

　　這些細粒放在顯微鏡的載玻片上，用硝酸處理，既不溶解也不沸騰起泡。因此，尿酸與此並不相干；這種物質應該是鳥嘌呤[1]，一種被視做蜘蛛綱動物的尿的生物鹼。由此可以推知，它就是在皮下形成黃、黑、莧紅或橘色黏性分泌物的色素。總之，這種漂亮的蜘蛛在另外一種化合物的形式下，利用動物氧化的殘渣。牠的技藝，大有與漂亮的大戟天蛾毛毛蟲平分秋色之勢。正如另一種昆蟲用尿酸裝飾打扮自己一樣，牠用鳥嘌呤妝點自己。

　　讓我們節略這個枯燥無味的題目吧。我只談幾點資料，必要時其他的大量資料將會加以證實前者。剛才所了解到的一些狀況，陳述了些什麼呢？它向我們肯定，身體的殘餘物——鳥嘌呤、尿酸和其他由生命精煉所產生的糟粕，在昆蟲的著色方

---

[1] 鳥嘌呤：構成核酸的嘌呤鹼基之一，符號G。——編注

面發揮重要的作用。

　　根據材料是染料或僅僅是塗料，昆蟲的著色分為兩種情況。一種是用畫筆一掃就可以掃掉的塗色；這是用塗料給皮層著上顏色，皮層本身是無色、半透明的。這種上色的塗層就是塗料──尿的產物。它像玻璃藝術家將顏料塗在彩繪大玻璃窗上那樣，置放在皮層表面。

　　另一種是染色，即對皮層上色時，染進了皮層深處。皮層與著色材料化合起來，畫筆無法將它清除掉。這種用來著色的材料，就是染料。在我們的彩繪大玻璃窗上，染料是以混合的金屬氧化物在坩堝中熔煉，成為彩色玻璃表現出來。

　　如果說在這兩種情況下，著色材料在分配上區別很大；那麼在化學性質方面，差別也這麼大嗎？這種看法比較難接受。玻璃工人用同樣的氧化物或染或塗；而生命這個無與倫比的藝術家，則用更佳的單一均勻方法，獲得了種類無限的產物。

　　生命讓我們在大戟天蛾毛毛蟲背上，看見和白、黃或紅色斑點混雜在一起的黑色斑點。塗料和染料在那裡並存。在分界線這邊有繪畫物質，在分界線的那邊有性質迥異的染色物質嗎？雖然，化學尚不能以其試劑揭示出這兩種物質的共同根

源；但是，兩者最接近的相似處，卻肯定了這個共同根源。

在昆蟲染料這個微妙棘手的問題上，迄今爲止只有一點屬於能觀察到的現象領域。這就是染色質的發展演變。潘帕斯的食糞性甲蟲那光彩奪目的深紅色寶石，衍生出一個問題。且來問問牠的近鄰吧！也許這些近鄰能讓我們有所進展。

聖甲蟲新近被剝去蛹的舊衣，露出一套奇怪的服裝。這套服裝與成蟲的烏黑色毫無關係。牠的頭、腳和胸呈鮮豔的鐵紅色，鞘翅和腹部是白色。紅色，差不多就是大戟天蛾毛毛蟲的色調；但是，它源於一種對以硝酸做爲尿酸鹽顯影液而不起作用的染料。同樣的染色質，其成分在另一種分子的安排下，在腹部皮層和即將以紅色代替白色的鞘翅皮層裡，肯定處於轉化狀態。

在兩、三天內，無色的東西變成有色的東西。這是由於一種新分子結構的作用。礫石本身並沒有改變，卻由於根據另一種次序排列，建築物的外觀改變了。

金龜子現在遍體通紅。最初的褐色霧狀物，出現在牠的套罩和前腳的細齒上。這是工具早熟的標誌。這些工具獲得了超凡的硬度。像煙霧般籠罩的色彩處處展現，代替紅色，然後變

成褐色，最後變成慣常的黑色。不到一個星期，無色變成鐵紅色，然後變成發亮的黑色。現在一切都結束了，昆蟲塗上了成年的色彩。

蜣螂、寬胸蜣螂、裸胸金龜以及其他許多昆蟲都是如此。潘帕斯的首飾──亮麗法那斯，大概也是這樣美化自己的。我也同樣肯定，若是能觀察到亮麗法那斯在襁褓期脫去蛹，我會看見牠的身體除腹部和鞘翅外，呈無光澤的紅色、鐵紅色或醋栗紅色。牠的腹部和鞘翅最初無色，但很快就具備了與身體其他部分同樣的顏色。金龜子用黑色代替這種最初的紅色，法那斯則用銅的火紅色和綠玉的反射光，代替這種最初的紅色。烏木、金屬和寶石，在這裡有相同的根源嗎？顯然有。

金屬光澤不需要本質上的改變，微不足道之物就足以產生這種光澤。化學方法把銀分解到極限，是一種外觀與煙灰相同的簡陋塵土。這種骯髒的粉末在兩個堅硬物體間被壓緊後，類似污泥，隨後立即獲得金屬光澤，成為我們所熟悉的銀。一種簡單的分子重新結合，就產生了奇蹟。

尿酸的衍生物紅紫酸銨，在水中溶解後呈美麗的胭脂紅色。它經由結晶變成固體，和西班牙芫菁的金綠色競比華麗。品紅②有廣泛的用途，是相同屬性的通俗範例。

　　一切都似乎肯定這一點：同一種物質，即尿的排泄物的衍生物，根據粒子最後的組合方式，產生法那斯的金屬紅色及金龜子的無色、暗紅色和黑色。這種物質在糞生糞金龜和僞善糞金龜的背面變成黑色。透過驟然的徹底轉變，在前一種糞金龜的腹部下面變爲紫晶色，在第二種糞金龜的腹部下面變爲黃銅礦色。它把金銅色染在生活於花叢中的花金龜背上，把金屬的紫紅色染在花金龜的腹部。它根據昆蟲及身體部位的不同，保持深色的化合物或發出反光。金屬沒有這樣強烈多變的反光。

　　光線似乎與這些華美飾物的發展變化毫無關係，它既不加速也不延緩這種變化。過熱的日光直射，對嬌嫩纖弱的蛹來說是致命的。所以我在薄玻璃片之間置放水屏，以柔化陽光。在整個顏色變化期間，我每天讓金龜子、糞金龜、花金龜接受減弱的光線照射。我將幾種昆蟲證人做爲對照組，有些放在漫射光中，有些放在黑暗中。可是，我的實驗沒有任何結果。顏色在陽光下和黑暗中的變化情況相同，既沒在這種條件下變化得快些，也沒有在那種條件下變化得慢些。

　　這種否定性的結果容易預見。吉丁蟲從牠度過幼蟲期的樹幹深處走出來，糞金龜和法那斯等昆蟲離開故土的洞穴。這些

---

② 品紅：一種深紅色三苯甲烷染料。——編注

花金龜

昆蟲打從露天出現起，就有了牠們最終的裝飾品，日後陽光並不會使這些裝飾品更加絢麗多彩。昆蟲在著色化學方面，不要求光線協助，連蟬也不這麼要求。蟬弄碎幼蟲期的爐灶，無論是在實驗儀器的黑暗裡，或在平常充分的陽光照耀下，都一樣從嫩綠色變為褐色。

昆蟲以尿的殘渣做為染色質。這種染色質也能夠在多種高等動物的體內發現到。人們至少知道一個例子，一種美洲小蜥蜴的色素，在沸滾的鹽酸長時間作用下，變成了尿酸。這個案不是孤立的。看來，爬蟲類也用類似的產物來粉光、塗抹牠們的毛皮。

從爬蟲類到鳥類的差距不大。野鴿的虹彩、孔雀的眼狀斑、翠鳥的海藍寶石、紅鸛的胭脂紅，還有一些具有異國情調的鳥兒，其羽毛的絢麗多彩，都或近或遠與尿的排泄物有關係嗎？為什麼沒有呢？大自然，這位最崇高、最卓越的管家，熱中於進行這些改變我們對事物價值觀的強烈對比。她讓一小片平平常常的煤變成金剛石；她把陶瓷工人用來製作貓狗食盆的黏土製成紅寶石；她把有機體卑俗無用的殘餘物，製成昆蟲和鳥類漂亮華美的飾物，例如：吉丁蟲和步行蟲那金屬般的奇妙

物品、金花蟲和食糞性甲蟲的豪奢品，蜂鳥的紫晶、紅寶石、藍寶石、綠寶石、黃寶石等。光彩奪目的飾物，你們耗盡了琢磨寶石的珠寶匠的語言詞彙，你們到底是什麼呢？不過是一點尿罷了。

第七章

埋葬蟲的埋葬

　　四月，在羊腸小徑邊，躺著一隻被農民用鐵鍬剖肚的鼴鼠；在籬笆腳下，鐵石心腸的孩子用石塊砸死剛穿上綠色珍珠外衣的蜥蜴。過路人認為，用腳後跟踩死遇見的無毒蛇，此舉應該會受到讚揚；或者一陣風把毛羽未豐的小鳥吹落到地上。這些小屍體和那麼多生命的殘屑，會變得怎樣呢？人的視覺和嗅覺並不會因此而長時間受損害，因為在田野裡從事衛生工作的昆蟲工人，可是一支大軍呢。

西紐阿塔扁屍蚋
（放大2½倍）

　　賣力盜竊行騙的螞蟻什麼都在行，牠們頭一個急匆匆地奔向屍體，動手把屍體剖成碎片。這具屍體發出的野味香氣，很快吸引了雙翅目昆蟲。人們憎惡這種昆蟲的繁殖，把牠當做釣餌的蛆蟲。與此同時，扁屍蚋、碎步奔跑的發亮的扁

屍蟲、腹部抹得雪白的皮蠹、纖細的隱翅蟲等等，都成群結隊，不知從哪裡迫不及待地趕來了。牠們全都用一股永不鬆懈的熱情探測、搜索，飽吸惡臭的氣味。

　　春天，在一隻死鼴鼠的身體下面，這是幅什麼樣的景象啊！這個實驗室裡可怕的東西，對擅於觀察和思考的人來說，卻是那麼美好。讓我們克服厭惡和反感吧！且把骯髒的殘片從腳下拿起來吧！那下面是怎樣一個亂鑽亂擠的景象啊！那底下忙忙碌碌的工作者，在怎樣地嘈雜喧鬧啊！長著寬大、深暗色鞘翅的扁屍蚺發狂地逃跑，然後在土地裂縫裡蜷縮成一團。閻魔蟲像塊光滑發亮的烏木，急急忙忙碎步小跑，離開工地。身上有黑色花斑的皮蠹試著飛走，其中一隻穿著淺黃褐色的短披肩；但是，牠們被膿血迷醉，栽了跟頭，露出潔白無斑點的腹部，這和牠們的服裝恰好形成強烈的對比。

　　這些狂熱工作的蟲子在那裡做什麼呢？牠們開發死亡以利於生命。牠們是出類拔萃的煉金術士，用可怕的腐爛物製作鮮活的無害產品。牠們吸盡危險屍體的汁液，把屍體弄乾到酥脆做響，乾得像垃圾場裡因冬天霜凍和夏季炎熱所致的棕褐色破拖鞋。牠們急迫地對無害的屍體皮殼進行加工。

皮蠹
（放大4倍）

　　另外一些昆蟲也毫不延遲，馬上跟到。牠們更小、更有耐心。牠們重新拿起死者的遺骨，將韌帶、骨頭、毛等逐一加以利用，直到一切都返回生命的寶庫。我們要尊敬這些環境的淨化者。我們別再談這隻死鼴鼠吧。

　　春耕的另幾個受害者，田鼠、鼩鼱、鼴鼠、癩蛤蟆、無毒蛇、蜥蜴，將讓我們看到最剛健有力、最著名的土地維護者。這就是埋葬蟲。牠的身材、服裝、習性，都和死氣沈沈的普通蟲子迥然不同。牠尊重自己擔任的崇高職務，散發出麝香氣味。牠的觸角頂戴著紅色絨球，身穿米黃色法蘭絨衣，齒形邊飾的朱紅色腰帶橫繫在鞘翅上。多麼漂亮絢麗的衣服啊！就像籌辦盛大葬禮的殯儀工的盛裝隆重一樣，這衣服始終令人感到悲傷。

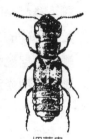

埋葬蟲
（放大1½倍）

閻魔蟲
（放大1½倍）

　　牠不是解剖實驗室裡的助手。這種助手會剖開實驗對象，並用大顎的解剖刀把實驗對象的肉剪切下來。嚴格說來，牠是掘墓者、葬屍者。其他一些昆蟲，如扁屍蚋、皮蠹、扁屍蟲，大吃特吃美味的屍體，當然牠們並沒有忘記自己的家小。可是，埋葬蟲卻吃得很少，為了牠自己，牠幾乎沒有去觸動新發現的東西。

牠就地把屍體埋葬在一個小地窖裡。這東西在地窖裡熟到恰到好處時，將是牠幼蟲的食物。可以說，牠埋葬這東西是為了在那裡安頓後代。

這個死屍積攢者的行動刻板拘泥，甚至可說是笨拙遲鈍；但在把殘骸存入倉庫時，卻手腳俐落，動作迅速敏捷。在幾個小時內，相當大的一具屍體，例如鼴鼠的屍體，就消失一空，被掩埋在地下。其他昆蟲是讓被掏空的屍體骨骸暴露在外，整月整月地任憑風吹雨打。而埋葬蟲卻把屍體整個處理掉，牠一來就馬上把地方騰空，弄得乾乾淨淨，只剩下一個很小的鼴鼠丘。這是墓碑，是為牠自己的勞動所留下的印跡。

埋葬蟲有迅速簡便的方法，這在較小型的田野淨化者中鶴立雞群。在心智才能方面，牠是最負盛名的昆蟲之一。據說，這個裝殮葬屍工有近乎理性的心智才能，而膜翅目昆蟲——在探蜜或收集獵物上最具天賦者，也沒有這種才能。下面是兩則對牠讚頌有加的趣聞，出自拉科代爾的《昆蟲學導論》，這是能任我自由運用的唯一一部概述性論著。作者寫道：

克萊維爾報告說，他看見一隻夜間埋葬蟲。這隻昆蟲想埋葬一隻死老鼠，但發現鼠屍所躺的地方泥土太硬，於是就去離該地有段距離、土質較為疏鬆的地方挖洞。牠完成這項工作

後，試著把老鼠埋在洞穴裡，但沒有成功。於是牠很快地離開，不久之後又返回，身邊跟著四個同伴。這幾個同伴幫助牠運輸和埋葬死鼠。

拉科代爾補充說，人們不得不承認，在這樣的行動中，有思維在發揮作用。他還說：

格勒迪希報導的下述行為，也具有理性發生作用的所有跡象。他的一個朋友想乾燥一隻死癩蛤蟆，於是把牠掛在一根插地的棍子上，以防埋葬蟲來把牠搬走。但是，這項預防措施不管用。這些昆蟲爬不上棍子，構不著死癩蛤蟆，於是就在插棍子的地上挖掘。棍子倒下後，牠們就把棍子連同癩蛤蟆屍體一起埋葬了。

承認昆蟲對因果及目的與方法間的關係，有智力上的認識，這是一個具重大意義的斷言。我只知道，這是最符合我們這時代粗暴哲學的武斷言論了。但是，這兩則小故事真的確有其事嗎？個中是否包含了人們從牠們身上所推導出來的結論？那些將其當做鐵證來接受的人，難道不是太天真嗎？

當然，在昆蟲學的領域內，需要某種天真。要不是深具這種特質——在講求實際者看來，是奇思怪想，誰還會去關心小

小的蟲子呢？是啊，讓我們天眞無邪而不要幼稚輕信。在認爲動物會思考、推理之前，我們自己先來思考、推理一下吧。特別要對實驗的結果加以驗證，一個偶然收集到、未經評判的現象，不能成爲定律。

啊！勇敢的掘墓者，我無意貶低你的優點和長處，絕對沒有這種想法。相反地，我在筆記裡保留著比癩蛤蟆的絞架更能盛讚你的資料，我彙集了你相關的英勇行爲，它們將爲你的聲譽帶來光環。

不，我絕對沒有想減損你的聲譽的意思。此外，公正的歷史不必堅持某個確定的論點，事實把這個論點引導到哪裡，它就到哪裡。我只想問問，關於有人說你具有邏輯思想的這個問題。在雲霧瀰漫中，你是否有一片理性的青天──人類理性的萌芽？這就是我想問的。

收殘埋葬蟲
（放大1½倍）

爲了解決這個問題，切勿指望好運給我們帶來機會。我必須擁有一個籠子，好能夠進行經常的觀察和持續的調查，想出各式各樣的巧計良策。在橄欖樹生長的地區，埋葬蟲的種類不多。據我所知，只有一種埋葬蟲，即收殘埋葬蟲①。這種北方掘墓者的競爭者還相當罕

見，在春天時找到三、四隻，是我從前捕獵時的最佳收穫量。今天，我必須擁有十二隻這樣的埋葬蟲；如果不採用設陷阱的辦法，我不可能獲得那麼多。這辦法十分簡單。田野裡的埋葬蟲非常稀少，因此，尋捕牠們幾乎總是白費力氣，空手而歸。當我的籠子住滿鳥之前，四月，實驗最有利的月份即將過去。捕獵這種埋葬蟲的結果如何，很難說。那麼，不妨在荒石園裡散布收集來的大批死鼴鼠，把埋葬蟲引來吧。這種昆蟲在尋找牠們的松露時，嗅覺非常靈敏，牠必然會從地平線上的各個角落，奔向這被太陽曬熟的屍堆。

我和鄰近地區的一個園丁訂約，他每星期彌補我那塊石子地的短缺兩、三次，向我提供來自較肥沃土地的蔬菜。我告訴他，我迫切需要鼴鼠，數量無法確定。他便每天用陷阱和鐵鍬跟這個討厭的挖掘者，這個把他的作物弄得一塌糊塗的挖掘者，進行戰爭；因此，他比誰都能夠盡力地為我弄到這個，此時我認為比蘆筍或牛心甘藍還寶貴的東西。

這個老實人先是嘲笑我的要求，對我這樣重視他厭惡至極的畜牲「達爾蓬」②驚訝不已。他終於接受了我的要求，不過

① 收殘埋葬蟲：又名赤紋埋葬蟲。——編注
② 達爾蓬：普羅旺斯方言這樣稱呼鼴鼠。——譯注

這並不是說他沒有自己的想法。他認為我大概是要用光滑柔軟的鼹鼠皮,為自己縫製一件美妙的法蘭絨背心。這樣的背心想必對風濕痛有好處吧。好吧,隨他猜測去吧。我一心只想著將事情談妥,讓達爾蓬來到我這裡。

達爾蓬準時來到了。有時兩隻,有時三、四隻,用幾張甘藍葉包著,放在菜籃子裡。這個樂於順從我那古怪意願的老好人,永遠也不會猜到比較心理學多麼受惠於他。短短幾天內,我有了三十來隻鼹鼠。這些鼹鼠一到,就被放到荒石園裡一些光禿禿的地方,在迷迭香、野草莓樹、薰衣草叢中。

每天等待和數次察看那些小動物腐屍下面的情況,不再是問題。這種等待和察看,對那些血液裡沒熱情的人來說,是件噁心得要逃之夭夭的苦差事。在家裡,我有小保爾助我一臂之力,他用他那敏捷的小手幫我捕捉逃犯。我說的對,要從事昆蟲學研究就需要天真。在嚴肅處理埋葬蟲這件事上,我只有一個孩子和一個不識字的園丁充當我的合作者。

小保爾和我輪流查看,等待的時間並不太長。風把葬屍地的肉味吹向四面八方,於是裝殮埋葬屍體的蟲子向這裡奔來,以致實驗對象由起初的四隻增加到了十四隻。這是我前所未有的收穫數量。因為我從前捕獵時沒預做策劃,也沒有用餌引

誘。這次布設陷阱的計謀取得了圓滿成功。

　　在陳述籠裡取得的成果之前，稍微暫停一下，來談談埋葬蟲正常的工作環境條件。這種昆蟲對野味的選擇並不挑剔。牠處理屍體時，正如狩獵性膜翅目昆蟲那樣，量力而為，偶然碰巧得到什麼，就接受什麼。在牠發現的東西中，有小的，例如鼩鼱；有中等者，如田鼠；有大的，如鼴鼠、溝鼠、無毒蛇。埋葬這些動物屍體，都超過了單一埋葬者的挖掘力量。在大多數的情況下，重負和發動機馬力的比例懸殊，因此運輸是行不通的。在脊柱用力的情況下，稍微移動一下身子，就是這種昆蟲力所能及的一切了。

　　飛蝗泥蜂和蛛蜂在自認適宜的地方挖掘洞穴。牠們飛行，把獵獲物運到洞裡。如果獵獲物太重，就步行拖到那裡。埋葬蟲沒有這樣的便利。牠沒有能力運輸在任何地方遇到的大塊頭屍體，因此，不得不在屍體躺著的地方就地挖洞。

　　這個別無選擇的埋葬地點，可能土質較疏鬆，也可能鋪滿卵石。這個地點可能位於某個寸草不生的地方；也可能位於另外一塊細草，尤其是狼牙草根鬚盤根錯節的草地。短荊棘豎起的情況也屢見不鮮，這些荊棘把動物屍體架托在離地幾法寸高的地方。鼴鼠被剛剛斷送牠性命的農人用鐵鍬扔開，隨意掉在

什麼地方。埋葬蟲就在屍體墜落的地點，開發利用牠。只要障礙物並非不可逾越，就沒什麼關係。

隨著埋葬而來的困難多變，因此我們似乎隱約可以得見，埋葬蟲在工作過程中所使用的方法並非一成不變。牠受偶然的機率所支配，必須在牠微小的辨別能力所及範圍內改變策略。鋸開、砸爛、掃清、升起、震動、移動，對處於困境的埋葬者來說，都是不可或缺的辦法。這種昆蟲如果被剝奪了這些才能和本領，如果淪落到只有一成不變的方法，就不能從事上帝賜予牠的天職。

從這時起，人們就會看到，僅僅根據一個單一現象就做出結論，是多麼的輕率冒失。在這個現象中，理性的手段和事先考慮過的意圖，似乎都在發揮作用。毫無疑問，本能的行動有其存在的理由。但是，昆蟲會首先判斷、評估這種行動的適當性嗎？讓我們以充分了解整個工作過程做為開始，用其他一些證據來支持每個證據。這樣也許能夠回答這個問題。

首先談談食物。埋葬蟲是環境的淨化者，不拒絕任何惡臭腐爛的屍體。長羽毛的獵物也好、長皮毛的獵物也好，只要屍體是牠力所能及，什麼都是好的。對兩棲動物也好、爬蟲類也好，牠處理時都同樣賣力，積極地開發利用。牠毫不猶豫地接

受其種族可能還不了解的、異乎尋常的發現物。一種紅色的魚就是證據。這種魚是中國的金魚。在我的籠子裡，牠很快就被埋葬蟲判定為好東西，並且用老辦法給掩埋掉。羊肋條、牛排骨變味到恰到好處時，就在地下消失，這些東西所受到的珍惜和關注，跟針對鼴鼠、老鼠同出一轍。總而言之，埋葬蟲沒有排他性的偏愛，牠把所有腐爛的東西都放進地窖中。

要維持保存埋葬蟲的職業技藝，並無任何困難。如果某種獵物短缺，其他任何偶然碰到的獵物都能加以代替。至於讓埋葬蟲定居的問題，也沒什麼好煩惱的。一個放置在瓦缽上的金屬鐘形罩就足夠了，壓緊的新鮮沙土溢滿到瓦缽邊緣。為了避免受野味引誘而來的貓胡作非為，籠子放在一個封閉的玻璃房裡。這個房間冬天是植物的避難所，夏天則是蟲子的實驗室。

現在工作啦。死鼴鼠躺在荒石園中央；土質疏鬆，而且全是沙土。這個條件非常優越，易於工作。四隻埋葬蟲，三雄一雌，面對著這隻死鼴鼠。牠們蹲在鼠屍下面，別人看不見。這具屍體不時似乎又有了生命，被這四個工作者以背部從下向上搖動。不知情的人看見死鼴鼠動起來，可是會目瞪口呆的。相隔很久之後，一個掘墓者，幾乎總是一隻雄蟲，從屍體下面走出來，圍繞死鼴鼠轉圈。牠一面探測這具屍體，一面搜查牠的絨毛。牠急急忙忙回到屍體下面，接著再次出現，再次了解新

情況，然後又鑽到屍體下面。

　　搖動恢復，而且更加厲害。屍體擺動起來，動個不停。而這時，沙土被壓緊，形成一個環形軟墊在周圍堆積起來。鼴鼠由於自身的重量，加上在牠身體下面工作的掘墓者所使出的勁，以及牠在遭破壞的泥土上沒有支撐物，於是沈陷到地下。外面被壓緊的沙土，很快就在不見蹤影的挖土工的推動下，動搖起來，陷落在深坑裡，把屍體掩蓋起來。這是秘密埋葬。屍體彷彿淹沒在流動的介質裡那樣，自動消失了。直到牠認為深度足夠前，下降始終持續著。

　　總之，這是很簡單的工作。埋葬蟲一邊挖掘，一邊向後搖動、拖拉屍體。隨著投入鼴鼠屍體的孔穴進一步挖深，即使沒有掘墓者的介入，墓穴本身僅僅由於沙土的震動、崩塌，就會自動填平。埋葬蟲的爪端有鋒利的鑣子，牠強壯的脊柱能夠讓沙土微微震動。如此一來，牠幹這一行就不再需要別的東西了。且慢，還要補充一點，很基本的一點：牠還需要頻繁搖動死者的這種技藝。搖動是為了把死者的體積壓縮得更小，使其能夠通過困難的通路。我們很快將會看到，這種技藝在埋葬蟲的職業中扮演重要角色。

　　鼴鼠雖然消失了，但離目的地還很遠。且讓裝殮葬屍工做

完牠們的工作吧。牠們現在在地下忙的，是地面工作的繼續，不會有什麼新動作。讓我們等個兩、三天吧。

時候到了。讓我們了解一下那下面的情況，查看一下公共屍坑。我決不會邀請任何人去挖掘。在我身邊，只有小保爾有勇氣幫助我。

鼴鼠不再是鼴鼠，而是蜷縮成一小塊肥肉丁似的東西，略呈圓形、綠色、發臭，毛脫得光禿禿的，令人毛骨悚然。想必是經過細心的處理操作，這個東西才被壓縮得這樣狹小，特別是皮毛被剝光到這個程度，好像女廚師手下的家禽一樣。採取這樣的烹飪措施，是為了那些會受毛絲碎屑妨礙的幼蟲嗎？還是說，屍體只是因為腐爛而掉毛？我對此猶豫不決。不過，整個挖掘行動都讓我看到，被拔去毛皮和拔光羽毛的獵物，只留下翅膀和尾巴的毛，而爬行動物和魚類則保存著鱗片。

讓我們回到這個難以辨認出鼴鼠原貌的東西上。它被安放在一個寬敞、內壁堅固的葬屍地下室裡。這個地下室堪與蟋蟀的麵包坊相比。除了皮毛散亂成絮片外，這東西沒有被觸動過。掘墓者沒有切剪牠，這是子女的家產，不是父母的食物。當父母的為了吃點東西維持自己的體力，便從滲出的膿血中吸幾口。在這具屍體旁邊，只有兩隻埋葬蟲，別無其他。牠們是

一對夫妻，在那裡看守和處理屍體。四隻蟲合作埋葬屍體；現在，另外兩隻埋葬蟲，那兩隻雄蟲怎麼樣了呢？我發現牠們遠遠地蹲在地下室的頂上，幾達地面。

我觀察到的並不是個別單一的情況。我每次看見一群埋葬蟲進行埋葬；而下葬結束後，在葬屍地下室裡都只剩一對埋葬蟲。在上面那群埋葬蟲中，雄蟲占多數，隻隻幹勁十足。牠們協助埋葬過後，除了那對夫妻，全都默不作聲地悄然退去。

的確，這些掘墓者是卓越的父親。在這裡所看見的，絕不是那種無憂無慮、什麼事都不聞不問的父親。而當父親的無憂無慮、百事不管，正是昆蟲界的普遍規律。父親把母親戲耍一陣之後，就拋棄牠，把子女的命運交給牠。但在這裡，各個等級的閒散者都工作，並且賣力為之；有時為了牠們自己家庭的利益，有時為了別人的利益，二者並無區別。如果一對夫婦陷於困境，無法可想，野味的味道傳到助手那裡，這些助手就會突然來到。牠們侍候貴婦人，鑽到屍體下面，用脊椎骨和爪子加工屍體、埋葬屍體，然後，在屋主歡天喜地、樂不可支的時候離去。

屋主還需要花費長時間，同心協力地操作處理這具屍體：拔毛、捲起、根據幼蟲的口味煨燉。當一切都弄得井井有條

時，這對夫婦就出走、分離。各自隨心所欲到別處去，至少像個普通助手那樣重新開始。

到現在爲止，我有兩次——一次不多地找到操心子女未來、盡力爲牠們留下財富的父親。這些父親是某些牛糞開發者和埋葬蟲這樣的屍體利用者。掏糞工和裝殮葬屍工有模範的習性風尙。德行應該擺到什麼地方呢？

其餘的，比如幼蟲的生活和變態，都是次要細節，而且大家已經了解。對枯燥無味的題目，我就三言兩語、簡單扼要地談談。將近五月末，我挖出一隻掘墓者兩週前埋葬的褐鼠。這具可怕的屍體已經變成有黏性的褐色糊狀物，牠向我提供了十五隻大部分已具有正常身材的幼蟲。幾隻成蟲，肯定是這一窩幼蟲的父母，也在惡臭中亂攢亂動。產卵期現在已經結束，食物味美可口。餵食者沒有別的事做，於是就挨著幼蟲，坐在桌子旁邊。

裝殮葬屍工很快進行家庭教育。自從埋葬了褐鼠以來，時間至多已過了半個月，而這裡已經有了一批即將變態、身強力壯的居民。這樣的早熟令我驚訝不已。看來，屍體潮解物雖然對其他的胃是致命物，在這裡卻產生了刺激身體和加速發育的功能，使食物在轉化爲腐殖土以前被消耗淨盡。有生命的化

學，很快地超越了無機化學最大限度的反應。

埋葬蟲的幼蟲呈白色，裸露、瞎眼，具有在黑暗中生活的普通特性。牠那披針形的外形令人聯想起步行蟲；那強有力的黑色大顎是優質解剖刀；牠的腳很短，但碎步小跑時靈活敏捷。腹部的體節下面，用一塊狹窄的紅棕色板塊加固，板塊上裝有四根骨針，骨針的功能顯然是在幼蟲離開出生的小間，降到地下變態時，用來提供支撐點。胸部體節的裝甲更寬，但沒有刺。

成年埋葬蟲陪伴著牠們的幼蟲，生活在褐鼠的腐爛屍體裡，身上蓋滿蝨子，令人憎惡。四月，埋葬蟲在第一批鼴鼠屍體下面時，全身發亮，衣冠端正。但在七月臨近時，卻顯得無比醜陋。牠們身上覆蓋著一層寄生蟲。這些寄生蟲鑽進牠們的關節，幾乎形成一張連續不斷的皮層。這隻昆蟲穿著蝨子形成的外套，畸形醜陋。我很難用毛筆把這件外套掃掉。這群烏合之眾從埋葬蟲腹部被趕走後，使這個受苦者變了形，在牠背上神氣活現，不想放棄。

在這裡，我認出了牠是屬於蟎蟀類的，牠是常把糞金龜腹部的紫晶弄得污穢不堪的蛛形綱動物。不，生命的好運不歸於有用的動物。埋葬蟲和糞金龜獻身於普遍的衛生工作。這兩種

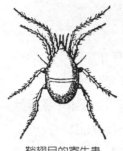
鞘翅目的寄生蟲

公會的成員因其衛生職務而顯得十分有趣，家庭習性使得牠們極為突出，然而卻遭受帶來災難的害蟲的折磨。唉！提供的服務和生活艱苦兩者間的不相稱，在裝殮葬屍工和淘糞工的世界之外，還有大量其他的例子。

是的，這是堪為模範的家庭習性，但是，在埋葬蟲那裡卻沒有貫徹始終。在六月上旬，家庭已經富足，埋葬工作停頓。儘管我更換了老鼠和麻雀，籠子卻處於廢棄狀態。一個掘墓者不時離開地下室，懶洋洋地在露天爬行。

這時，一個相當怪異的現象引起了我的注意：大批埋葬蟲從地下爬上地面，都失去了胳膊，切掉了關節。切除的部位有的高，有的低。我看見一個殘廢者只剩下一隻完整的腳。牠就用這隻不成對的肢爪和其他殘肢，在積滿灰塵的地層上費勁活動。牠衣衫襤褸，滿身蝨子，像長著鱗片一樣。一個同伴出現了，牠的步履輕盈些，給這個殘廢者致命的一擊，並且把同伴的腹部挖清刮淨。我剩下的十三隻埋葬蟲就這樣完結了生命。一半被同伴吞食，或者至少被切去幾隻跗節。嗜食同類的習性，代替了原先的和睦關係。

　　歷史告訴我們，某些民族，例如馬薩傑特人③或其他民族，會殺死老人以免他們遭老年的痛苦折磨。用敲擊頭部的兇器給白髮蒼蒼的腦袋一記打擊，在馬薩傑特人看來，這是子女敬愛父母的道德行為。埋葬蟲也有這些古代的野蠻殘酷行為。牠們活夠了，氣數已盡，從此成為廢物，生命衰竭，苟延殘喘，於是互相消滅。延長肢體殘廢者和年邁昏聵者的臨終垂危歲月，又有什麼好處可言呢？

　　馬薩傑特人可以糧食匱乏為由，為他們的兇殘習俗辯護。埋葬蟲卻不是這樣，因為我的慷慨大度，地下和地上的食物都滿坑滿谷。在這種屠殺中，飢餓絕對不成理由。對牠們而言，這是體力衰竭所產生的謬誤，這是瀕臨乾涸的生命的病態狂怒。這符合昆蟲界普遍的規律：工作給予掘墓者溫和平靜的習性風尚，而懶散怠惰卻激發起邪惡的偏執。掘墓者無所事事，於是砸爛同類的腳、吃掉同類，而且不關心自己被截去肢體、被同類吃掉。這將是骯髒污穢的垂暮之年的最後解脫。

　　這種造成大量死亡的狂亂在晚年發作的現象，並非埋葬蟲所特有。我在別處談過壁蜂的邪惡。這種昆蟲起初平靜沈著；可是，當牠自覺卵巢已經衰竭時，就把鄰居的蜂房弄破，甚至

③馬薩傑特人：高加索東部的伊朗遊牧民族。──編注

把自己的蜂房也弄破。牠把蜂房裡有灰塵的蜜弄散，牠還弄破卵吃掉。螳螂在情人扮演的角色結束後，便把情人吞下肚。白面螽斯母親往往把牠殘廢丈夫的腳，一點一點地吃掉。寬容溫厚的蟋蟀在產下卵後，就會發生悲慘的家庭糾紛，夫妻雙方都肆無忌憚地捅破對方的肚皮。對幼蟲的照顧關懷完結了，生命的歡樂也完結了。這時蟲子往往習性敗壞，牠那被損壞的身體器官以畸變告終。

埋葬蟲的幼蟲在技藝方面毫無突出之處。牠在身體夠粗大的時候，就拋棄地下室那個出生地，那個堆放屍體的地方，去到地面，遠離污染。牠在那裡用腳和背部的硬甲工作。把身體周圍的沙土向後推，為自己營造一間變態時可以安靜休息的小室。住所準備好了，隨後是昏昏沈沈、迷迷糊糊的蛻皮時期。牠躺下，死氣沈沈；但一有風吹草動，牠就有了活力，生氣勃勃，圍著自己的軸旋轉。

很多蛹，尤其在七月，我所觀察的薄翅天牛蛹在受到打擾時，就像渦輪機迴轉那樣，動來動去。看見這些木乃伊突然脫離靜止不動的狀態，用一種其秘密值得深入研究的技巧旋轉，真教人驚訝不已。力學理論或許會在那裡找到運用的最佳機會。馬戲團小丑腰部的柔軟和力量，也無法和這些新生的肉體、這種幾乎不凝固的生蛋白媲美。

　　埋葬蟲的幼蟲被隔離在嬰兒室裡，十來天就變成了蛹。現下，我缺乏透過直接觀察得來的資料；但是，歷史會自動地補充完整。埋葬蟲必須在夏季具有成蟲形態。牠像食糞性甲蟲那樣，只有幾天歡樂的日子，不必爲家庭牽腸掛肚。然後，寒冬臨近，牠躲藏在冬天的宿營地裡；一旦春天來到，牠又回到明媚的陽光下。

第八章

埋葬蟲的實驗

我們來談談埋葬蟲那理性的英勇行為，正是這英勇行為使牠獲得了好名聲。首先，以實驗來檢驗克萊維爾敘述的現象。這個現象就是：土地過於堅硬和埋葬蟲尋求援助。

為此，我在鐘形網罩下的沙土中心鋪上了磚頭，和地面齊平。然後在磚頭上鋪一層薄薄的沙土。這是塊無法挖掘的土地。在四周寬闊的範圍內，在同一水平上，延伸著一片疏鬆易挖掘的地面。

為了模擬故事所敘述的環境，需要一隻老鼠。鼴鼠的身體很重，塊頭很大，移動起來或許會比較困難。為了得到這隻老鼠，我請求朋友和鄰居幫助。他們笑我異想天開，不過仍然把捕鼠器給了我。只不過，一旦立即需要再普通不過的東西時，

這種東西反而變得稀罕起來。普羅旺斯方言以先祖拉丁文爲榜樣，無視優雅禮貌，在格言中這樣說（比下面的譯文更生硬）：「一旦要找驢糞，驢子就拉不出屎來。」

這隻老鼠——我夢寐以求的東西，終於讓我抓到了。牠從一個避難所來到了我這裡。那個避難所裡放著一綑稻草。官方在此對漂泊於沃土上的流浪窮人布施，款待他們一天。那座避難所是這市鎮的一幢山區木屋，人們從那屋裡出來時，不可避免地會沾上蝨子。啊！雷沃米爾，您用酥梨促使您的毛毛蟲換皮。對於一個了解個中苦難的未來門生，您會說些什麼呢？也許您會說，最好別爲了同情這些蟲子而小看這些苦難吧。

我朝思暮想的老鼠，終於到手了。我把牠放在磚頭中央。鐘形罩下的掘墓者現在是十隻，其中三隻是雌性，身上全都覆蓋著泥土。幾隻就在土地表面無所事事，懶懶散散的；其他的則在埋葬死屍的地下室裡。牠們很快就知道出現了一具新屍體。約莫早上七點，三隻埋葬蟲趕來了，一雌兩雄。牠們鑽到老鼠的身體下方，老鼠的身體一陣陣地顫動。這表示埋葬者在使勁用力。牠們試著在遮蓋磚頭的沙土層上挖掘，挖起來的碎土在死老鼠周圍堆積，成了一個環形土墊。

震動持續了兩個小時，卻沒有任何進展。而我則利用這個

時機，了解這項工作是以什麼方式完成的。裸露的磚頭讓我看見了泥土所遮蔽的東西。如果必須移動屍體，埋葬蟲就朝天躺下，用六隻腳緊緊抓住死鼠的毛，背部使勁，並且把額頭和腹部末端當做撬棍向前推。如果要挖掘，牠就恢復正常的直立姿勢。葬屍工就或這或那地輪番使勁。當適於移動死屍或把死屍拖低些的時候，牠就把腳懸空。需要擴大洞坑的時候，牠就讓腳著地。

埋葬老鼠的地點終於被辨識出難以進攻。一隻雄蟲赤裸裸地出現了。牠探查埋葬對象，在牠周圍轉來轉去，隨便搔刮一下。然後牠返回原地。死鼠很快就晃動起來。這個知情者是否把牠觀察了解到的情況，告訴了合作者呢？牠是為了在別處，在有利的土地上進行安置而調整方法嗎？

事實完全沒證實這一點。當這隻埋葬蟲搖動死老鼠這個大塊頭時，其他蟲子仿效牠，也向前推；但是，並非都朝同一個方向使勁。死老鼠這個重負往磚頭邊緣稍微前進了一點後，倒退了，並且回到出發點。由於協調不一致，撬棒一下一下地撬動，全是白費力氣。將近三個小時，就在互相抵銷的震動中過去了，死鼠沒有越過工作者的耙子，堆積在牠周圍的小沙丘。

第二次，另外一隻雄埋葬蟲出來勘察周遭情況。探測就在

磚頭旁泥土疏鬆的地點進行。為了察看土地的性質，牠挖掘了一個測試孔，一口窄淺的井，只能容進昆蟲半身。探測者返回工地，用脊椎骨操作。屍體朝著被探明有利的地點前進了一指的長度。我們這次弄明白了嗎？不，還是沒弄明白，因為老鼠屍體不久後又倒退了。在解決困難方面，埋葬蟲沒有取得任何進展。

現在換兩隻雄蟲去了解情況，每隻都自行其是。牠們都不去已經探測過的、就近能省去艱苦運輸、看似正確選擇的地點停留，而是急急忙忙跑遍整個鐘形罩。一會兒在這裡摸索，一會兒在那裡探查，挖翻出一道道淺溝。牠們在網罩允許的限度內，盡量遠離磚頭。

牠們偏愛靠著鐘形罩的基礎挖，在那裡做各式各樣的探測。磚頭以外的土層，到處都同樣疏鬆。最先探測的地點被拋棄後，就選擇第二個；第二個也被拋棄，接下去的是第三個、第四個，然後是另外一個，再又是另外一個。我判斷不出牠們這樣做的任何理由。直到第六個，地點終於選定。這絕不是個用來接收死鼠的洞穴，而是個簡單的測試井，非常淺，直徑只有挖掘者身體那般粗。

讓我們回到死老鼠那裡看看。這個東西突然先朝著一個方

向，接著又朝另一個方向搖晃、擺動、前進、倒退。最後，終於越過了小沙丘。現在死鼠已經到達磚頭外邊，在一塊很好的土地上。鼠屍逐漸前進。不是由隱蔽的牲口拉車運輸著前行，而是顛顛簸簸地移動。這是看不見的撬棒的工作。死屍好像自己在移動似的。

這一次，在經過多次反覆猶豫之後，大家使出的力氣協調一致起來。至少這具屍體到達探測地的速度之快，大大超過了我的預期。接下來，牠們開始用平時的方法進行埋葬。時間是一點。在這之前，埋葬蟲不得不花掉時針走半圈的時間，來觀察埋葬地和搬動死鼠。

從這次實驗可以明顯地看出：首先，雄蟲在家務中扮演主要角色。牠們或許比伴侶更有天賦。當事情十分棘手為難時，牠們就去了解情況，查清楚工作陷於停頓的根源，選擇挖坑的地點。在對磚頭進行長時間的實驗中，只有兩隻雄蟲勘察外部情況，致力於解決困難。雌蟲信任牠的助手，在死鼠身體下面按兵不動，等待雄蟲尋找得出的結果。這些英勇助手的才能和特長，將會在下面的實驗中加以敘述。

其次，死鼠所躺的地點被查清有無法克服的阻力，在稍遠處疏鬆的土地上，沒有事先挖好的坑洞。再重複一遍：一切都

只不過是蟲子爲了了解埋葬的可能性，所做的少許探測活動。

　　預先把屍體將運往的坑穴準備好，這種做法是違反常理的。我們的挖掘者爲了挖土，必須用自己的背感受一下搬運的死者有多重。牠們只在和死屍毛皮接觸的刺激下工作。如果將被掩埋者沒有占住挖洞的地點，牠們永遠也不會進行旨在埋葬的挖掘。這些是我兩個多月來，每天觀察所得的鐵證情況。

　　克萊維爾所述軼事的其他內容，也同樣經不起檢驗。有人說，埋葬蟲在陷於困境、無法可想時會去求援，並且和幫助牠掩埋死鼠的同伴一道返回。這是關於金龜子那富於教育意義的小故事的另一種說法。金龜子的小球翻倒在車輪壓出的凹痕裡，這隻狡猾的食糞性甲蟲沒有力量把獵獲物從險境中取出，於是召請來三、四個鄰居。這些鄰居不計報酬，出於自願地把小球取出，並且在進行救援後，各自回去做自己的工作。[1]

　　球狀昆蟲這種遭人瞥腳解釋的事蹟，使我對昆蟲裝殮葬屍者的事蹟起了懷疑。如果我問那位觀察者，他採取了什麼措施，在據說死鼠的原擁有者與四個助手返回鼠屍時，得以辨認出這個擁有者來，這會是過於苛求嗎？五隻埋葬蟲中，有一隻

[1] 金龜子的故事見《法布爾昆蟲記全集 1——高明的殺手》第一章。——編注

十分理性，懂得發出呼叫求援，有什麼跡象顯示出這一點呢？失蹤的那隻蟲子返回並且加入這個團隊，這確實可靠嗎？沒有任何跡象可以加以證明。這些疑問是任何高素質觀察者都不應忽略的。那難道不會是其他五隻相互之間並無任何約定的埋葬蟲，只是因為受到嗅覺的引導而奔向被拋棄的死鼠，為了牠們自身的利益而利用牠嗎？我贊成這種看法。在沒有確切資料的情況下，這是最可能的。

如果讓現象接受實驗，可能性就將變成可信度。磚頭實驗已經告訴我們。我的三個實驗對象在終於移動了獵獲物，並把牠放在疏鬆的土地上之前，已經筋疲力竭地努力了六個小時。對這項長時間的艱難苦差來說，助人為樂的友好行為不嫌多餘無用。另外，在鐘形罩裡少許沙土下面的某處，還埋藏著四隻埋葬蟲。牠們是這三個實驗對象的同伴、昨晚的合作者。但那幾隻忙得不可開交的埋葬蟲，卻沒有一隻想到籲請這四隻來幫一下忙。死鼠的占有者儘管處境艱困，仍在毫無任何可輕易尋求到的奧援之下，把事情貫徹到底。

或許有人認為，這三隻蟲子自以為夠強大，沒必要讓別人來助一臂之力。反對這種看法是沒有用的。事實上有很多次，而且是在比堅硬土地更加艱苦的條件下，我一再看到一些落單的埋葬蟲筋疲力竭，使盡渾身解數對付我的良策妙計。牠們一

次也沒離開工地去徵召助手。沒錯，一些合作者經常突然來
到，但是，是牠們的嗅覺，而不是第一個死鼠占有者告知牠們
這件事的。這是偶然來到的工作者，決不是徵召來的。

在我放置籠子的玻璃避難室裡，碰巧當場抓獲一個偶然的
合作者。牠夜間從籠子經過，嗅到屍體的肉味，便進入這個牠
任何同類都還沒自願鑽進過的地方。我在鐘形罩的頂上突然把
牠抓住。如果金屬網沒有阻攔住牠，牠會和其他蟲子馬上一起
工作。我籠子裡的囚徒請求過牠嗎？肯定沒有。牠受到鼴鼠的
肉香引誘而奔來，並不關切別人的努力。有人讚揚說，牠們就
是這樣熱情地幫助同伴。關於那些想像中的英勇行為，我將重
提我在別處說過有關金龜子的話：這些行為是幼稚可笑、逗樂
天真憨實人的故事，最好和驢皮的童話②一起束諸高閣。

土地堅硬，需要把屍體轉移到別處，並不是埋葬蟲經常碰
到的困難。通常，或者說最屢見不鮮的是，土地鋪著草皮，特
別是鋪著狼牙草。這種草以其具韌性的細繩，在地下形成一張
錯綜複雜的網。在這張網的縫隙裡搜尋是可能的；但是，拖拉
死去的動物通過網就是另外一回事了。因為網眼太窄，物體無

② 驢皮的童話：指法國作家佩羅所著的童話。內容是一位公主因不堪父王虐待，
　身披驢皮逃往一處農莊養豬，夜間則身著華麗服飾，後來被一位王子認出並娶
　她為妻。——譯注

法通過。昆蟲掘墓者對這樣極為常見的障礙，會無能為力、束手無策嗎？不然。

埋葬蟲在其職業操作中，經常會遇到某些常有的障礙，因而始終有所防範準備，否則牠就沒法做這一行了。沒有必要的手法和本領，就達不成任何目標。埋葬蟲除了挖土工人的技能外，還有另外一種技能，那就是弄斷纜繩狀的東西，例如根、長節蔓、細根狀莖。細根狀莖使物體下降到坑穴的活動陷於癱瘓；因此，在鏟子和十字鎬的勞動之外，還應該添加整枝剪。這一切都能合乎邏輯、非常清楚地預見到。不過還是看看實驗吧，這才是最好的見證。

我從廚房的火爐旁取來一個三腳支架，它的鐵支條為我構思籌劃的裝置提供了一個結實牢固的構架。這個裝置是一張用酒瓶椰子帶子編成的粗網，是狼牙草網的仿製品。它的網眼雖然很不整齊，但沒有一處空縫大得足以讓被埋葬物通過和插入。這次被埋葬的是一隻鼴鼠。這個裝置的三支腳安放在鳥棚中央，和地面齊平，些許沙土把細繩掩蓋起來。鼴鼠放在網中，我的這支掘墓蟲隊伍在屍體上。

整個下午，埋葬工作進行順利，毫無阻礙。酒瓶椰子網床幾乎和狼牙草形成的自然網一樣，不太阻礙埋葬工作，只不過

讓進度慢了些，僅此而已。鼹鼠就在牠躺的地方，沒被移動就沈降到了地下。我拿起三腳架，這張網恰好在屍體占據的地方破裂了。幾根狹長的帶子遭到了啃咬，不過數目不多，僅夠屍體通過。

太好啦，我的裝殮葬屍工！我對你們的才幹本領寄予了厚望。你們使用對抗自然障礙的才能本領，挫敗了實驗者的妙計良策。你們把大顎當大剪，耐心地剪斷了我的繩子，就像啃咬禾本科植物的細繩一樣。這雖然還不值得特別頌揚，但畢竟也值得稱讚啊！地上好動昆蟲中智力最有限者，如果放在類似的條件下，也會這麼做。

讓我們稍稍增加困難度。現在，鼹鼠的身體被一根酒瓶椰子帶子固定在一根很輕的水平橫木上，這根橫木安放在兩把搖撼不動的叉子上。這時的死鼠看上去，像是古怪地放在烤肉鐵叉上的一塊野味肉。死獸的整個身體都橫著接觸到地面。

埋葬蟲在屍體下面消失了，牠們感覺接觸到屍體的濃密毛皮，就動手挖掘起來。坑穴加深，有了空處，但是牠們饞涎欲滴的東西並沒有降下，因為牠被橫木攔留住了。這兩根叉子隔著一段距離維持住這根橫線。挖掘速度放慢了，埋葬蟲的猶豫不決也在延長。

這時，一隻掘墓者重新爬上地面，在鼴鼠身上逛來逛去，終於發現鼴鼠身體後部那根繩索。牠頑強地咀嚼、弄鬆這根繩子。我聽見大剪刀響了一聲，繩子就被弄斷了。喀嚓一聲，事情成啦。鼴鼠被自身重量拖下坑裡，是歪歪斜斜掉下去的，牠的頭仍然露在外面，被另外一根繩子拉著。

埋葬者開始埋葬鼴鼠的身體後部。牠們拉扯了很久，一會兒朝這個方向拉，一會兒朝那個方向扯，動來動去，都不能奏效。沒有辦法可想，唉，東西總弄不下來。於是，又一隻埋葬蟲從地下走上地面，看看上面是怎麼回事。第二根繩子被發現了，接著也被弄斷。在這之後，工作就進行得稱心如意，一帆風順了。

明智的纜繩剪切者，我毫不誇張地要向你們致祝賀之意。對你們來說，繫住鼴鼠的繩索就是你們在綠草叢生土地上屢見不鮮的細繩。你們將這些繩索和剛才那張網床弄斷，一如用你們的大剪穿過所有橫掛在你們地下墓地裡的天然細線一樣。這是你們這一行裡不可或缺的技巧和訣竅。如果需要透過實驗來學習，在實踐之前先思考它，你們的種族早已消亡。入門學習階段的左思右想、猶豫不決，足已使你們的種族滅絕，因為在鼴鼠、蛤蟆、蜥蜴，以及其他你們嗜食物滿坑滿谷的地方，往往都綠草叢生。

你們還能夠做得更好些。但是，在陳述這一點前，先來仔細觀察下面這個情況：細小的荊棘布滿地面，把屍體保持在離地面有一小段距離的地方。因為偶然掉落而這樣懸吊著的這個發現物，會不會沒什麼用？埋葬蟲路過時，對牠們所見所嗅、就在頭上幾法寸高的這塊肥肉，會不為所動，漠然置之，繼續走牠的路嗎？或者會讓牠從那個絞刑架上掉下來呢？

我在籠子的沙土裡插上一小束百里香，這株小灌木的高度頂多像衣服下襬那樣長。我在樹冠上放置了一隻死老鼠。讓牠的尾巴、腳爪和頸脖在樹枝裡糾結起來，以增加取下的難度。鐘形罩裡的居民現在是十四隻埋葬蟲，直到我的研究工作結束時，還是這麼多。當然，牠們並非全都同時參加白天的工作。牠們大部分藏在地下，半睡半醒；或者忙於整理牠們的糧倉。有時一隻，經常是兩隻、三隻、四隻，很少有更多的蟲子留意我向牠們提供的屍體。今天，有兩隻埋葬蟲向死鼠奔來，很快地，鼠屍就在那束百里香上被認出來了。

這兩隻埋葬蟲行經籠子的柵欄爬到灌木頂。由於那裡沒有方便的支撐物，牠們猶豫再三，於是再度使用地形不利搬運物體時常用的策略。一隻蟲子用力把身體支撐在灌木的一根小樹枝上，輪番用背和腳推、搖，猛烈震撼鼠屍，直到牠推搖的部位擺脫絆繩的束縛為止。這兩個合作者一下子就用脊樑，把死

老鼠從亂七八糟的一堆東西中抽出。再搖撼一下，死老鼠就掉到了地上。接著就是埋葬。

這次實驗沒什麼新鮮處。在新發現物身上發生的一切，不過就是重複在不適合埋葬的土地上的操作而已。掉落，則是嘗試運送的後果。

該是豎立格勒迪希所稱讚的癩蛤蟆絞架的時候了。兩棲類動物並非必不可少，一隻鼴鼠同樣管用，而且還更好。我用一根酒瓶椰子帶子把這隻死鼴鼠的後腳，固定在我垂直淺插在泥土裡的一根樹枝上。這個畜生垂直地沿著這個樹枝刑架垂下，頭肩都和地面充分接觸。

昆蟲掘墓者在死鼴鼠身體下面，甚至就在樹枝樁腳下，動手工作起來。牠們挖掘出一個漏斗形坑穴。鼴鼠的嘴巴、腦袋和頸子漸漸下降到坑裡。樁柱也隨之露出根部，最後被它承擔的重負拖帶，終於倒下。我目睹了木樁被翻倒的全部過程，這就是人們曾講過，關於昆蟲最令人吃驚的理性英勇行為之一。

對討論本能的人來說，這真令人感動。但是，暫且還不要下結論，否則就會太過倉促行事了。首先想想，尖頭樁倒下是蓄意為之，還是十分偶然的。埋葬蟲讓樁子露出底部，確實是

為了讓它倒下嗎？或者相反，牠們在樁子的根基處挖掘，只不過是為了埋葬鼴鼠躺在地上的那部分身體？這就是問題的癥結所在。不過，這個問題容易解決。

我們再次進行實驗。這次絞刑架是歪的，鼴鼠垂直地吊著，在距離絞刑架基部兩法寸處接觸地面。在這種條件下，埋葬蟲沒有進行任何推倒這架子的嘗試，絕對沒有。牠們也絲毫沒用腳去推倒絞架的支柱。所有挖掘工作都在比較遠的地方，在用肩接觸土地的屍體下面完成。在那裡，而且只在那裡，埋葬蟲挖掘了一個洞穴，以便接納死鼴鼠的身體前部。這是掘墓者能夠靠近的部分。

與死牲畜所吊位置距離一法寸，就把那個著名的傳說化為烏有。就這樣，多次用邏輯推理進行的最基本篩選，足以顛覆一大堆亂七八糟的斷言和肯定，而抽離出真理的優良穀粒。

再來篩選一次吧。椿柱傾斜或垂直都一樣，但是，鼴鼠後腳始終固定在柱子頂端，鼴鼠不接觸地面，離地面幾根指頭遠，掘墓者搆不著。

掘墓者會怎麼辦呢？牠們會在絞架腳下搔刮土地，把它推倒嗎？一點也不會。天真幼稚的人們啊，期待牠們採取這樣的

策略，一定會大失所望。牠們壓根就沒注意支撐物，甚至沒在
這個地方抓扒一下。牠們根本毫無推倒這根柱子的打算。始終
沒有，的的確確沒有。牠們用別的辦法奪取這隻鼴鼠。

　　這些決定性的實驗用多種方式重複進行，結果都證明：掘
墓者從未在絞架腳下挖掘過，甚至也沒有在土地表面上淺淺地
搔抓過，除非懸吊的東西就在絞架腳下接觸地面。在後一種情
況下，如果死屍從柱子上落下來，那也決非埋葬蟲蓄意所為，
而僅僅是埋葬工作的偶然後果。

　　那麼格勒迪希談到的那隻癩蛤蟆擁有者，經歷了什麼呢？
如果他那根棍子被推倒了，那個放在埋葬蟲可及範圍外、要弄
乾的東西，肯定碰觸到了土地。這個防劫持、防潮濕的預防措
施多麼奇怪呀！做這樣的假設並無不當：這個乾癩蛤蟆的捕獲
者更有遠見，他把他的畜牲懸吊在離地面幾法寸遠的地方。我
所有的實驗都高度肯定了這一點。柱子被掘墓者破壞而倒落，
純粹是想像出來的。

　　另外還有一個同意蟲子有理性的精采論據。這個論據避開
實驗的光輝，陷入了謬誤的泥沼。那些把偶爾進行觀察、想像
力超乎事實真相的觀察者的話信以為真的大師們，我真佩服你
們天真純樸的信仰。當你們不加批判地把理論建立在這樣的蠢

話上的時候，我眞佩服你們那股輕信的能耐。

　　讓我們繼續實驗下去吧。椿柱垂直豎立，但懸掛物沒有觸及椿柱的基部。這個條件足以讓此地不致發生挖掘之事。我擺出一隻死鼠，牠的身體很重，以利於昆蟲的操作。這隻死畜牲的後腳被酒瓶椰子帶子固定在器械的頂端。死畜接觸椿柱，垂直下垂。

　　兩隻埋葬蟲很快就發現了這塊東西。牠們攀爬這根奪彩竿，察看這塊東西，用頭罩一下一下地抓挖牠的毛皮。這東西被辨識出是極好的新發現——一具死屍，於是牠們馬上動手。牠們使用了搬動處於不利位置的死者的策略，但現在是在更加艱難的條件下運用。兩個合作者鑽到死老鼠和柱子中間。牠們倚在椿柱上，把背當成撬棍，搖動、震撼屍體。屍體擺動起來，旋轉起來……整個上午都在徒勞無益的嘗試中度過。這中間，牠們有時去察看一下死鼠身體。

　　下午，工作停滯不前的原因終於找到了，但還不是很清楚，因爲這兩個狂熱的絞架搶劫者，最先進攻的是老鼠稍微吊在繩子下的後腳。牠們往死鼠的腳後跟拔後爪的毛、剝牠的皮、割牠的肉。當其中一個搶劫者用大顎啃咬酒瓶椰子帶子時，牠們已經在處理死老鼠的骨頭了。酒瓶椰子是埋葬蟲很熟

悉的東西，是禾本科植物的繩子，在綠草叢生的地上埋葬時屢見不鮮。牠們用大剪刀拚命剪切、咀嚼，植物性的障礙弄斷了。死老鼠掉在地上，接著很快就被埋葬。

單獨來看，弄斷懸吊帶是個了不起的行動。但是，和牠們慣用的操作合起來看，此舉就失去了深遠的意義。昆蟲在進攻毫無遮掩的捆紮繩索前，整個上午用的都是搖撼動作，這是牠常用的辦法，搖得牠筋疲力竭。最後，牠找到繩子，就像處理在地下遇到的狼牙草根障礙那樣，把它弄斷。

在為埋葬蟲創造的環境裡，對牠來說，禽肉剪的使用對鏟子而言，是必要的輔助。牠擁有的那一點辨別能力，足以使牠了解剁肉刀適合用來剁肉。牠割斷妨礙物。比起把死者下降到地上這種操作，牠並非進行了更進一步的推理才這麼做，牠對因果關係了解得很少，所以才會在啃咬近旁打成結的酒瓶椰子帶子之前，企圖弄斷死鼠的骨頭。難事先於最容易的事做。

沒錯，要弄斷死鼠的骨頭是困難的；但只要老鼠幼小，也並非不可能。我用一根鐵絲和一隻幼嫩的死鼠重新開始實驗。埋葬蟲的禽肉剪無法對鐵絲起作用。幼鼠的身體只有成鼠的一半。這一次，幼鼠從脛節到腳後跟都被埋葬蟲咀嚼，完全被這隻蟲子的大顎鋸斷。鋸掉的一隻爪子使另一隻能夠鬆動，很容

易從金屬套索裡分離出來；於是被搖動的小屍體掉到了地上。

　　但是，如果骨頭太硬，如果懸吊的東西是鼴鼠、麻雀，鐵絲繩就會替埋葬蟲的工作設置難以克服的障礙；埋葬蟲差不多會用一星期的時間去操作處理吊著的東西，拔去牠的部分羽毛、剝掉牠的皮，把牠身上弄得亂蓬蓬的，讓牠變得可憐兮兮；最後當牠變乾時，就拋棄牠。儘管對牠們來說，還有一個既合理又萬無一失的辦法，那就是推倒柱子；可是，牠們誰也沒想到這一招。

　　最後再改變一次妙計吧。絞架頂是一根大大張開的小椏枝，兩根分枝差不多一公分長。我用一根比酒瓶椰子條更難磨損的麻線，把一隻成年死鼠的兩隻後腳捆綁在一起，捆綁處稍稍高於腳後跟。在這雙腳中間，我插進這根椏枝的一個分枝。只要從下向上輕輕滑動一下，就足以使這具屍體，這個懸吊在野味商人櫥窗裡的小兔子掉下來。

　　五隻埋葬蟲來到我安排的東西這裡。經過多次徒勞無功的搖動後，老鼠的脛骨受到了損傷。看來，當屍體被牠的一隻對節阻留在荊棘的一根狹窄樹枝中時，這是通用的方法。在準備鋸斷骨頭時——這次可是很艱難的工作了，一個昆蟲工作者進入到被捆綁的腳之間。牠處在這樣的位置，感覺脊樑上有個毛

茸茸的東西接觸牠。不需要再有別的什麼，這已足夠在牠身上喚起用背推頂的癖好了。牠撬頂了幾下。行啦，死老鼠上升了一點，在懸掛木釘，即一根分杈上滑動，然後掉到了地上。

　　這眞的是經過深思熟慮的操作嗎？在一小片理性青空的光輝照耀下，這隻昆蟲的確明白，要使這塊東西落下，就必須使用讓牠沿著懸掛木釘滑動的辦法嗎？牠的確認識到了這個懸掛的機械嗎？我知道，很多人在面對這種出色結果時，就認爲已經得到滿足而不再進一步去了解情況了。

　　要讓我確信一件事比較困難，我在下結論之前決定改變實驗。我料想，埋葬蟲絲毫沒有預見到這次行動的後果，牠用背去推頂，僅僅是因爲牠感到死老鼠的腳位在牠自己身體的上方。由於這種懸吊方式，用脊樑推頂正好推頂在制動點上。這是牠們在困境中常用的方法。死鼠落下完全是因爲運氣。如果是爲了使物體脫落，那麼，讓物體沿著懸掛木釘滑動的這個制動點，應該略微位在死老鼠的旁邊。如此一來，埋葬蟲在推頂時，這一點就不會直接落在牠們背上。

　　我用一根鐵絲把一隻麻雀的兩個跗節繫在一起，一會兒又把一隻老鼠的兩個腳後跟繫在一起。在距離綁繫處兩公分遠的地方，鐵絲彎曲成一個小環圈。椏杈的懸掛釘自由穿進環圈。

這個釘子很短，幾乎是水平的。要使吊著的東西掉落下來，稍微推一下環圈就行了。環圈由於具凸起部分，很適合昆蟲的工具操作。總之，安排和剛才一樣，區別則是這個制動點位在懸吊物的外面。

我的狡計，儘管很天眞幼稚，卻取得了圓滿的成功。埋葬蟲讓懸掛物長時間地反覆顛簸，但沒有用。這個動物的脛骨、跗節太硬，埋葬蟲再怎麼耐心鋸也鋸不斷。麻雀和老鼠派不上什麼用場，在絞架上變得乾燥起來。在我的那些埋葬蟲中，有的早些有的晚些，全都放棄了這個錯綜複雜的機械問題。其實只要稍微推頂一下這個活動制動器環圈，就可以解下受垂涎的東西了。

我的天，多麼奇怪的愛推理昆蟲。假如牠們對受捆綁的腳和掛釘之間的關係有清晰的認識，假如牠們是經過推理操作使死老鼠落下；那麼現下這個並不比先前更複雜的妙計，對牠們來說怎會是個無法克服的障礙呢？日復一日，牠們擺弄這塊東西，前前後後、上上下下地觀察研究，卻沒有注意到活動的制動器，這個使牠們遭遇不幸的根源。我延長監護，卻落得白白浪費時間。沒看見哪一隻埋葬蟲用腳向前推，或是用額頭向後頂這個障礙物。

這些埋葬蟲之所以失敗，並不是因爲軟弱無力。牠們像糞金龜一樣，是身強力壯的挖土工。把牠們緊抓在手裡時，牠們會鑽進指頭縫隙，抓傷人的皮膚，讓你很快地鬆開手。牠們用額頭這個強有力的犁頭，可以輕易讓環圈從簡短的支撐物上翻落。儘管如此，牠們卻不這樣做；因爲牠們沒想到這一點，因爲牠們並不具備生物學變化論中所渲染濫誇的那些能力，那些不健康的說法爲了支撐自己的論點，而認爲牠們具備。

神明的理智，智慧的太陽，當野獸的頌揚者用這種笨拙的言詞貶低您的時候，這是在您莊嚴的臉上多麼笨拙地塗抹一層泥啊！

讓我們從另一個角度來研究埋葬蟲的蒙昧無知。我的那些囚徒對牠們的豪華住宅並不十分滿意，因此牠們尋求逃走，尤其在無事可做時更是如此。對人獸來說，工作都是給悲痛者的最大慰藉。鐘形罩下的囚禁使牠們難以忍受。因此，在埋葬了鼴鼠、在洞穴底什麼都弄得井井有條之後，牠們忐忑不安起來，跑遍裝著金屬網的鐘形罩頂。牠們爬上、爬下，再爬上，飛起來。牠們飛翔時碰撞到鐵絲網，於是落下。跌倒了又立起來，重新開始。風和日麗，天氣溫暖平穩，適合尋找路邊被踩死的蜥蜴。或許一塊略微發臭的東西所散發的氣味從遠處傳來，傳到了這些埋葬蟲這裡。對埋葬蟲之外的其他嗅覺來說，

或許這種氣味難以覺察。因此，我的埋葬蟲渴望離去。

　　牠們能夠這麼做嗎？如果有一絲理性的光輝幫助牠們，這是再容易也不過了。牠們透過經常跑遍的金屬網，看見外面自由的土地。這是牠們要抵達的樂土。牠們在這座堡壘的腳下挖掘。在那裡，在垂直的坑井裡，空閒時牠們整天停留著，半睡半醒。如果我給牠們另一隻死鼴鼠，牠們就會經過進入的通道，從隱蔽場所出現，來到死畜牲的肚子下面縮成一團。埋葬工作完成後，牠們一些從這裡，一些從那裡回到鐘形罩邊緣，消失在地下。

　　怎麼！在被囚禁的兩個月裡，埋葬蟲雖然在鐵絲網的基部長時間逗留，鑽到沙土下面兩公分厚的地方，卻少有一隻埋葬蟲成功地繞過障礙。在障礙下面延長坑穴，把它挖彎成肘形，使它通到另外一邊。對這些身強力壯的蟲子來說，這本是微不足道的工作。但在這十四隻埋葬蟲中，只有一隻逃走成功。

　　逃走成功是偶然的，不是經過深思熟慮的解脫。因為如果這件幸運之事是智力手段的產物，其他囚徒的目光既然也差不多敏銳，那麼應該會逐一理性地找到適合通到外面的彎曲道路，籠子很快就會荒無人煙。但是大部分的埋葬蟲並沒有成功，這證明唯一逃脫的那一隻，只不過是盲目挖掘而已。環境

幫了牠的忙，僅此而已，別無其他。切勿認為牠具有某種本領，能夠在其他蟲子失敗的情況下獲得成功。

也不要認為埋葬蟲的智力比其他的昆蟲更加有限。我在有沙土層（金屬鐘形罩的邊緣略微沈陷在裡面）的金屬鐘形罩裡所飼養的昆蟲中，又發現了裝殮葬屍者的愚蠢。除了極為罕見的例外——偶發事件，沒有一個裝殮葬屍工想到要從基部繞過障礙，沒有一隻昆蟲成功地借助傾斜的通道到達外面。牠們像食糞性甲蟲那樣，是優秀的職業礦工嗎？金龜子、糞金龜、裸胸金龜、蜣螂、薛西弗斯蟲都看見牠們周圍有通行無阻的空地、陽光朗照下的樂趣，但沒有一個想到從下面繞過障礙。牠們有鶴嘴鋤，做這件事對牠們來說毫無困難。

然而，就連高等動物中，都不乏愚昧無知的類似例子。奧迪蓬③曾經講述在他那個時代，北美洲的人如何抓野火雞。

在一塊被認定是這些鳥常出沒的林中空地上，用固定在地上的木樁建造一個大籠子。在籠子中心開一條短短的地下通道，通到柵欄下面，然後又緩緩上升到籠子外邊的露天地面。籠子中央的孔洞很寬，足以讓鳥自由通行。這個孔洞只占籠子

③ 奧迪蓬：美國博物學家，1785～1851年。——譯注

的一部分，在孔洞與柵欄之間有寬闊的活動區域。幾把玉米撒在這個陷阱的內部和四周，特別還撒在籠外呈斜坡狀的小路上。這條小路在地下通道形成的橋下面穿行，並且通向籠子中央。總之，這個捕火雞的陷阱有一扇始終可以自由進出的門。火雞進入時找到了這扇門，卻沒有想到再找著這扇門出去。

根據這位著名美國鳥類學家的說法，外面的火雞的確受到了玉米粒的引誘。牠們走下這個險惡的斜坡，在短短的地道裡前進，看見盡頭的農作物和光線。這些貪食的傢伙再走幾步，就一個個從那座橋下面出現。牠們分散在籠子裡。玉米滿坑滿谷，火雞吃得嗉囊鼓脹起來。

這些鳥兒吃得心滿意足後，想撤出籠子；但是，這些俘虜卻沒有一個注意到中央洞穴。牠們原先就是通過這個洞穴來到這兒的。牠們發出惶恐不安的咯咯聲，在橋上走來走去，橋的拱洞在旁邊微微開著。牠們緊挨著柵欄，在一條走了上百次的小路上轉圈。牠們把掛著紅寶石的脖子鑽進柵欄中間，嘴伸向空中。牠們亂奔亂跑，直到筋疲力竭。

傻瓜，你回想回想剛才的事吧，想想把你帶到這裡來的那條通道吧。如果你那可憐的腦子裡有一點天分，就該想到的。告訴你自己，你進來的通道就在旁邊大開著讓你出去，但你卻

不去利用。光，這個無法抗拒的誘惑，在柵欄旁把你征服了。你對剛才讓你進得來、也同樣讓你容易出得去的大洞裡的微光漠不關心，置之不理。要認識這個適宜的洞穴，你必須認真思考一下，必須回想一下剛才的情況。但是，對於這個小小的思考你卻力有未逮。就這樣，幾天之後當布設陷阱的人回來時，你們全都將束手就擒。這真是豐富的擄獲啊！

火雞在智力方面聲譽欠佳，但是，難道牠就該當有傻瓜這個名聲嗎？看來牠並不比其他動物的智力更加有限。奧迪蓬讓我們看到，牠也有某些很妙的計謀，特別是在牠不得不打敗其夜間敵人──維吉尼亞貓頭鷹的時候，也有不俗的表現。牠在有地下通道的陷阱裡的所作所為，是基於對光線的喜好，任何別的鳥也會這麼做。

埋葬蟲在更困難些的條件下，重複火雞的愚蠢行為。這種昆蟲在短洞穴裡，挨靠著鐘形罩的邊緣休息之後，當牠渴望返回光明時，穿過積存成堆的崩塌物，看見了一點光線。牠經過進入的豎井，重新升到了地面。但是，牠卻無法告訴自己：只需朝著相反方向，以同等程度延長通道，就可以去到牆外，獲得解放。這又是一隻人們徒然在牠身上尋求思考跡象的動物。埋葬蟲像其他昆蟲一樣，儘管具有傳說般的名聲，仍然只有本能那無意識的驅動做為行動指南。

第九章

白面螽斯的習性

在我居住的地區。身爲歌手和儀表堂堂的昆蟲——白面螽斯，在螽斯類中首屈一指。牠不多見，但要捕捉卻也不難。牠身著灰色衣裳，大顎強健有力，象牙色的面孔寬闊。盛夏時節，牠在草禾上，尤其是長著篤耨香樹的石子堆下蹦蹦跳跳。

七月末，我給白面螽斯做了一個窩，把牠關在金屬網罩裡，放在篩過的土堆上。一共十二隻，雌雄都有。

食物問題有時令我爲難。蝗蟲吃任何綠色的東西，根據這種情報，按說白面螽斯的飲食習性應該是只要植物就行了。於是我把園子裡長得最美味、最嫩的東西，例如萵苣、菊苣、野苣的葉子給牠們吃，可是牠們倨傲的牙齒連碰都不碰。可見得，這些不是牠們愛吃的菜肴。

　　也許某些難啃的東西更適合牠們強壯的大顎吧。我試著供給各種禾本植物，其中有普羅旺斯農民稱爲米奧科，而植物學家稱爲狗尾草的藍黍，秋收之後田裡到處長著這種野草。白面螽斯吃這種黍，不過，即使餓得要命牠們也不吃黍的葉子，只吃穗，十分滿意地咀嚼著還很嫩的籽粒。食物找到了，至少是暫時找到了。現在就來看看究竟如何吧。

　　清晨，當陽光照到置於我書房窗臺上的網罩時，我便給牠們分發當天的口糧：一束在我家門前所摘下、普普通通的黍。白面螽斯跑了過去，聚集在黍莖上，在那裡，把大顎戳入穗絲，把尚未成熟的籽粒叩出來咬嚼，彼此和和氣氣，不爭不吵。拜衣著所賜，牠們簡直就像一群珠雞在啄著農婦所撒的穀粒呢。嫩籽粒剝掉殼後，螽斯就是再餓，對於剩下的外殼也是不屑一顧。

　　在這酷熱的盛夏，爲了盡可能讓食物有些變化，我採摘了一種無懼夏日炎熱、厚厚的闊葉植物。這便是非常一般的馬齒莧，另一種長在菜園農作物中的野草。這種食物也深受歡迎；不過，螽斯吃的也不是多汁的葉子和莖，而只是長著飽滿顆粒的半熟果實。

　　這種對於嫩籽粒的愛好讓我感到驚訝。希臘詞Dectikos[1]

意指「咬」、「喜歡咬」。一個別無他意，僅僅表示序數的名詞，對於命名者來說已經足夠；但我認為，如果一個名詞獨具特別意義而又琅琅上口，那就更好了。這個名詞就是如此。白面螽斯確實是喜歡咬的昆蟲。所以各位可得當心，萬一指頭被這種粗壯的蟲咬住了，可是會咬出血來的。

我在擺弄牠時，總是小心翼翼提防著牠那強有力的大顎，這大顎除了咀嚼不硬的細粒外，難道就沒其他作用了！像這樣的磨子難道只用來研磨沒熟的小籽！一定有什麼是被我忽略了。白面螽斯既然有著鉗般的大顎，以及使雙頰鼓起的咀嚼肌，一定能夠咬碎某些難啃的獵物。

現在，我終於發現牠究竟吃什麼了，就算不止吃這些東西，這些至少也是牠的基本食物。我在網罩裡放了一些粗大的蝗蟲，送進蟲網的是或這或那的蝗蟲，蝗蟲的種類見附注[2]。牠也吃某些螽斯類昆蟲[3]，不過吃得少些。如此看來，只要我捉得到，各種蝗蟲和螽斯牠都會吃的，只要這些獵物的大小適中就好。

①白面螽斯（Dectique）一詞源於希臘語 Dectikos。──譯注
②蝗蟲的種類：藍翅蝗蟲、紅斑翅蝗蟲、青翅束頸蝗蟲、義大利蝗蟲、黑面蝗蟲、長鼻蝗蟲。──原注
③螽斯類昆蟲：草螽、中間螽斯、短翅螽斯。──原注

任何蝈蝈兒或蝗蟲的鮮肉，網罩裡的貪吃鬼都喜歡，不過牠們最常吃的是藍翅蝗蟲。美宴就在網罩裡舉行，這悲慘的一幕情景是這樣的：

野味一放進網罩裡，白面螽斯便一陣騷動，尤其是在牠們早已飢腸轆轆的時候。牠們蹬著腳，由於腳長行動不便，笨拙地向前撲；有些蝗蟲立即被抓住，有些絕望地跳到網罩頂上鉤在那兒；白面螽斯則因過於笨重，爬不上去；但這只是稍微延遲等待著牠們的命運而已，不消一會兒，或因疲乏或是受到下面綠色植物的引誘，牠們爬了下來，旋即被螽斯抓住。

獵物的前腳被抓住，首先受傷的是頸部。蝗蟲的盔甲總是在頭後面這個部位首先裂開來，而白面螽斯也總是在這個部位不斷咬嚼著，然後才把獵物鬆開，恣意大吃起來。

牙齒的這一記打擊非常合理。蝗蟲的生命力頑強，即使頭被咬掉，牠還會跳。我曾見過有的蝗蟲半個身子被咬掉了，還會絕望地奮力一掙逃開，跳到一旁。如果是在灌木叢中，牠們就可能逃脫了。

螽斯似乎懂得牠這一手。為了盡快讓善於利用兩隻有力大腳迅速逃竄的獵物無法動彈，牠總是首先咬傷、拔出蝗蟲神經

分布的中樞——頸部的神經節。

　　這是殺戮者出自偶然而不經意選擇的部位嗎？不，因爲我看到兇手對於精力充沛的獵物總是採取這種辦法。不，因爲如果蝗蟲的屍體還新鮮或已經衰弱，奄奄一息，無力自衛，那進攻者就隨意攻擊其鐵爪最先抓住的某個部位。在這種情況下，白面螽斯有時先攻擊腳部這塊佳肴部位，有時則從肚子、背部、胸部開始進攻。只有在困難的情況下，才首先咬頸部。

　　可見智力愚鈍的螽斯具備一種殘殺的技術，就像我們在其他昆蟲身上看到的許多例子一樣；但這是一種粗糙的技術，是肢解牲畜者的技術，而不是解剖學家的技術。

　　螽斯的食量很大，兩、三隻藍翅蝗蟲還不夠牠一天的口糧。牠把蝗蟲整個吃了下去，只有前後翅太硬才扔掉。除了野味的美食之外，牠還要吃黍禾的嫩籽粒。我的囚犯們是大食客；牠們的狼吞虎嚥令我驚訝，可是，牠們可以這麼輕易地從吃葷轉到吃素，則更叫我詫異不已。

　　牠們的胃這麼來者不拒，而非只專吃某種食物，那麼如果螽斯的數量多些，牠們對農業可能會有那麼點小小的益處：牠們會消滅在我們鄉間也聲名狼藉的各種蝗蟲，並且咬碎某些有

害莊稼的植物嫩籽粒。

雖然螽斯對保存田裡作物的幫助微乎其微，不過牠們的歌唱、婚配和習性，卻更值得享有在網罩裡生活的榮譽，因為牠們保存了對遠古時代的回憶。

在地質時代，這種昆蟲的祖先是如何生活的？人們認為某些粗野的奇特行為，在現代這種較為溫靜的昆蟲身上已經消失了；可是卻又依稀看到於今幾近廢棄的習性。對於我們的好奇心，令人惱火的是，化石在這個非常有趣的問題上毫無貢獻。幸好我們還有一個辦法：就是諮詢石炭紀昆蟲的後代。據信，現今的螽斯類昆蟲保存了古代習俗的流風餘韻，從而可以一窺牠們昔日習性的情況。那麼，首先就來問問白面螽斯吧。

這群吃飽閒閒的昆蟲趴在網罩裡曬太陽，怡然自得地消化肚裡美食，除了輕輕擺動觸角外，毫無活動跡象。天氣炎熱，令人昏昏欲睡，這正是午睡時分。隔了一段長時間後，才見一隻雄螽斯起身，神態莊重地隨意漫步著，稍稍抬起前翅，偶爾發出一、兩聲「蒂克—蒂克」的聲音。牠逐漸活躍起來了，加快了歌唱的節奏，鳴唱出牠歌曲中最悅耳的篇章。

白面螽斯是在慶祝婚禮嗎？牠的歌曲是祝婚歌嗎？我根本

不能肯定，如果是爲召喚身邊的女友，其成效也甚微，因爲那
一群女聽眾中，沒有一隻雌螽斯動一動，想離開朝陽的好位
置，也看不到任何注意傾聽的跡象。有時獨唱變成兩、三個人
的合唱。眾人的邀請也沒有一次成功。雌螽斯無動於衷的面孔
的確看不出有什麼親熱的表情。即使牠眞被求偶者的歌聲打動
了，外表上也根本毫無顯示。

　　從表面上看來，歌聲喁喁，可是聽者藐藐。但是，清脆的
鳴唱繼續激情昂揚地升高，直至變成像紡車搖動那樣連續不斷
的響聲。當太陽被雲彩遮住時，歌聲停止了，太陽又露臉時，
歌聲重新響起，可是四周的雌螽斯仍然不理不睬。休息的依舊
休息，觸角一動也不動；啃蝗蟲的照啃不誤，一口也不丟下。
看來的確可以說，歌手的鳴叫只是抒發自己生活的樂趣而已。

　　七月末，我看到婚禮開始進行，那情景一點也不浪漫。一
對螽斯沒經過任何帶激情的前奏，偶然地面對面聚在一起，一
動不動，臉幾乎貼著臉，彼此用細如髮絲的長觸角互相撫摸
著。雄螽斯似乎相當拘束，牠擦擦面孔，搔搔腳板，不時發出
「蒂克」的聲音，僅此而已。而此時，似乎本應是發揮牠歌唱
天才的最佳時刻，可是牠爲什麼不以溫柔的歌聲來表示牠的愛
情，而老是抓抓腳呢？牠沒有唱歌，牠在新娘面前沈默不語，
而牠的配偶也沒有任何表情。相聚的時間很短暫，雌雄螽斯只

是互相致意一下而已。牠們面孔貼著面孔，彼此說了些什麼呢？看來沒說什麼，因為牠們很快就毫無表示地彼此分手，各奔東西了。

　　第二天，同一對螽斯又相聚了。這一次，唱歌的時間依然非常短，不過唱得比前一天更加有力，儘管比起螽斯在未交尾時的響亮歌聲還差得很遠。除此之外，牠們只是重複昨日所為：用觸角互相撫摸，輕輕拍打著肥胖身體的腹部。雄螽斯並不顯得很興奮。牠還是咬咬自己的腳，好似正在考慮著什麼。結婚雖然令人激動，但也許會有危險吧，會不會發生像修女螳螂那樣的婚姻悲劇呢？這樁事會不會具有極端的嚴重性呢？眼前還沒有什麼事，耐心點，咱們等著瞧吧！④

　　幾天後，事態稍露端倪。強壯有力的雌螽斯抬起產卵管，後腳高高翹起，把丈夫打翻在沙地上，壓在下面，緊緊地勒住牠。可憐的雄螽斯，這樣的姿勢不像勝利者，肯定不是的！雌螽斯根本不顧雄螽斯的音箱，粗暴地扳開牠的前翅，咬啄牠肚子上的肉。兩者中誰主動？角色顛倒過來了嗎？平常的受挑逗者如今成了挑逗者，女伴的撫摸粗暴得能讓對方皮開肉綻。牠

④ 修女螳螂相關文章見《法布爾昆蟲記全集5──螳螂的愛情》第十九章。──編注

不是退讓，而是盛氣凌人，制服對方，令愛人慌亂不安；被打翻在地者胡亂踢蹬，似乎想反抗。會發生什麼異乎尋常的事呢？今天我還不知道。戰敗者掙脫出來逃走了。

結局終於出現。螽斯先生被翻倒在地，四腳朝天；螽斯夫人用雙腳把自己高高支起，尖刀幾乎呈垂直狀，跟臥倒者隔著一段距離交尾。兩者的腹部末端彎成鉤狀，彼此尋找，銜接在一起，不久，雄螽斯經過艱苦的運作，從抽搐的肚子裡湧出了一個前所未見的大東西，彷彿把牠全部的內臟都排出來了。

這是個乳白色的袋子，大小和顏色像槲寄生植物。袋子分四個口袋，由小溝隔開，下面兩個大，上面兩個小；有時這些口袋的數目更多些，整個袋子像個卵包，就像蝸牛產在地上的那樣子。

這個奇怪的玩意一直掛在未來產婦那把尖刀的底部下面，雌螽斯神態莊重地帶著這異乎尋常的布袋走開了。這布袋，生理學家稱之為「精包」，是卵子的生命之源；換句話說，這個細頸瓶現在要用自己的辦法，把胚胎演化所需的補充物，運輸到應去之地。

像這樣的細頸瓶是稀罕的東西，在當今世界十分少見。據

我所知，現在只有章魚和蜈蚣使用這種奇怪的器具。然而章魚和蜈蚣都屬於遠古時代遺留下來的動物。白面螽斯──這個早期世界的另一個代表，似乎在陳述：今日看來奇怪的例外，在太初時期很可能是相當普遍的規則，尤其是我們還能在其他螽斯類昆蟲中找到同樣的事實。

驚魂甫定，雄螽斯撣撣身上的塵土，很快又開始歡樂地歌唱了。且讓牠歡樂去吧，我們繼續觀察這位準媽媽好了，牠帶著這個用玻璃般透明的乳液塞子所塞住的細頸瓶，邁著莊重的步伐漫步走開了。

牠不時踮起腳跟，把身子彎成環狀，用大顎銜住牠的乳白色袋子，輕輕咬著、揉壓著，但沒有撕裂外套，沒有把袋子內裝物撒掉。牠每次從那袋子表面撕下一小塊東西，放在口器裡咀嚼又咀嚼，最後把它吞了下去。

同樣的動作重複了二十分鐘；現在袋子癟了，除了底部，只剩下唯一的部件──乳液塞子，接著牠把這袋子從塞子上扯了下來。用大顎咀嚼、揉捏，攪拌著這塊韌性極強、黏答答的龐大玩意，最後把它一點不剩地吞嚥了下去。

我最初以為這可怕的歡宴只是個別螽斯的一種反常行為，

不可能再發現這樣的事情，可是面對事實我只好認輸。我曾相繼四次，看到我的俘虜拖著牠們的袋子，不久，牠們都扯下這袋子，認眞地用大顎進行整整幾個小時的加工，最後把袋子狼吞虎嚥地吞下去。可見這種行爲是合乎規則的：這個授精囊也許是強有力的刺激物，是絕頂美味的食品，所以在內裝物到達目的地後，雌螽斯就咀嚼、品嚐這袋子，然後把它吞下去。

如果這是承襲自古代習性的殘跡（我們有理由相信這一點），那我們就得承認，這種昆蟲的古早習性可眞奇怪。雷沃米爾曾描述過，發情期的蜻蜓那駭人聽聞的行爲。而在此處，我們又見識到原始時代完婚後的一種荒誕行爲。

螽斯吃完這奇怪的盛宴後，授精器具的底部還在產卵管上，這底部有兩個明顯的乳突，像梨籽般大小。爲了擺脫掉這個塞子，昆蟲採取了一種怪姿勢。產卵管垂直地半插入土中。這將做爲支撐棒。長長的後腳把大腳脛骨拉開，儘量將昆蟲抬起來，而與產卵管這把尖刀形成了一個三角架。

於是，昆蟲把自己彎成一個完整的環，用大顎尖把器具上那個由玻璃狀乳液塞子構成的底部，一片片地拔掉。所有這些殘羹剩菜全都被認眞地吞了下去，絲毫都不丟棄。最後，螽斯用自己的跗節把產卵管洗刷乾淨，擦得光光亮亮。一切都擺回

原位；那個累贅的重物什麼也不剩了。昆蟲恢復了正常的姿勢，又開始啄食黍穗的細籽粒了。

我們回過頭來看看雄螽斯吧。牠乾癟委靡，彷彿因為做了一番偉業累垮了。牠全身蜷曲待在原地一動也不動，我還以為牠已經死了。牠什麼事也沒有，這個小夥子恢復精力後，起身站立，擦擦身上的灰塵走開了。一刻鐘後，牠吃了幾口東西，又鳴唱起來，誠然歌聲缺少了熱情，遠沒有婚禮前的歌聲響亮、持久；但不管怎麼說，這個精疲力竭者還是盡了自己最大的努力。

牠是不是還想有別的豔遇呢？這不太可能。這樣的事情消耗體力太大，不該再來一次；有機體這個工廠無法滿足這個要求。可是第二天以後，蝗蟲下肚，牠的力氣又恢復了，雄螽斯比以往更加高聲地彈奏牠的琴弓，簡直就像個初出茅廬的新手，而非久經戰陣的老兵。牠的這種執著真令我驚訝。

如果牠的歌唱真是為了吸引身旁的雌螽斯，那麼牠要再娶一個新娘做什麼呢？要知道，牠才剛從自己肚裡抽出了一個形狀古怪的袋子，裡面裝著牠全部生命的積累啊！牠的身子已經被掏空了。不，不會再來一次的，對於這種胖嘟嘟的螽斯來說，這麼耗力的事情不宜再做了。不，牠今天的歌唱儘管聽起

來那麼地歡愉，但肯定不是一首祝婚詩。

事實上，如果密切觀察，就可以看到這位歌手對雌螽斯走過來用觸角挑逗不再理睬。歌聲日益微弱，歌唱日益減少，兩個星期後，昆蟲就閉口不唱了；撥弦無力，洋琴也就奏不出樂曲來了。身子被掏空的雄螽斯終於幾近絕食，找個安靜的地方待著，疲乏地倒了下來，最後抽搐一下，伸伸腳死去了。那位寡婦偶然從那兒走過，看到死去的丈夫，為了表示哀思，於是把牠的一條腳啃掉了。

綠色蟈蟈兒的行為也是如此。我把一對雌雄蟈蟈兒單獨放在玻璃罩下，進行專門的觀察。交尾結束後，我看到準媽媽的產卵管末端，釘著一個像覆盆子果實的漂亮東西，我們很快就會談到這玩意兒。雄蟲被這件事弄得衰弱不堪，一聲也沒吭。第二天，牠力氣恢復了，於是盡情歡唱。當產婦把卵產在地上時，牠鳴唱著；而當產卵早已結束，傳宗接代已不再需要牠的時候，牠仍在輕輕鳴唱著。

顯而易見的是，這樣唱個不歇並無任何目的，若要說是愛情的召喚，那麼在此時，一切早已結束了。終於有一天，生命枯竭了，於是洋琴靜默無聲了。熱情的歌手死了。未亡人仿效雌螽斯為牠舉行葬禮，把愛人身上最嫩的肉吃掉。愛牠愛到把

牠吃到肚裡去。

　　大部分螽斯類昆蟲都有這種吃肉的習性，只是未達修女螳螂那殘忍的地步，修女螳螂把情人活活當做獵物吃掉。雌白面螽斯、蟈蟈兒以及別的昆蟲，至少會等那些可憐的傢伙死掉。不過這其中可不包括雌短翅螽斯，雖然牠外表看似寬厚。在我的網罩裡，臨產卵的時候，雌短翅螽斯很樂於去咬牠的伴侶，根本無需以飢餓為藉口。大部分雄性就這樣被悲慘地吞噬了。

　　被粉身碎骨者進行反抗；牠想活，牠還可以活下去。牠沒有別的防禦辦法，只是用琴弦拉出幾聲嘎嘎的聲響，這聲音現在肯定不是婚禮歌了。垂死者的肚子上被咬了一個大洞，牠就像在歡愉地曬太陽時鳴唱那樣，發出呻吟的聲音。不管是表達痛苦還是流露牠的歡樂心情，牠的樂器都奏出同樣的音符。

第十章
白面螽斯的產卵和孵化

　　白面螽斯是一種非洲昆蟲，在法國，普羅旺斯和隆格多克以外的地方都少見。牠需要使橄欖樹成熟的陽光。牠們是不是受高溫刺激，才有這種反常的婚姻關係呢？或者，這是不受氣候影響的家庭生活習性呢？冰天雪地中的昆蟲，是否也像在火熱的地方一樣行事呢？

　　我向另一種螽斯——阿爾卑斯短翅螽斯請教。這種昆蟲居住在馮杜山高高的圓形山頂上，那裡一年中有半年積雪。我過去進行植物學考察時，已經注意到這種大腹便便的昆蟲在綠色草叢中跳來跳去。此時我需要這種昆蟲，郵局把牠們寄來了。按照我的說明，一位善良的巡山員①在八月上旬兩次去到山頂

---

① 貝洛先生是沃克呂茲博蒙地區公有森林的巡山員。——原注

上，替我抓了差不多滿滿一籠的這種昆蟲。

　　從顏色和形狀來說，這是一種奇怪的螽斯類昆蟲，下部呈緞白色，上部的顏色有的是橄欖黑、鮮綠色或淡栗色。飛行器官只剩下殘跡。雌螽斯的前翅是兩片短短的白色薄片，彼此隔開；雄性在前胸邊緣下面，長著兩個凹形的小鱗片，也是白色，但是彼此重疊，左上右下。

　　這兩個小鱗片是弦弓與洋琴，很像葡萄樹短翅螽斯的發聲器，只是略小一點而已；而且從外形看，山上的這種昆蟲也跟葡萄樹短翅螽斯有些相像。

　　我不知道這麼小的音鈸會唱歌，也不記得在當地曾聽過這歌聲，而且儘管飼養了三個月，在這方面我也毫無所知。我的俘虜雖然過著愉快的生活，卻始終一聲不吭。

　　這些離鄉背井者，似乎對原來居住的寒冷山峰沒有什麼留戀，那裡生長著北方的虞美人和虎耳草。牠們在那地方吃些什麼呢？阿爾卑斯的早熟禾、塞尼山的菫菜，或是阿里奧尼的風鈴草？我不知道。我弄不到阿爾卑斯山的花草，便用自家菜園裡的天香菜餵牠們，牠們毫不猶豫地接受了。

　　牠們也吃半死不活的蝗蟲，交替進食植物和動物，甚至還同類相殘。如果我的阿爾卑斯山民中，有誰步履蹣跚、行動不便，牠的同伴便會將牠吞噬。截至目前，還沒有任何突發狀況；這些都是螽斯類昆蟲慣常的習性。

　　有趣的場面是交尾，交尾在毫無前奏的情況下突然發生。彼此的交配有時在地上，有時在網紗上。如果是在金屬網上進行，身上帶尖刀的雌螽斯便牢牢抓住網紗，承受著配偶的全部重量。雄螽斯背朝下，方向完全相反，牠用多肉後腳上的長爪子，支撐在新娘的肚子上；用四隻前腳，往往還加上大顎，把斜插著的那把尖刀抓住、夾緊。牠們就這樣懸掛在奪彩竿②上，在空中交配著。

　　如果交配是在地上進行，這對配偶的姿勢也一樣，只是換成雄性仰臥在地上。不管在哪裡交配，結果都是排出一粒乳白色的東西，這東西的可見部分從形狀和大小來說，就像葡萄核鼓起的一端。

　　這玩意一放好，雄螽斯立刻溜之大吉。牠會有危險嗎？大概有吧，根據我看到的僅有一次，確實是有危險的。

---

② 奪彩竿：竿頂掛有獎品，能爬上去取下獎品者得此獎。——譯注

那美女的交配，其實是在與情人肉搏。前一個情人掛在尖刀上，按規矩從後面交媾；另一個則在前面，被腳按住，肚子敞開著，手腳亂動，徒勞地抗拒著悍婦；而新娘則面不改色地一小口一小口把新郎的肉啃下來。我親眼看到在更兇殘的條件下，發生如同修女螳螂曾展示的那種可怕行為。沒有節制的發情，肉食與縱慾同時進行，這也許是古代野蠻行徑的殘存吧。

在一般情況下，雄性比較瘦小，一完事便急著逃走。被拋棄的新娘一動不動地待著。接著，在等了二十來分鐘後，牠蜷縮成一團，品嚐最後的美宴。牠把黏黏的葡萄核一小塊一小塊地拔出來，認真地咀嚼、品嚐、吞嚥下去。牠把這小核吃下去需要一個多小時。等到吃得一絲不剩時，牠便從網紗上下來，走進一夥同伴中。過兩天牠就會產卵。

事實證明，白面螽斯的婚姻習俗並非是氣候炎熱所致的一種例外；生長在寒冷山峰的螽斯類昆蟲，也有這樣的習性，而且有過之而無不及。

還是回到白面螽斯上來吧。在前述的怪誕行為發生不久之後，產卵就開始了。隨著卵的成熟，雌螽斯開始部分部分地排卵。做母親的用六隻腳牢牢支著身子，把肚子彎成半圓形，然後把尖刀垂直插進地裡，這地是由網罩裡篩過的沙土組成，並

不十分堅硬，所以產卵管很順利地直插入底部，深度約有一法寸。牠動也不動地排卵約莫一刻鐘。最後，牠稍稍提高了尖刀，腹部劇烈地左右擺動，於是產卵管產生交替的橫向運動，把排卵洞扒大了一點，而從洞壁刮下來的土，則把洞填起來。這時爲了把土壓實，牠稍微抬高半埋著的產卵管，然後又猛然鑽下，這樣斷斷續續地反覆多次。我們用棍子把垂直洞裡的土搗實，也是這麼做的。尖刀的橫向擺動和夯槌的上下動作交替進行，產婦很快便把井蓋住了。

雌螽斯還要把產房的外部痕跡消除掉。我原本以爲，這時牠的腳總要發揮作用了吧，可是它們並沒活動，而是保持著產卵時的姿勢；牠只是用尖刀的刀尖，十分笨拙地耙著土，把土掃清弄平。

一切都有條不紊地進行完畢了。肚子和產卵管又回復正常位置。雌螽斯休息了一會兒，然後四周兜一圈，又回到原先產卵的地方，在距最初產卵點（牠能夠很清楚地辨認出來）很近處，又將產卵管插入，重新開始排卵。

然後，雌螽斯再次休息，再次對四周進行偵察，再次回到已經產下卵的地方。在第三次排卵時，那挖穴器鑽進離前面儲藏室不遠的地方。就這樣，在四周做短暫散步之後，牠又進行

排卵了，在幾乎不到一小時的時間內，進行了五次，而每次的排卵點彼此相距都很近。

排卵全部結束後，我挖開白面螽斯的儲藏室。卵孤零零地產在土中，不像蝗蟲那樣給卵提供帶泡沫的鞘殼，也沒有小室，什麼保護都沒有。通常一隻雌螽斯產下六十來個卵，淺灰色，潔白無疵，排列成梭狀，橢圓形，長五、六公釐。

灰螽斯的卵呈黑色，葡萄樹短翅螽斯的卵呈灰白色，阿爾卑斯短翅螽斯的卵呈淡紫色，所有這些卵都是孤零零地產在土中。綠色蟈蟈兒的卵呈非常深的橄欖綠色，跟白面螽斯一樣，數目有六十多個，不過這些卵有時孤零零的，有時卻小簇小簇地黏結在一起。這種種例子說明，螽斯類昆蟲是用挖穴器來播種的，牠們不像蝗蟲那樣，把卵裝在硬化的泡沫鞘殼裡，而是把卵一個個或者一小堆地產在土中。

卵的孵化值得觀察；我稍後會談到為什麼。我在八月底，把許多胖嘟嘟的白面螽斯卵，放在鋪著一層沙土的玻璃瓶中，使它們免於在自然條件下必會遭受的寒霜暴雨，烈日燒烤。可是過了八個月，卻沒有任何變化。

六月降臨，我在田野裡已經常見到小白面螽斯了，有的已

有成年螽斯一半大小，這證明在陽光明媚的初夏，就有早產的
螽斯出現。可是在我的短頸大口瓶裡，卻沒有即將孵化的跡
象。八個月前採集來的卵是什麼樣子，如今還是那個樣，沒有
皺紋，沒變成褐色，外表非常完好。是什麼原因使我瓶中的
卵，無定期地延遲孵化呢？

　　於是我衍生出這樣的推測：螽斯的卵像植物種子般產在土
中，沒有任何保護，承受了雨雪的滋潤。而我瓶中的卵，一年
中有三分之二的時間是在乾旱的沙土中度過的，也許牠們缺乏
種子萌芽所絕對必需的東西。動物的卵在地下，也要有植物種
子所需要的濕潤。於是我決定試一試。

　　為了進行有計畫的觀察，我取了一些遲遲未孵化的卵放在
玻璃管裡，上面撒了一層潮濕的細沙，管口用濕棉花塞住，以
保持管內的濕度不變。沙柱高一法寸左右，大約相當於產卵管
排卵的深度。不了解內情的人如果看到我所準備的東西，大概
猜想不到這是個孵化器，而會以為這是植物學家實驗種子的儀
器呢。

　　我的推測是正確的。由於夏至的高溫，螽斯的卵很快就開
始孵化了，牠們漸漸脹大，前端出現兩個大黑點是眼睛的雛
形，看得出來外殼即將要裂開了。

　　我在這兩個星期裡，無時無刻地監視著，枯燥乏味得很；我將看到小螽斯出卵時的情形，以解決腦海中長久思索的一個問題。

　　螽斯的卵埋在土裡，根據產卵管或者說挖穴器的長短而深度不等。在我們這地區，最佳挖穴器所播的種子深一法寸，幾乎到處都如此。

　　夏日將臨之際，在草地上笨拙跳躍的新生幼蟲，和成年螽斯一樣，有著細如髮絲的長長觸角，後身有兩隻異乎尋常的長腳，這對高蹺是用來跳躍的大撐竿。平常走起路來十分不便，那麼，這種纖弱的小昆蟲是怎樣鑽出土的呢？牠靠什麼方法在堅硬的土地中，開闢出一條通道呢？一粒細沙就能折斷牠那像羽毛飾品的觸角，稍稍用力就會碰斷牠的長腳；這種種都能斷定，這個小傢伙是沒辦法到達地面解放出來的。

　　礦工下井要穿保護衣。小白面螽斯在土中反向鑽洞出來，一定也要穿一件鑽出地面的外套；牠應當有一種較為簡單、過渡性的緊身外套，讓牠可以穿過沙土去到地面，這是件可以剝離的外套，就像蟬從枝頭、修女螳螂在迷宮窩裡出來時所披的外套一樣。③

這個邏輯推理是符合事實的。事實上，螽斯在前一天生下來的時候，並非像我看到的，在草地上跳躍的那個樣子；牠有一種暫時性的結構，更能適應出土的困難。這個細嫩的肉白色小昆蟲包在一個套筒裡，六隻小腳緊貼在肚子上往後伸著。為了更便於在土裡滑動，牠的腳按身體軸線的方向裹在一起，而另一個礙事的器官──觸角，則一動也不動地緊緊貼在這個包裹上。

頭深深彎到胸前。牠那眼睛的大黑點和有點浮腫的模糊不清面孔，令人想到潛水員的面罩。頸部因頭彎曲的緣故而大大暴露出來，脖子慢慢地一脹一縮，這便是前進的馬達。靠著枕骨鼓泡這樣脹縮，新生兒才能前進。當脖子收縮時，身體的前部就扒開一些潮濕的沙，挖出一個小洞，鑽進去；接著當頸部鼓起來時，牠變成小圓球，緊緊塞進洞裡，這時後身收縮，這樣就爬行了一步。運動鼓泡每前進一步約一公釐。

看到這新生幼兒身上幾乎還沒有顏色，就用牠膨脹的頸部鑽掘堅硬的泥土，真讓人覺得可憐。牠的蛋白還沒凝固長成肌肉，就要忍痛與石頭搏鬥。但是牠的努力沒有白費，一個上午

③ 蟬與修女螳螂的相關文章見《法布爾昆蟲記全集5──螳螂的愛情》第十七
　章、第二十一章。──編注

的工夫，牠就打開了一條或直或彎的巷道，長一法尺，直徑有中等麥稈大小。這個精疲力竭的昆蟲，終於來到地面了。

在尚未完全離開出口井之前，牠先休息一會兒，養精蓄銳，再做最後的努力；小昆蟲鼓脹起枕骨鼓泡，竭力掙破迄今還保護著牠的外殼，然後蛻掉牠用來鑽出地面的外套。

現在，白面螽斯終於具有青春少年的形態了，雖然牠還依舊蒼白；第二天，牠變黑了，而且是跟成年螽斯不相上下的黑色。不過，牠在後大腿下面有一條狹窄的白斑條，這顏色預示著，牠到成熟的年齡時會有象牙色的面孔。

在我眼前孵化出來的幼小螽斯啊！你要經歷多大的困難才能開始你的生命啊！在你獲得自由以前，你的許多同類就精疲力竭地死去了。我看到我的玻璃管裡有許多小螽斯被一粒沙擋住，在半途就死了，身上長出絨毛，屍體發黴。如果沒有我的照料，牠們要來到陽光下一定更危險得多，因為屋外的泥土通常都是既大塊且被太陽曬得乾巴巴的，十分粗硬。除非下一場陣雨，否則這些被壓在如磚頭般堅硬的地下的囚犯們，該如何是好呢？

在我那鋪著篩過沙土的管子裡，你幸運多了，你這個纏著

白帶的小黑孩子，現在來到外面了；你咬著我給你吃的萵苣葉，在我讓你居住的罩子下歡欣跳躍。飼養你並不難，我明白這一點，可是卻不會得到豐富的新資料。那麼且離開這裡吧。我把自由還給你。為了補償你剛才告訴我的知識，你到綠草地上去吃花園裡的蝗蟲吧。

　　拜你所賜，我知道了螽斯類昆蟲為了走出育嬰室來到地面，因而具有一種暫時的外形，一種初生幼蟲的狀態，這種外形把過於礙事的觸角和長腳裹在一件外套裡；我知道這種木乃伊只能稍稍拉長和縮短一點，它在頸部有一個鼓泡，一個跳動著的小泡做為運動機制，我從未在任何其他地方見過用這種奇特玩意來行走的。

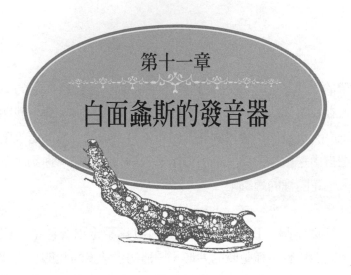

第十一章
白面螽斯的發音器

　　藝術在物的領域有三個用武之地：形狀、顏色、聲音。雕塑家勾勒形狀，雕刻鑿具能仿真到什麼程度，他就能把作品模仿得盡善盡美。素描者是另一種模仿者，他力圖以黑白顏色在平面上予人立體感。除了素描外，彩畫畫家所遭遇的難題還有用色方面，後者的難度不比前者小。

　　這兩種人面前有供比較的實物。不論畫家的調色板上顏色多麼豐富，總是遠遜於現實的顏色。雕塑家的鑿刀永遠也無法雕塑出大千世界千變萬化的造型。形狀與顏色，線條輪廓的美與光線的作用，是通過物的展示而為人所領略，這一切，我們可以根據自身的愛好加以模仿、組合，卻無法去發明。

　　反之，在交響樂中，我們的音樂卻沒有原型。誠然，世上

有的是聲音，或弱或強，或溫柔或莊嚴。在東搖西晃的樹林間呼嘯的暴風雨，在沙灘上捲出旋渦的波浪，在雲層中隆隆作響的驚雷，它們以雄壯的音符讓我們感到驚心動魄。吹拂松樹細葉的和風，在春天盛開的百花上竊竊私語的蜜蜂，稍具靈敏感覺的任何人都會覺得悅耳。但是這些只是單調的聲響，音與音之間沒有聯繫。大自然有美妙的聲音，卻沒有音樂。

與人體構造發聲法較為接近的動物語音，只局限於嗥、吼、吠、嘶、哞、嘯等方式。如果把所有這些音素組合起來，這樂譜便是一片喧囂。人在這些粗野的吵鬧者中是萬物之靈，居然會歌唱，這可真是驚人的例外。這是沒有一物能與之並駕齊驅的特性，即把聲音協調起來的特性，這一特性（言語這個無可比擬的稟賦即由此衍生）促使人進行正確的練音。由於這個範疇並無可供模仿的榜樣，因此學習起來必定十分艱苦。

當史前的人類祖先狩獵猛獁象歸來，舉行歡宴，喝著覆盆子酒和黑刺李酒而醺醺然時，他們粗獷的喉嚨能夠唱出什麼呢？一首按規則譜寫的曲調嗎？肯定不是，他們發出的，是足以震塌岩石洞穴拱頂的乾吼。叫喊的特色正是這股強烈的力道。如果把酒館當做洞穴，那麼當喉嚨被酒灼燒時，我們今天就可以找到原始的歌曲了。

而這嗓音粗野的男高音，已經很善於用燧石製石器，在象牙上刻出他剛剛捕獵的巨獸圖像。他知道用赭石把他的尊神面頰妝點得更漂亮，知道用有色油脂在自己身上作畫。實物上有許多形狀和顏色可供參考；可是有節奏的聲音卻無榜樣可循。

隨著人類的進步，逐漸出現以樂器伴奏嗓音的嘗試。人們摘下一根有汁的枝條，向管裡吹氣；人們讓大麥稈發出聲響，用蘆竹管吹出哨音。手掌閉攏，兩根手指捏著蝸牛殼來模仿山鶉的啼叫；用大片樹皮捲成角狀做喇叭來發出牛鳴；幾根細腸子拉在葫蘆的空肚子上，發出絃樂器最初的幾個音符；把羬羊的膀胱做成囊袋，繃在牢固的框架上，這就是最初的鼓皮；兩塊平扁的卵石通過有節奏的振動彼此碰撞，這就是響板的先聲。原始音樂器材大概就是這種樣子，孩子們還保留著這種器材，他們幼稚的藝術才能讓人依稀看到往昔大孩子的影子。

古人不大可能還知道別的，塞奧克里托斯[1]和維吉爾所描述的牧羊人，證明了這一點。「西爾維斯特準備了細小的燕麥稈進行演奏，」梅麗貝對蒂迪爾這麼說道。在年少時代老師讓我們翻譯的這段話中，所提到的這株燕麥，這輕巧的麥稈是做什麼用的呢？詩人只是用「細燕麥稈」一字來修辭呢？抑或陳

① 塞奧克里托斯：約西元前310～前250年，古希臘牧歌詩人。——編注

述著一件事實？我傾向贊同這說的是事實，因為我自己曾聽過用蘆笛演奏的音樂會。

那是在科西嘉的阿嘉丘。為了感謝我給的一打糖衣杏仁，有一天，附近的幾個小孩讓我聽到一首小夜曲。突然傳來一陣陣奇怪的聲音，和聲雖然不合規則，卻十分柔和。我奔向窗戶。合唱隊員就在那裡，他們的個頭有一束稻草那麼高，神色莊重，排成圓圈，領唱站在中間。大部分人的嘴唇銜著一片綠色洋蔥葉，葉子鼓得像個紡錘肚；另外的人銜著一根還沒成熟變硬的蘆竹稈。

他們吹著這個竹稈，或者不如說，他們以莊重的調子，也許是按希臘人對聖物的態度，唱著「沃塞羅」[2]。誠然，這並不是我們所謂的音樂，更不是亂七八糟的吵鬧；而是一種帶有天然缺陷、沒有明確形式的單調旋律，是悅耳音色的一種混合：草稈發出的笛聲，把鼓脹葉子的顫音突顯出來。洋蔥葉的交響樂令我陶醉。田園詩中的牧羊人，大概也是這樣演奏的；馴鹿時代的新娘，大概也是這樣唱著祝婚歌的。

沒錯，科西嘉小孩們的抒情歌曲，就像迷迭香叢中的蜜蜂

② 沃塞羅：科西嘉島上哭喪女唱的哭喪歌。——譯注

嗡鳴聲，但卻在我的記憶中留下了難以忘懷的印象。至今我耳
朵裡還縈繞著這些歌聲。這歌聲訴說了鄉間蘆笛的價值，這蘆
笛曾在今日已顯過時的文學裡被歌頌不已。如今我們跟這些質
樸無華的東西，距離得多麼遠了啊！今天，爲了讓民眾喜歡，
必須有低音大號、薩克斯風、長號、有活塞的管樂器，所有想
像能及的銅樂器，還要有鼓、大鼓，以及一聲炮響來做爲延長
號。這就是所謂的進步。

　　二十三個世紀以前，希臘人爲了禮拜太陽神——金毛福玻
斯③而聚集在德爾菲④。他們懷著宗教感情，傾聽著對阿波羅
的讚歌，這是只有幾行的和聲，偶爾在某些地方用笛和齊特拉
琴輕輕伴奏。這首被視爲傑作的聖歌被刻在大理石板上，最近
才由考古學家發掘出來。

　　這些古老的歌曲，最古老的音樂史料，曾在歐宏桔古劇場
演奏，這劇場如今只餘石材廢墟，正好跟這些泯沒的聲音相匹
配。我沒有恭逢這個盛典，因爲我習慣在東邊施放煙火時往西
邊去。我一個聽覺敏銳的朋友參加了此盛會。他對我說：「在
巨大的半圓形劇場所容納的一萬名聽眾中，如果說有誰聽得懂

③ 福玻斯：古希臘神話阿波羅神的名字。——譯注
④ 德爾菲：古希臘最重要的阿波羅神殿所在地，距科林斯灣9.65公里。——譯注

這遙遠時代的音樂，那才眞叫人懷疑呢。至於對我來說呢，那是一種盲人的悲歌，我不由自主地用目光去尋找那拱著木缽的鬈毛狗。」

啊！這個野蠻人，他居然把希臘的傑作說成是荒唐的悲歌！這是否出於他的不恭呢？不是的，這只是因爲力有未逮所致罷了。他的聽覺是按不同規則訓練出來的，無法適應質樸無華的聲音，這些聲音由於年代久遠，以致變得奇怪甚至刺耳了。我的朋友欠缺，我們所有的人都缺乏，那種爲歲月所湮滅了的原始敏銳感覺。爲了能夠領略阿波羅讚歌之美，可能必須倒溯至這種心靈淳樸的境界，如此，總有一天，我才會覺得洋蔥葉的簌簌聲美妙無比。

然而，雖然我們的音樂並沒有從德爾菲的大理石板得到啓發，我們的雕塑藝術和建築藝術，卻始終能從希臘作品中找到完美無比的典範。聲音藝術因爲沒有自然事實所提供的原型，因而變化不定；我們愛好多變，在聲音藝術中，今天所認爲的完美無缺，明天即成平淡無奇。反觀形狀的藝術，由於奠基於現實的不變基礎上，往昔所認爲的美，今日觀之依然不變。

任何地方都不存在音樂的典型，甚至偉大的啓蒙時代的布封⑤所稱頌不已的夜鶯的歌唱，也不是典型。我並不想得罪任

何人，但我何不說說自己的看法呢？我對布封的風格和夜鶯的
歌唱全都不感興趣，我覺得前者太過修辭化而欠缺真實情感；
後者是搭配不協調的漂亮發聲傑作，牠無法感動人心，還不如
小孩在裝滿水的小罐子裡，裝上花一個銅板買來的哨子，就能
吹出著名抒情詩中優美的華彩之句呢。

在鳥類之上，還有一系列顫音曲調的卓絕嘗試，各式生物
噪呀，吼呀，吠呀，直到人類出現，只有人才會說話和真正地
歌唱。在鳥類之下，蛙類「呱呱」叫後就不出聲了。肺的音箱
在兩次伸張之間存有長時間的間隔，這時的叫聲含混不清。再
往下就是昆蟲了，昆蟲出現的年代更早得多。陸地居民中這些
最早出生者，也是最早的抒情詩人。牠沒有可使聲帶震動的氣
流，便發明琴弓和摩擦，這是人類日後必須學習的卓絕才能。

各種鞘翅目昆蟲藉著讓一個粗糙面在另一粗糙面上滑動，
來發出聲響。天牛前胸的環，在胸部其餘部分的關節上活動；
松樹鰓金龜長著巨大的葉片狀羽飾，用鞘翅邊緣去磨最末一根
背骨；蟋蟀和其他許多昆蟲不會別的辦法。真正說來，這些靠
摩擦發聲的昆蟲並沒有發出樂音，而只是發出一種像風信雞在
生銹軸上的吱咯聲罷了：微弱、短促，沒有共鳴聲。

⑤ 布封：法國博物學家，1707～1788年，著有《自然史》和《風格論》。——譯注

在這些發出吱咯響的步行者中，有一種叫包爾波賽蟲的，特別值得一提。牠跟西班牙蜣螂一樣，圓得像個球，前額有一隻角，只是沒有西班牙蜣螂那種吃屎的愛好。這種優雅的昆蟲喜歡我家附近的松樹林，牠在樹下的沙裡挖了一個窩，傍晚時分從容地現身，發出像吃飽的雛鳥依偎在母親翅膀下面時的啁啾鳴叫。通常牠默不吱聲，可是稍有一點騷動，就吱吱喳喳地叫起來。在盒子裡裝上一打這樣的昆蟲，就可以聽到美妙的協奏曲，不過聲音非常弱，耳朵必須湊得很近才能聽到。比較起來，天牛、蜣螂、松樹鰓金龜及一些別的昆蟲，則是肥大的絃樂器演奏者。不過無論如何，所有這些昆蟲並非在歌唱，而是表達害怕的心情；可以說是一種悲鳴與呻吟。牠們只在面臨危險時才發出這種聲音。據我所知，牠們也從不在婚禮時鳴唱。

某些昆蟲，例如金龜子、蜜蜂、蒼蠅、蝶蛾，由於徹底變態而具備高等器官，從而表明牠們屬於高等級。可是，若想找到以琴弓和音鈸來表達歡樂心情的真正音樂家，就必須上溯得更遠，從先於高等昆蟲之前出現的昆蟲中去找，這些低等昆蟲是地質時代所產生的粗陋雛形。

事實上，會唱歌的昆蟲只存在於同翅目（例如蟬），或直翅目（例如螽斯和蟋蟀）昆蟲中。這些昆蟲因為變化得不夠徹底，牠們和只在石炭紀頁岩上才記載著其來歷的原始種族，有

著親屬關係。是這些昆蟲首先在無生命事物含混不清的喧囂中，摻雜進生命的輕微聲響。牠們在爬蟲類會呼氣之前就會唱歌了。

在這裡，僅從聲響的角度來看，便顯示出我們那些企圖以原始細胞中胚胎發展的必然演變，來解釋世界的理論是多麼的無力。當萬物還不會發出聲音時，昆蟲卻已經會發出唧唧聲了，而且發聲跟今天一樣正確。聲音從一種器官發出來，雖經時光流逝，物換星移，這器官卻沒有絲毫根本的改變。然後，雖然出現了肺，可是除了鼻孔的呼嚕聲外，仍然不會發音。突然有一天，兩棲類中的蛙鳴叫了，接著不久，完全未經預備，鵪鶉的呱呱叫聲、烏鴉的嘎嘎叫聲以及鶯的歌唱，都加入了青蛙這個討厭的音樂會。特別值得一提的是，喉嚨出現了。晚出現的動物用喉嚨來做什麼？驢和小野豬給了我們答案。這比止步不前還糟糕，這是個巨大的倒退，直到發生了最大的飛躍，導致人類喉嚨的誕生。

從聲音的產生，根本不可能斷定存在著中等取代低劣，優秀取代中等，這類持續進步的過程。我們看到的是突然飛躍，間歇、倒退、前無預兆後無接續的驟然發展；如果單從細胞的潛在可能性來看——對於沒有勇氣深入探究的人來說，這是個方便的踏階，我們從中看到的只是一個不可解之謎。

　　但是，且讓我們把起源這個無法弄明白的領域暫時擱置，直接進入事實好了：在最初地球的爛泥堅硬起來時，一些古老的物種就已從事聲音的藝術，並勇於歌唱了。讓我們問問牠們的某些代表吧；問問牠們有什麼樣的樂器結構，以及牠們唱小詠嘆調的目的為何。

　　昆蟲音樂會的參加者，大部分是螽斯類昆蟲，這些昆蟲因其粗長的後腳和產卵管，即用來放置卵的尖刀或稱挖穴器而引人矚目，不過牠們的排名在蟬之後，而且往往跟蟬相混淆。只有一種直翅目昆蟲超過牠們，那就是牠們的近鄰——蟋蟀。我們先聽聽白面螽斯的歌唱吧。

　　白面螽斯的歌聲剛開始時尖銳而生硬，近乎金屬聲響，非常像鶇鳥嘴裡含著橄欖在警戒時發出的聲音。這一聲聲「蒂克—蒂克」，中間間隔很久；然後聲音逐漸升高，變成快速的清脆奏鳴，除了「蒂克—蒂克」外，還配有連續不斷的低音；最後結束時，上升調中的金屬音符轉弱，變成單純的摩擦音，成了非常快速的「弗魯—弗魯」聲。

　　歌手這樣唱唱停停，停停唱唱，連續幾小時。在寧靜的時刻，最響亮的歌聲在二十步外都能聽見。這沒什麼了不起。蟋蟀和蟬的聲音能傳得更遠呢。

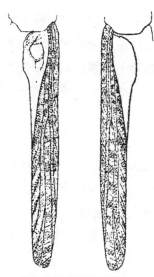

雄性白面螽斯的右前翅、
左前翅（放大1¼倍）

牠是怎麼唱的呢？

可供參考的書籍在這方面沒能
消除我的惶惑。這些書的確談到
「鏡膜」，這種活躍的薄膜閃閃發
光，像雲母片；但是這薄膜是如何
起振動的呢？對這一點，書中沒有
說，或者說得非常含糊、不正確。
只說是前翅摩擦，翅脈上的彈器、
弦器互相摩擦，僅此而已。

我希望解釋得更清楚些，因為
我早就深信，一隻螽斯的音箱理應
也具備精確的機制。那麼這就來了解一下吧，哪怕要重複某些
也許已經做過的觀察，因為我這個離群索居者所擁有的圖書，
只有幾本殘缺不全的小冊子而已，並不知道這些觀察已經有人
做過了。

白面螽斯的前翅底部膨脹開來，在背上形成一個長三角形
的平緩凹陷，這便是發音區。左前翅在此處與右前翅部分重
疊，休息時就把右前翅的樂器遮住了。在這個樂器中，早已為
人清楚得見且了解透徹的，就是「鏡膜」；稱它為鏡，是由於

這個嵌在翅脈上的橢圓形薄膜閃閃發光。這是蒙在鼓和揚琴上非常精緻的皮，不同的是，它無需敲擊就能鳴響。當蠹斯歌唱時，沒有任何東西與鏡膜發生接觸，而是身體其他的振動傳到膜上而引起的。那它是怎樣傳送的呢？請看：

鏡膜的邊緣通過一個圓鈍形的大型齒狀物，延長到翅脈底部的內角上，這齒狀物的末端有一個比其他翅脈更突出、更粗壯的皺褶，我把它稱之為摩擦脈——彈器。正是在這裡發生的振動致使鏡膜鳴響。當我們了解發音器的其餘部分時，就會清楚這一點了。

這其餘部分便是發音器官，位於左前翅上，左前翅的平邊緣遮住右前翅。從外表看來，絲毫沒有引人注目處，它不過像是略微歪斜、橫向鼓出來的肉，內行人才看得出來，不然恐怕只會被視做一條比較粗的翅脈呢。

但是用放大鏡觀察它的下面，便會看到這塊肌肉正是高精密度的樂器，一條齒條大小均勻的卓絕弓弦。人類在金屬上切削鐘的最小零件的技巧，絕對不及其完美的程度。

它狀如彎的紡錘，從一端到另一端中間橫刻著約八十個三角形的琴齒，間隔均勻，材料堅硬耐磨，呈深栗棕色。這小巧

玲瓏的機械玩意兒，用途顯而易見。如果我們在死螽斯身上，略微掀起這兩個前翅的平邊緣，把這琴弓放在前翅奏鳴時所處的位置，會看到這琴弓的齒條咬合在我剛才稱之為「摩擦脈」的那個末端翅脈上；整根齒條絕不會偏離震動點。我們彈這齒條——弦器，如果動作夠靈巧，這死螽斯就活了，也就是說，我們會聽到螽斯唱的幾個音符。

關於白面螽斯如何發音，已經沒有什麼秘密了。左前翅的帶齒弦器是牠的發音器，右前翅的摩擦脈是振動點，鏡子撐著的薄膜是共鳴器，它通過受振動的邊框而發生共鳴。人類的樂器使用了許多發出響亮聲音的膜，但總是透過直接打擊而發聲，白面螽斯比我們的絃樂器商更大膽，牠把琴弓與揚琴結合在一起了。

非常大的雄螽斯的琴弓

在其他螽斯類昆蟲身上，也可以找到這種結合。其中最著名的是綠色蟈蟈兒，牠那傳統的盛名與其肥大的身軀和美麗的綠色相得益彰。拉·封登認為，這就是北風呼嘯時，來向螞蟻求救的蟬；由於缺乏蒼蠅和蚯蚓，告貸者請求賒幾粒麥好度過來年。既吃動物又吃植物，這真是寓言家的絕妙啓發。[6]

其實，綠色蟈蟈兒跟白面螽斯的口味是一樣的。在我的籠子裡，當沒有更好吃的東西時，牠便吃萵苣葉來充饑；不過牠特別喜歡蝗蟲，把蝗蟲吃得一乾二淨，只剩下兩對翅。

牠在自由狀態時，會捕獵造成災荒的蝗蟲，以此彌補牠所吃的那幾口綠色農作物。

除了某些細節外，牠的樂器跟白面螽斯一樣。在前翅底部有個彎曲的大三角形，淡棕色的四周深黃。這像貴族的盾形紋章，上面充滿紋章的象形文字。左前翅疊在右前翅上，下部刻有兩條平行橫溝，小溝間的間隙朝下突出，構成了琴弓。琴弓是棕色的紡錘，有很多排列非常規則的細齒。右前翅的鏡膜近乎圓形，四周的框框上有許多摩擦條。

七、八月時，從薄暮直至晚間將近十點鐘，昆蟲唧唧叫著，像迅速搖動的紡車，還伴隨著細微的金屬碰擊聲，幾乎聽不出來。肚子完全垂下，一張一縮地打著拍子。延續的時間沒有一定，還會猛地停下來；其間還摻雜著假的重新鳴唱，其實只是輕輕幾聲，欲唱還休，然後才完全重新開始。總之，綠色蟈蟈兒的歌聲很微弱，遠沒有白面螽斯的響亮，根本比不上蟋

⑥ 蟬與螞蟻的故事見《法布爾昆蟲記全集5——螳螂的愛情》第十三章。——編注

蟀的鳴唱，更不如蟬那吵吵嚷嚷的聒噪。在寂靜的夜晚，僅僅幾步遠的地方，我還得有保爾那樣敏銳的耳力才聽得見。

　　我家附近的兩種侏儒螽斯，中間螽斯和灰螽斯，歌聲更加微弱；牠們經常在長長草地上、被太陽曬得熱熱的石頭上出現，可是一旦想去抓，牠們很快就消失在灌木叢中了。這兩個大腹便便的抒情詩人在籠子裡，各自都有首屈一指的地位和令人厭煩的地方。

　　當熾熱的陽光完全照在窗戶上時，我的小螽斯們飽餐了綠色黍籽粒和野味。大部分以最佳姿勢仰臥著，後腳伸得直直的，維持好幾個鐘頭，牠們一動不動地進行消化；怡然自得地打著瞌睡。有的唱起歌來。啊，這歌聲多麼微弱呵！

　　中間螽斯的歌唱是唱一會兒，停一會兒，時間一般長，歌聲是快速的「呼嚕—呼嚕」，像煤炭山雀唱歌似的；灰螽斯的歌聲是一聲聲琴弓響，有點模仿蟋蟀的單調旋律，不過聲音更嘶啞，而且更不清楚。這兩者的聲音是這麼微弱，只要距離個兩公尺，我就幾乎聽不到了。

　　為了演唱這種幾乎難以聽聞的音樂，沒一絲趣味的歌曲，這兩個侏儒卻都具備牠們肥胖同伙所擁有的一切：帶齒的琴

弓、巴斯克鼓、摩擦脈⑦。灰螽斯的琴弓約有將近五十個齒，中間螽斯的琴弓有八十個齒。兩種螽斯的右前翅上，在鏡膜四周有幾個半透明的空腔，無疑是用來增加振動部隊的面積。雖然樂器再好不過，可是沒有用，音響效果非常差。

用齒條來撥動揚琴，以這同樣的機制，誰會有所長進呢？長著大翅膀的螽斯類昆蟲，無一能夠做到。從最大的綠色蟈蟈兒、白面螽斯和草螽，到最小的中間螽斯、小螽斯和鐮刀樹螽，都是用琴弓的齒來撥動發聲鏡膜的框，而且全是左撇子，亦即，琴弓在左前翅朝下的那一面，疊在帶有揚琴的右前翅上。總之，所有昆蟲都歌聲微弱而模糊，幾乎聽不見。

只有一種昆蟲的發音器官，在總結構上沒有絲毫創新，只是稍做更動，卻能發出響亮的聲音來。這就是葡萄樹短翅螽斯，牠沒有翅膀，前翅只剩下兩個凹陷的鱗片，鱗片上也有凹凸的花紋，一個嵌著另一個。這兩頂圓帽就是飛行器官的殘餘，而如今成了專門的歌唱器官了。為了唱得更好，昆蟲放棄了飛行。

短翅螽斯把樂器藏在馬鞍狀緊身胸甲形成的拱頂下。按慣

⑦ 帶齒的琴弓指螽斯翅膀上的振區，巴斯克鼓指弦器，摩擦脈指彈器。——編注

短翅螽斯

例，左鱗片在上，其朝下的一面有齒條，用放大鏡可以看出八十個橫排的鋸齒，這些鋸齒比任何其他螽斯類昆蟲的都強壯有力，刻得都清楚。左鱗片在下。圓頂的頂部稍稍塌陷，鏡膜閃閃發光，邊框是一條粗翅脈。

　　這個樂器的結構優異，更勝蟬的樂器。蟬的樂器由於兩條肉柱（發音肌）的收縮，使兩個音鈸的凹陷部分一下收攏一下放鬆，蟬沒有音室，亦即沒有共鳴器來做為音響器械。在正常狀態下，短翅螽斯唱著拖長的哀怨小調：「戚依依─戚依依─戚依依」，比白面螽斯歡快的琴聲傳得更遠。

　　如果恬靜的生活被打亂，白面螽斯和其他的螽斯類昆蟲便害怕得不敢唱歌，立刻默不出聲了。對於牠們來說，歌唱總是歡樂的表示，短翅螽斯亦然，牠害怕生活被打亂，用靜默來使企圖捕捉牠的對手抓不到牠。但是如果我們用手指抓住牠，牠往往又雜亂無章地撥動起牠的琴弦。當然，這時候牠的歌聲表示的不是愉快，而是對危險的恐懼、擔憂。同樣地，當小孩無情地扯下蟬的肚子，掀開牠的發音器官時，牠叫得比任何時候都響。這兩種昆蟲都一樣，歡樂的歌曲變成憂慮的哀歌了。

我應當指出，短翅螽斯還有另一個其他會唱歌的昆蟲所沒有的特點。雌雄短翅螽斯都有發音器。其他螽斯類昆蟲裡的雌蟲總是不發聲的，甚至沒有琴弓和鏡膜的殘餘，可是雌短翅螽斯卻有類似雄短翅螽斯那樣的樂器。

左鱗片蓋住右鱗片。左鱗片邊緣有一些蒼白色的粗翅脈，形成帶小網眼的網絡；中間則是相反的光滑，鼓隆著像棕紅色洋蔥皮的小圓帽。這個小圓帽下面有兩根副輔翅脈，主翅脈的脊背上有點凹凸不平。右鱗片的結構相似，但有這樣小小的差異：一根翅脈像蜿蜒的赤道橫穿過洋蔥皮般的中央小圓帽，在放大鏡下可以看出，在長的方向橫排著極細的齒。

根據這個特點可以看出，這就是琴弓，這位置跟我們已知的相反。雄短翅螽斯是左撇子，用位於上方的左前翅運作；雌短翅螽斯簡直是右撇子，用位於下方的右前翅撥琴。不過，雌短翅螽斯簡單的身體上完全沒有鏡膜，也就是說，沒有像雲母片般閃閃發光的薄膜。琴弓橫向摩擦對面鱗片凹凸不平的翅脈，從而使嵌著的兩頂圓帽同時振動起來。

因此牠有兩個振動構件，可是卻太過僵硬、粗糙，無法發出飽滿的聲音。而且歌聲相當微弱，比雄螽斯的聲音更加嗚咽。雌短翅螽斯可不會隨便唱歌。如果我不插手，我的囚犯們

根本不會參加籠子裡其他伙伴舉行的音樂會；相反地，牠們如果被抓住，有了麻煩，立刻就呻吟起來了。

可以相信，當牠們是自由之身時不會這樣。在我籠子裡不吱聲的雌短翅螽斯，可不是徒具音鈸和琴弓這兩個器具的，害怕時發出呻吟的樂器，在歡樂時也是會響起來的。

螽斯類昆蟲的發音器是用來做什麼的呢？我不認為它對婚姻嫁娶不起作用，也不否認雌螽斯在聽著這海誓山盟的竊竊私語時，說不定覺得十分溫柔甜蜜；可是我若那麼說的話，就是睜眼不顧事實了。因為那並不是發音器的根本功能。昆蟲使用發音器，首先是為了表示牠生存的歡樂，為了歌唱肚子飽飽地曬著太陽時的生活樂趣。肥胖的白面螽斯和雄的綠色蟈蟈兒在結婚後，精疲力竭再也恢復不過來，從此不願交配了，可是牠們仍舊快樂地繼續鳴唱，直到沒有力氣為止，這便是證明。

螽斯類昆蟲會有歡樂的衝動，而且還擁有能以聲音表達歡樂的這種長處，純粹表現出藝術家的滿足。我看到工人傍晚從工地回自己的家時，邊吹口哨邊唱歌，並不打算讓人聽到，也不想有人聽到。經由這樸實無華、近乎無意識的情感抒發，他道出自己的歡樂，因為艱苦的一天結束了，盤子裡冒著熱氣的菜肴在等著他了。會唱歌的昆蟲通常也因這樣才鳴叫的──牠

在歡慶生活。

　　有的昆蟲更了不得。生活中雖然有溫馨，卻也不乏痛苦。葡萄樹短翅螽斯既會表示歡樂，也會表示痛苦。牠以單調的旋律告訴灌木叢居民牠的歡樂；牠以幾乎不變的相同單調旋律，來傾訴自己的痛苦、恐懼。牠的伴侶也是彈奏樂器者，也有這種天賦。牠以另一類型的兩個音鈸來傾訴歡樂，嗚咽呻吟。

　　總之，不可輕視帶著齒條的揚琴。牠使草坪充滿生機，牠低聲吟唱生活的歡樂與艱難，向四周發出愛情的召喚，牠使孤男寡女在長期等待中不感到寂寞，牠道出昆蟲生命中繁花似錦的最終時期。牠的琴聲幾乎就是話語了。

　　可是這前途遠大的卓絕天賦，卻只賦予跟石炭紀時代初級試產品同一家族的粗劣低等物種。如果像人們所說，高等昆蟲是源於逐步演化的祖先，那為什麼牠們沒有自一開始就保存著發聲這個優秀的遺傳呢？

　　還是說，後天習得論只不過是個大騙局呢？是不是應該認為弱肉強食，至少說，天賦差的被天賦高的消滅掉，這種野蠻行為並不存在呢？當演化論者說，最具優勢者才能生存下來時，我們是否應該對此表示懷疑呢？噢，沒錯！我們應該對此

大表懷疑才是。

　　石炭紀某種六十多公分長的蜻蜓，告訴了我們這一點。這個巨人般的小姐，大顎的鋸齒讓長著翅膀的小蟲膽戰心驚，牠如今已經消失。而肚皮棕色或者藍色的弱小豆娘，至今仍在我們溪邊的燈心草上飛舞著。

豆娘

　　與蜻蜓同時代，可怕的索羅德魚身上披著盔甲，帶著兇殘的武器。牠們寥寥可數的後代，都是發育不全的動物。長著花紋夾殼、五彩繽紛的頭足綱軟體動物，某些菊石⑧有車輪那麼大，但在今日的海洋裡，牠的代表卻只有像小小消防帽似的鸚鵡螺。長二十五公尺的蜥蜴類動物，從前在我們這地方就像今天牆上的灰蜥蜴。跟人類同時出現的猛獁象這種龐大動物，如今只能從牠的遺骸辨認出來；而牠的近鄰，相形之下只像小綿羊的大象，卻一直在繁衍生息。這些是多麼違反強者生存的規律啊！強者死亡了，弱者卻取代了牠們。

---

⑧ 菊石：中生代的化石。——譯注

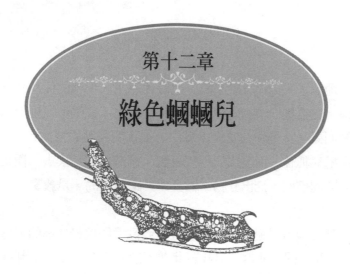

第十二章

綠色蟈蟈兒

現在是七月中旬，從氣象學來說，酷暑剛剛開始；但事實上，炎熱的天氣比日曆來得更快。幾個星期來，天氣已經熱到不行了。

村裡今晚在慶祝國慶。孩子們圍著歡樂的營火蹦蹦跳跳，火光反映在教堂鐘樓上。當鼓聲隨著每支煙火「唰、唰」上升而莊嚴響起時，我獨自一人，趁著晚上九點天氣比較涼爽，在黑暗的角落，傾聽著田野聯歡晚會的音樂。這收穫季節的聯歡晚會，比此時在村莊廣場上以火藥、營火、紙燈籠，尤其是劣質燒酒來慶祝的節日更要莊嚴。這真是既美麗又簡樸，既恬靜又強而有力。

夜深了，蟬已不再鳴叫。牠白天沈醉於陽光和炎熱之中，

盡情地唱了一天，夜晚來臨，也該休息了，但牠的休息常常被打擾。在梧桐樹濃密的樹枝裡，突然發出了哀鳴似、短促而尖銳的叫聲。這是蟬在安靜休息中，被夜間狂熱的狩獵者——綠色螽蟖兒抓住，而發出的絕望哀號。螽蟖兒向牠撲去，攔腰抓住，開膛破肚，挖出肚腸。繼音樂舞蹈而來的，是殺戮。

我從沒有見過，也永遠不會看到歡度國慶最崇高的表達方式——隆香閱兵典禮，但我對此並不感到十分遺憾。這都能從報紙上看到，報紙會給我提供閱兵場地的簡圖。

我在那上面會看到一片凌亂，這兒或那兒插著紅十字旗，上面寫著：「軍人救護車」、「平民救護車」。也就是說將會有斷骨需要接起，有中暑的需要醫治，有死亡者需要悼念。這都在預料之中，是列入計畫的。

甚至在這兒，這座通常十分寧靜的村莊裡，我敢打賭，要是沒發生互毆打架這種節慶日子的佐料，節日是不會結束的。好像為了更能領略快樂，必得加上痛苦這個要素似的。

讓我們遠離喧囂去傾聽，去沈思吧。當被開膛破肚的蟬還在掙扎的時候，梧桐樹枝上的聯歡晚會還在進行著。但合唱隊已經換了人，現在，輪到夜晚的藝術家上場了。聽覺靈敏的人

能聽到，在弱肉強食之地四周的綠葉叢中，蟈蟈兒在竊竊私語。那像是滑輪的響聲，非常不引人注意，又像是乾皺的薄膜在隱約作響。在這嘶啞而連續不斷的低音聲中，不時發出一聲非常急促、近乎金屬碰撞般的清脆響聲，這便是蟈蟈兒的歌聲和樂章，樂段之間是靜默的間歇，此外則是伴唱。

儘管合唱的低音得到了加強，這個音樂會還是不出色，很普通。雖然在我耳邊就有十幾隻蟈蟈兒正在演唱，可是牠們的聲音不強，我耳朵的老鼓膜並不一定都能捕捉到這微弱的聲音。然而，當四野蛙聲和其他蟲鳴暫時沈寂時，我所能聽到的一點點歌聲卻非常柔和，與夜色蒼茫中的靜謐氣氛十分協調。綠色的螽斯，我的心肝啊，如果你拉的琴再響亮一點，那你便是比嘶啞的蟬更勝一籌的歌手了。而在我國北方，人們卻讓蟬篡奪了你的名字和聲譽啊！

不過，你永遠比不上你的鄰居——敲鈴鐺的可親蟾蜍，牠在梧桐樹下發出滴鈴鈴的聲音；而你則在樹上鳴唱。牠在我的兩棲類居民中，體型最小，也最擅長遠征。

在暮色沈沈的傍晚，當我在花園中漫步、思考的時候，不知遇過牠多少次了！在我腳前有什麼在逃跑，翻著筋斗滾動。是被風吹動的落葉嗎？不是，這是小鈴蟾，我剛才打擾了牠的

旅行。牠匆匆藏在一塊石頭、土塊、一束草下面，讓自己激動的情緒平靜下來，旋即又發出清脆的鈴聲。

在這個全國歡慶的夜晚，我身邊有將近十來隻鈴蟾，一隻唱得比一隻高興。大部分鈴蟾蜷縮在花盆中間，花盆一行行排得緊密，在我房子前面形成了一個前庭。每一隻都在唱著，歌曲老套，不過有的聲音低沈，有的尖銳，但都很短促、清晰，深深傳進耳朵，而且音質非常清純。

節奏緩慢，抑揚頓挫，牠們好像在吟唱著老歌曲。這個叫一聲「克呂克」，那個喉嚨細一些，回唱「克力克」，第三個是這一群中的男高音，則叫上一聲「克洛克」。就這樣，像假日村裡教堂鐘樓的排鐘那樣，一直重複著：「克呂克—克力克—克洛克」、「克呂克—克力克—克洛克」。

兩棲類動物的合唱團使我聯想起某種琴，那時我六歲，耳朵對奇妙的聲音開始有靈敏的聽覺，這種琴便成為我一心巴望得到的東西。這是一系列玻璃片，長短不一，固定在兩條拉緊的布帶上。一根鐵絲尖插個軟木塞便是敲擊棒。你不妨想像一個沒經驗的人，隨意敲打鍵盤，粗暴生硬，什麼八度音、不協和和弦、反和弦，全都亂七八糟的，這樣你對於鈴蟾的歌曲就有個清楚的概念了。

做為歌曲，這首鈴蟾歌沒頭沒尾；可是做為清純的聲音，卻眞是悅耳。自然界的一切音樂會都是如此。我們的耳朵在這音樂會中聽到最動聽的聲音，然後聽覺變得更挑剔了，除了現實的聲音外，還產生了秩序感，這是產生美的首要條件。

不過，這種此起彼落發出的柔和聲響，其實是求愛的清唱，是情郎對女友發出的召喚歌。在一般情況下，也猜測得出音樂會的結果；但是無法預見的，卻是婚禮奇怪的最後一幕。因爲做父親的（在這情況下，是眞正純屬褒揚意義的慈父），樣子變得讓人認不出來，牠終於要離開牠的隱居地了。

牠把牠的子女包在後腳四周，帶著一串梨籽大小的卵搬家了。這鼓鼓的包袱纏著牠的腳肚，裹著牠的大腳，像布袋似地壓在背上。牠完全變了模樣。

牠背著這沉重的負擔跳不起來，拖著身子要到哪裡去呢？出於溫情體貼，牠要到做母親的不願去的地方，到附近的泥沼去，那裡的溫水是蝌蚪孵化和生命不可或缺的。熱愛陰暗和乾燥的牠，如今卻迎著潮濕和充沛的陽光走去；而在這過程中，牠腳四周的卵在一塊濕呼呼東西的遮蓋下，成熟得恰到好處了。牠一小段一小段地向前走，肺都累得充血了。泥沼也許還遠著呢；沒關係，頑強的旅行者一定會找到的。

終於，牠走到了。儘管厭惡洗澡，牠卻立即投入水中，而那串卵由於腳的相互摩擦便脫落了下來。現在，卵處在適合發育的環境之中了，其餘的事將會自動進行下去。父親的潛水任務完成了，便急忙回家，回到乾燥的地方去。牠一轉身，黑色的小蝌蚪就孵化出來了，蹦蹦跳跳著。只等跟水一接觸，牠們就掙破卵殼了。

在這些七月薄暮的歌手中，若說有不同的樂聲，那麼只有一種樂聲堪與鈴蟾和諧的鈴聲一較高低，那就是斯科蒲，別稱「小公爵」的夜間猛禽。這個小傢伙眼睛金黃，模樣優雅。額頭上有兩條羽毛觸角，因而在此地爲牠博得「帶角貓頭鷹」之稱。牠的歌聲單調得令人心煩，可是卻很響亮，在深夜萬籟俱寂的時候，光這歌聲就能響徹夜空了。這種鳥接連幾個鐘頭對著月亮唱牠的康塔塔[1]，老是發出「去歐－去歐」的聲音，節拍一直不變。

此時此刻，人們興高采烈地大叫大喊，一隻鳥從廣場的梧桐樹上被嚇跑，牠來請求我接待牠。我聽到牠在柏樹梢歌唱：牠在樹梢上用自己均勻劃一的樂章，打斷了蟈蟈兒和鈴蟾雜亂

① 康塔塔：原指聲樂曲，與樂器演奏的奏鳴曲區別。現泛指由聲樂與器樂相結合的樂曲。此處用於舊義。——譯注

無章的合唱，牠的歌聲壓倒了所有的抒情曲。

從別處傳出好似貓叫的聲音，不時跟這柔和的樂聲形成對照。這是帕拉斯[2]的沈思的鳥——普通貓頭鷹求偶的喊聲。牠整個白天都蜷縮在橄欖樹幹的洞裡，而當夜幕降臨時就吟唱起來。牠像盪鞦韆似地一上一下飛著，從附近來到園子裡的老松樹上。在那兒，把牠貓叫般的不協音加到田野音樂會裡，不過由於距離的關係，這叫聲弱了一些。

在這一片吵吵嚷嚷中，綠色蟈蟈兒的聲音細得聽不清；只有在周遭稍稍安靜些的時候，才得以聽見陣陣細微的聲音。牠的發音器官只是一個帶刮板的小小揚琴；而那些得天獨厚者，則有風箱、肺可以發出震動的氣流。這是無法進行比較的。還是回到昆蟲上來吧。

有一種昆蟲，身材雖小卻裝備著羊皮鼓，在夜晚歌唱抒情曲方面，牠遠遠凌駕蟈蟈兒之上。這就是蒼白細瘦的義大利蟋蟀。牠是那麼地纖弱，人們都不敢去抓牠，唯恐把牠捏碎了。當螢火蟲為了增添聯歡晚會的氣氛，而點燃藍色的小燈籠時，

---

② 帕拉斯：希臘神話中海神的女兒，雅典娜的朋友，在一起玩耍中被人殺死，為了紀念她，雅典娜以其名字做為自己的綽號。——譯注

這種義大利蟋蟀便從四面八方來到迷迭香上參加合唱。

　　這個纖弱的樂器演奏者，主要有細薄的大翅膀，像雲母片一樣閃閃發光。靠著乾巴巴的翅膀，牠的聲音大得可以蓋住鈴蟾單調憂鬱的歌曲。這簡直就像普通的黑色蟋蟀，不過牠的琴聲更加響亮、更有顫音。真正的蟋蟀是春天的合唱隊員，在這炎熱的季節已經不見了。不知情的人難免就把牠們混淆在一起了。隨著牠那幽雅小提琴聲而來的，是一種更加幽雅而值得專門研究的琴聲。我們將適時再回過頭來加以敘述。

　　如果只局限於出類拔萃者，那麼以上這些，就是這場音樂晚會的主要合唱隊員：斯科蒲獨唱憂傷的愛情歌曲，鈴蟾是奏鳴曲的敲鐘者，撥小提琴弦的是義大利蟋蟀，綠色蟈蟈兒則像敲著小小的三角鐵。

　　今日，我們慶祝在政治上以攻陷巴士底監獄之日為標誌的新時代，與其說是充滿著信念，倒不如說是吵吵嚷嚷罷了；可是昆蟲們才不關心人類的事件呢，牠們在慶祝太陽的節日。牠們歌唱生活的歡愉，為盛夏的驕陽如火而歡呼。

　　人類，以及人類如此變化無常的高興事，與牠們何干！是為了誰，為了什麼，出於什麼想法，我們的爆竹將要發出劈劈

啪啪的聲音？誰要是說得出個所以然來，那可就相當高明了。習俗在變化，並給我們帶來料想不到的事情。躊躇滿志的煙火爲了昨日受憎惡而今天成爲偶像的人，在空中盛開出一簇簇的火花，而明天它又要爲另一個人而升上天空了。

過了一個或兩個世紀之後，除了博學之士外，人們還會談到攻陷巴士底監獄的問題嗎？這很值得懷疑。我們將會有別的歡樂，也會有別的煩惱。

讓我們進一步展望未來吧。一切似乎都說明，由於日益進步，總有一天，人類將會滅亡，會被過度的所謂文明所消滅。人過於熱切希望無所不能，結果卻無望享有動物恬靜平和的長壽；小鈴蟾在綠色蟈蟈兒、斯科蒲和其他昆蟲的陪伴下，一直唱著牠的老調子，而人卻會滅亡。牠們在我們之前就在地球上唱著歌，而在我們死後還將繼續歌唱：歌唱太陽的萬年不變，歌唱太陽的酷熱光圈。

我們別在這聯歡節上多加流連了，還是做個熱望從昆蟲私生活中進行學習的博物學家吧。在我家附近，綠色蟈蟈兒似乎並不多見。去年我打算研究這種螽斯類昆蟲，可是我的捕獵卻一無所獲，我不得不求助於一個巡山員的熱情幫助，他給我送來了一對拉嘉德高原上的綠色蟈蟈兒。那個高原很寒冷，以致

山毛櫸都開始往馮杜山攀長了。

命運開玩笑似地向堅持不懈者微笑。去年根本找不著的，今年卻無需走出我狹小的花園，幾乎要多少就能找到多少。我聽見牠們在草叢裡到處鳴叫。快利用這意外的收獲吧，也許時機不會再來。

六月初始，我便抓了不少雌雄蟈蟈兒關在金屬網罩裡，瓦缽上鋪著一層細沙。這種昆蟲非常漂亮，渾身嫩綠，側面有兩條淡白色的絲帶，身材優美，苗條勻稱，兩片大翼輕盈如紗，這是螽斯類昆蟲中最漂亮的。我對捕捉來的這些蟲子很滿意。牠們會告訴我什麼呢？等著瞧吧。目前必須先飼養牠們。

關於食物，我遇到了餵養白面螽斯時同樣的麻煩。根據在草地上嚼食的直翅目昆蟲的一般飲食習性，我給這些囚犯萵苣葉，牠們吃是吃了，不過卻吃得很少，並不喜歡。很快我就明白了：跟我打交道的是一些並不虔誠的素食者。必須另找食物，大概是要鮮肉吧，但究竟是什麼呢？我在一個偶然的機會下得知了。

清晨，我在門前散步，突然，旁邊的梧桐樹上有東西落了下來，同時還有刺耳的吱吱聲。我跑了過去。那是一隻蟈蟈兒

正在咀嚼身陷絕境的蟬的肚子。蟬喊叫掙扎也沒用，蟈蟈兒咬住不放，把頭伸進蟬的肚子深處，小口小口地把肚腸拉出來。

我明白了，這場戰鬥發生在樹上，發生在大清早蟬還在散步的時候。不幸的蟬被活活咬傷，猛然一跳，進攻者和被進攻者一道從樹上掉了下來。以後我又多次看到同樣的屠殺場面。

我甚至看到蟈蟈兒極其勇敢地縱身追捕蟬，而蟬則驚慌失措地飛起逃竄，就像鷹在空中追捕雲雀一樣，但是這種以劫掠為生的鳥比昆蟲低劣，牠進攻比牠弱的東西；而蟈蟈兒則相反，牠進攻比自己大得多、強壯有力的龐然大物。而這種身材大小懸殊的肉搏，其結果是毫無疑問的。蟈蟈兒有力的大顎、銳利的鉗子，幾乎沒有不把俘虜開膛破肚的，而蟬沒有武器，只能哀鳴踢蹬。

捕獵的關鍵，是要把蟬牢牢抓住，而這在夜間蟬半睡不醒的時候相當容易。任何一隻蟬，只要被夜間巡邏的兇惡蟈蟈兒遇到，都要悲慘地死去。這就是為什麼在夜深人靜，音鈸早就不響時，有時突然在樹上響起悲鳴聲的緣故。穿著淡綠服裝的強盜，剛剛把甜睡中的蟬逮住了。

我網罩裡寄宿者的食物找到了，我用蟬來餵養牠們。牠們

對這道菜吃得津津有味，乃至於兩、三個星期間，網罩裡到處
都是肉吃光後，剩下的頭骨和胸骨、扯下來的翅和斷肢殘腳，
肚子部分全都被吃掉了。這是好部位，雖然肉不多，但味道似
乎特別鮮美；因為在這個部位，在嗉囊裡，堆積著蟬用口器從
嫩樹枝裡吸取的糖漿甜汁。是不是由於這種甜食，蟬的肚子比
其他部位更受歡迎呢？很可能。

為了變換食物的花樣，我還給蟈蟈兒吃很甜的水果：幾片
梨子、幾顆葡萄、幾塊西瓜，這些牠們都很喜歡吃。綠色蟈蟈
兒就像英國人一樣，酷愛吃用醬做佐料的帶血牛排，也許這就
是牠抓到蟬後先吃肚子的原因，因為肚子既有肉，又有甜食。

但並非任何地方都能吃到沾糖的蟬肉。在北方，綠色蟈蟈
兒很多，但那裡找不到牠們在這裡嗜食的菜色，因此牠們一定
還吃別的東西。

為了證實這一點，我給牠們吃細毛鰓金龜，夏天的這種蟲
子等於春天的鰓金龜。對於鞘翅目昆蟲，牠們也毫不猶豫地全
盤接受，吃得只剩下鞘翅、頭和腳。給牠們吃漂亮而多肉的松
樹鰓金龜，結果也一樣，我第二天便看到，這肥美的食物被我
這一群肢解牲畜的好手，吃得肚子朝天了。

這些例子提供了許多資料，蟈蟈兒非常喜愛吃昆蟲，尤其是沒有太過堅硬盔甲保護的昆蟲；牠十分喜歡吃肉，但不像修女螳螂那樣只吃肉。蟬的屠夫在吃肉喝血之後，也吃水果的甜漿，有時沒有好吃的，牠甚至還吃一點草。

不過，蟈蟈兒中也存在同類相食的現象。誠然，在網罩裡，我從沒見過像修女螳螂那樣捕殺姐妹、吞食丈夫的殘暴行徑，但是如果某隻蟈蟈兒死了，活著的一定不會放過品嚐其身體的機會的，就像吃普通的捕獲物一樣。牠們並非因為食物缺乏才吃死去的同伴。另外，所有攜刀者都程度不一地表現出這種愛好，也就是吃受傷的同志以自肥。

撇開這點不談，在我的網罩裡，蟈蟈兒彼此之間十分和平地共處，牠們之間從沒發生嚴重的爭吵，頂多在面對食物時有點敵對而已。我扔入一片梨，一隻蟈蟈兒立即趴在上面，出於嫉妒，不管誰來咬這美味的食品，牠都要踢腳把對方趕走。自私心無所不在。吃飽了，牠便讓位給另一隻蟈蟈兒，而那另一隻也變得不寬容起來。這樣一個接著一個，所有的蟈蟈兒都能品嚐到一口美味。嗉囊裝滿後，牠用口器抓腳底心，用沾著唾液的腳擦擦臉和眼睛，然後抓著網紗或者躺在沙上，以沈思的姿勢怡然自得地消化食物。牠們一天中的大部分時間都在休息，天氣酷熱時尤其如此。

到了傍晚，太陽下山後，牠們開始興奮起來了。九點左右興奮達到高潮。牠們突然縱身一跳，爬上網頂，又匆匆忙忙下來，然後又爬上。牠們鬧哄哄地來回走動，在圓形的網罩裡跑啊跳啊，遇到美味的好東西就吃，但並不停下來。

雄螽螽兒或這或那的，在一旁鳴叫著，用觸角挑逗從旁邊走過的雌螽螽兒。準媽媽半舉著尖刀，神態端莊地遛達著。對於這些激動而狂熱的雄螽螽兒來說，當前的大事就是交尾了。內行人一眼就可以明察。

對於我來說，這也是主要的觀察事項。我在網罩裡裝著螽螽兒，主要目的就是看看白面螽斯所揭示的奇怪婚配習性具有多大程度的普遍性。我的期望得到了滿足，但並不充分，因為時間太晚了，我無法看到婚禮的最終行為。交尾是在夜很深的時候或一大清早進行的。

我看到的一點點情況就是，螽螽兒的婚禮前奏延續的時間非常長。熱戀者臉對著臉，幾乎是頭碰著頭，柔軟的觸角長時間互相觸摸著、探詢著。簡直就像兩個對手把鈍頭劍[4]交叉來交叉去，卻沒交戰起來。雄性不時地叫幾聲，彈幾下琴弓，然

---

④ 鈍頭劍：為避免受傷，前端附有棉團的練習用劍。——編注

後就不吭聲了，也許是太激動而繼續不下去。鐘敲十一點了，可是這愛情的表白尚未結束。真可惜，但是我睏得不行了，只好放棄觀看交配了。

　　第二天上午，雌蟈蟈兒的產卵管下面垂著一個奇怪的玩意，這玩意白面螽斯曾經讓我們驚奇過。這個乳白色卵泡有豌豆那麼大，依稀分成一些蛋形的囊。當雌蟈蟈兒走動時，這玩意擦著地面，沾上了幾粒黏住的沙子。

　　這兒我又看到白面螽斯母親那種非常噁心的最後盛宴。經過兩小時後，當卵泡裡面空了的時候，蟈蟈兒把它一塊塊地吃了下去；牠長時間咀嚼又咀嚼黏糊糊的東西，最後全吞了下去。不到半天的時間，這乳白色卵泡消失了，被津津有味地品嚐，吃得一點也不剩了。

　　這簡直可以說是來自外星球的不可思議之事，因為這跟地球上的習俗差得太遠了；可是這現象繼白面螽斯之後，又在蟈蟈兒身上出現了，並沒有什麼變化。

　　螽斯類昆蟲是陸地上最古老的動物之一，這些昆蟲的世界多麼奇怪啊！想來，在這整類昆蟲中應該都有這種怪異的行為。且來諮詢一下另一種佩帶尖刀的昆蟲吧。

　　我選擇了短翅螽斯，用幾片梨子和一些生菜葉來飼養非常
容易。事情發生在七、八月。

　　雄短翅螽斯略微靠邊地在一旁鳴叫。牠的琴弓充滿激情、
有節奏地彈奏著，牠的整個身子都顫動不已。然後，牠不吱聲
了。呼喚者和被呼喚者邁著慢步，樣子有些拘謹，逐漸靠攏在
一起。牠們面對面，全都一言不發，動也不動，觸角軟軟地搖
擺著，前腳不自然地抬起，不時好像彼此握手似的。兩人這樣
平靜地竊竊私語，持續了幾個小時。牠們談了些什麼？立了什
麼樣的海誓山盟？牠們互拋媚眼意味著什麼？

　　然而，時機還未到。牠們分手了，吵架了，各奔東西了。
吵嘴的時間不長。過一會兒牠們又聚在一起，開始了溫馨的愛
情表白，但依然沒有結果。最後，到了第三天，我才看到這序
幕的結束。雄性按照蟋蟀的風俗，小心翼翼地倒退著鑽到雌性
身下，在後面伸直身子仰臥著，緊緊抱住產卵管做為支撐。交
尾完成了。

　　牠排出了一個巨大精子袋，像裝著大籽粒的乳白色覆盆
子。這顏色和形狀令人想起一袋蝸牛卵，我在白面螽斯那裡見
過一次，不過沒有這麼明顯；綠色蟈蟈兒的玩意也是這個樣
子。中間有一條淺溝，把整個卵囊分成對稱的兩串，每一串有

七、八個小球。產卵管底部左右兩邊的兩個結節，比其餘的更為半透明，內含一個鮮豔的橘紅色核。這裝置由一根用透明材料黏結物做成的寬莖固定著。

卵一放到定位，已經瘦得乾癟的雄短翅螽斯就溜之大吉，去一塊梨子那裡，因為牠被自己英勇的壯舉弄得精疲力竭，需要恢復體力。雌性則稍微提起那個有牠身材一半大、覆盆子似的古怪重負，蹣跚地在金屬網紗上懶洋洋地小步遛達著。

兩、三個小時就這麼過去了。然後短翅螽斯把身子蜷成一個環，用大顎尖把乳頭狀的卵囊咬下一塊，當然沒有咬破，不會讓裡面的東西流出來。牠淺淺地扯下卵囊的皮，咬成許多小塊，久久咀嚼著然後吞了下去。整個下午都花在這樣一小塊一小塊地慢嚼細嚥上。第二天，那覆盆子似的袋子不見了，在夜間全都被吃掉了。

有時結束的場面沒這麼快，特別是沒這麼噁心。我記載過有一隻雌短翅螽斯一邊拖著卵囊走，一邊不時地咬嚼著。地面高低不平，剛被刀尖犁過、覆盆子式的袋子黏著沙礫、土塊，從而大大增加了負擔的重量，可是昆蟲對此根本不在意。

有時運輸非常辛苦，卵囊黏在一塊土上拖不動。儘管牠拚

命想把卵囊拔出來，可是卵囊卻沒有跟它在產卵管下面的支撐點分開；卵囊被牢牢地黏貼著了。

整個晚上，雌短翅螽斯帶著憂慮的神情，時而在金屬網上時而在地上，沒有目的地流浪著。更常見的情況是，牠停住腳步，動也不動。卵囊瘦了一點，但體積並沒有明顯的縮小。母親不再像一開始那樣一口口地吃東西了，僅僅只在表面上咬下一點點。

第二天，事情仍然沒什麼進展，第三天依舊膠著，只是卵囊更瘦了，不過那兩個紅點幾乎仍像開始時那樣鮮豔。最後，在黏著了四十八小時之後，昆蟲毫沒費任何勁，這裝置就自己脫落下來了。

壺裡面裝的東西已經倒了出來，現在這乾瘦瘦、皺巴巴、不成形的東西被扔到路上了，早晚會成為螞蟻的戰利品。我曾在別的情況下見到短翅螽斯那麼嗜食這塊東西，為什麼今天卻把它拋棄掉呢？也許是因為婚禮晚餐的這盤菜肴黏了太多的沙礫，吃起來很難受的緣故吧。

另一種螽斯類昆蟲長著鐮刀彎似的土耳其彎刀，即鐮刀樹螽，牠使我在飼養這些昆蟲時的煩惱，稍稍得到了補償。我曾

多次看到牠彎刀的底部帶著繁衍的裝置；不過每次的條件都不太充足，無法做全面的觀察。這是個半透明的卵狀袋子，長三至四公釐，掛在一根水晶帶上，頸部幾乎跟鼓起的部分一般長。昆蟲沒有去碰這卵囊，而是聽任它失去水分，當場乾枯掉[5]。

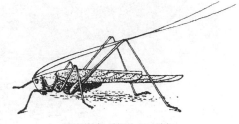

鐮刀樹螽（放大1¼倍）

　　就到此為止吧。白面螽斯、阿爾卑斯短翅螽斯、綠色蟈蟈兒、葡萄樹短翅螽斯、鐮刀樹螽這幾種如此不同的昆蟲，所提供的五個例子證明，螽斯類昆蟲和蜈蚣、章魚一樣，是古代習性殘存的代表。牠為我們保留了遙遠年代奇特繁殖行為的珍貴標本。

---

[5] 要求一本探討解剖學和生理學有其局限的書籍，對這個罕見題目提供更充分的細節並不恰當。這些細節可在我1896年發表於《自然科學年鑑》，關於螽斯類昆蟲的論文中找到。——原注

第十三章

蟋蟀的棲所和卵

在人們所熟悉，寥寥可數但享有盛名的昆蟲中，居住草地上的蟋蟀幾乎和蟬一樣馳名。牠的聲譽來自於牠的歌聲和棲所。要不是讓動物說話的寓言大師拉・封登由於令人遺憾的疏忽，對牠只說了幾句話，牠會更加聲名遠揚的。

在一篇寓言中，他告訴我們，野兔看到蟋蟀耳朵的影子非常害怕，因為愛嚼舌根的人總喜歡把蟋蟀的耳朵說成是角。謹慎的野兔收拾行囊，走開了。牠說道：

再見，蟋蟀鄰居，我要離開這裡；
要不，我的耳朵最後也會變成角。

蟋蟀反駁說：

這是角？你把我當成傻瓜啦！
這是主創造的耳朵呀。

野兔固執地說：

別人都說這是角。

這便是拉・封登關於蟋蟀所說的全部了。他沒讓蟋蟀多說幾句，真是可惜啊！不過他用兩行詩，就出色地把蟋蟀的寬厚勾勒出來了。的確，蟋蟀不是傻瓜；牠長著大大的腦袋，可說的出色事蹟還真不少。無論如何，野兔匆匆告別並沒有錯。當別人惡意中傷時，最好的辦法便是溜之大吉。

弗羅里安[1]就另一主題寫了一篇蟋蟀的故事。但這寓言沒有寫出這個老好人的熱情。在他的寓言〈蟋蟀〉裡，有開著鮮花的草地和蔚藍的天空，有花花公子和淳樸的女士；總之，整個故事毫無生氣，辭藻華麗，但平淡無味，爲了文字而疏忽了情節。這篇寓言缺乏純真和風趣，而這是必不可少的佐料。

另外，這故事說蟋蟀不滿意牠的生活，哀嘆自己的命運，

① 弗羅里安：法國作家，1755～1794年。——譯注

這真是稀奇古怪的看法。相反地，常和蟋蟀打交道的人都知道，牠對自己的才能和住所都十分滿意。而且寓言家自己也讓蟋蟀承認了：

我多麼喜歡我深深隱居的地方！
要過幸福生活，就在這裡隱藏！

我覺得我那位佚名朋友的寓言詩寫得更有力、更真實。我那首普羅旺斯語的〈蟬與螞蟻〉的詩，就是引用他所寫的。我要再次請他原諒，未經他允許便把他的詩勉強譯出，予以發表。以下便是譯文：

蟋　　蟀
動物的故事曾經述說：
從前有隻可憐的蟋蟀，
在牠家門口曬著太陽；
美麗的蝴蝶翩翩飛過。

蝴蝶傲慢地顧盼自憐，
長長的尾巴色彩鮮豔，
行行新月形藍色花紋，
還有金斑點和黑飾邊。②

隱士説：「飛吧，飛吧，
你整天在花叢中飛吧；
你的玫瑰和你的菊花，
都抵不上我簡陋的家。」

突然刮起了狂風暴雨，
蝴蝶被淹在泥沼之中；
爛泥弄髒了絲絨衣服，
牠的身體也沾滿泥污。

颶風下雨和雷鳴電閃，
蟋蟀在家中安然無恙；
這風暴並沒使牠驚慌，
牠悠然自得歡快歌唱。

別在花叢中尋歡作樂，
別到處遊逛虛度時光；
身居陋室過安靜生活，
免得你將來淚水汪汪。

---

② 這段描述無誤，我若沒弄錯的話，在這裡，我的朋友談的是黃鳳蝶。——原注

　　我從這首詩裡認出了我所熟悉的昆蟲。看到蟋蟀在洞口捲動著觸角，腹部朝向陰涼處，脊背朝著太陽。牠並不嫉妒蝴蝶，反而可憐蝴蝶；牠那帶著嘲弄的憐憫神情，就像在臨街鬧市開了一間店鋪的老闆，看到衣著華麗卻無家可歸的人從自己門口走過那樣。牠根本不訴苦，而且非常滿意自己的住所和小提琴。牠是真正豁達的人，知道虛榮是怎麼回事；牠喜歡遠離尋歡作樂者的喧囂，獨自享受陋室的好處。

　　沒錯，這個描寫大致正確，但卻很不充分，沒有寫出讓人留下最持久印象的特徵。自從拉·封登把牠疏忽了之後，牠一直在等待，而且還將漫長等待人們以必要的幾行字，來確認牠的優點。

　　身為博物學家，我認為這兩篇寓言的主要特點（要不是我的冷杉書架板上只有寥寥幾本書，這特點我無疑還會在別的書裡發現），就是描寫牠的棲所，這是寓言寓意的基礎。弗羅里安談到牠那深深的隱居地，另一位也讚揚牠那簡陋的家。所以蟋蟀最先引人注意的，便是牠的棲所，連一般不太關心實際情況的詩人都注意到了。

　　在這方面，蟋蟀的確卓爾不群。昆蟲中只有牠在成年後有固定的居所，這是牠心靈手巧的作品。在氣候不佳的秋冬季

節，其他昆蟲蜷縮躲藏於臨時的隱蔽所深處，這種隱蔽所，得來不費工夫，丟掉也不可惜。有些昆蟲為了安家，創造了奇妙的東西，如用棉花做成的袋子、樹葉做成的籃子、水泥塔等等。有些靠捕獲獵物維生的昆蟲，藏身在長期埋伏地，等待野味的到來，如虎甲蟲，會挖一個垂直的井，用牠扁平的頭塞住洞口。哪隻昆蟲若貿然踏上這危機四伏的天橋，就會消失於陷阱之中，因為路過者一踩上去，翻板活門便會立即翻轉陷下去。蟻獅在沙上做了一個非常滑的斜坡狀漏斗。螞蟻從斜坡上滑下去，潛伏在漏斗底部的獵人便以頸部做為投射器，投射出沙子擊斃螞蟻。但這都是一些臨時的隱蔽所，攔路打劫者藏身處的捕獵陷阱而已。

辛勞修建的住所，昆蟲安居其中，不管是歡樂富庶的春天，還是淒慘窮困的冬季，都不搬家；為了自身的安寧，無需操心捕獵和育兒的真正莊園，只有蟋蟀會建造。在陽光照射的草坡上，牠便是那個隱蔽所的主人。當其他昆蟲四處流浪，在外露宿，或者在一塊石頭、一片枯葉、一張破裂樹皮下隨遇而安地躲避風雨時，牠卻得天獨厚，有固定的居所。

建造住屋確實是嚴肅的問題，不過這已經由蟋蟀、兔子，以及最後的人類加以解決了。在我家附近，有狐狸和獾的洞穴，不過這些洞穴大多是利用窪陷的岩石，稍加修整而成的。

兔子比牠們聰明，如果沒有天然的洞穴讓牠不費力氣地定居，牠就隨便找個地方挖洞蟄居。

蟋蟀遠勝於所有這些動物。牠瞧不上偶然碰到的隱蔽所，住址總要選在場所衛生、方向朝陽的地方。也不利用隨便找到、不方便而又粗陋的洞穴；牠的別墅，從入口到最盡頭的臥室，全是自己一點一點挖出來的。

只有人類，在造屋的藝術上比牠高明；但縱使是人類，在會拌和砂漿來黏合礫石，以及把黏土塗抹在用樹枝搭起的茅草房之前，也是跟野獸爭奪岩石下面的隱蔽所和洞穴的。

天賦的本能究竟是如何分配的呢？看吧，這麼一種最低下的昆蟲，卻知道住得盡善盡美。牠有一個家，這是許多開化的動物都不具備的優點；牠有平靜的退隱處，這是安逸生活的首要條件；而在牠四周，沒有一種動物能夠定居下來。除了人類之外，誰都無法與牠競爭。

牠怎麼會有這種天賦呢？牠有專門的工具嗎？沒有。蟋蟀不是出類拔萃的挖掘手；想到牠的工具軟弱無力，人們不免要對這種成果感到驚奇不已了。

是不是因為牠的皮膚特別嬌嫩，才需要有個住所呢？不是的。牠的近親中有的皮膚也很敏感，可是牠們卻根本不怕在露天下生活。

造屋是不是牠身體結構的固有偏好，這個才能是否受牠身體內部的推動而產生？也不是。我家附近有三種別的蟋蟀（雙斑蟋蟀、獨居蟋蟀、波德雷蟋蟀），其外貌、顏色、結構和田野蟋蟀非常相像，乍看之下，往往會跟田野蟋蟀混淆。雙斑蟋蟀的身材有牠那麼大，甚至超過牠；獨居蟋蟀幾乎只及牠的一半，波德雷蟋蟀更小；可是這些田野蟋蟀的同類，全都不會挖掘住所。雙斑蟋蟀住在潮濕腐爛的草堆裡；獨居蟋蟀在鋤頭翻起的乾土塊裂縫中流浪；而波德雷蟋蟀則大膽闖進我們的家裡，從八月到九月，在陰暗涼爽的角落裡幽幽鳴唱。

繼續探討下去將徒勞無功，因為我們提出的每個問題，答案都是否定的。儘管結構極為相似，也根本不能以本能來解釋其原因何在，因為有些地方雖顯示出是本能所致，有的地方卻看不出來。挖洞能力也不取決於工具，因為，根據解剖學的資料無法予以解釋。四種幾乎一樣的昆蟲中，只有一種掌握了挖洞的技術，這是對前述已提供的證據的進一步肯定，從而明顯地證明了，我們對本能的由來非常無知。

　　誰不知蟋蟀的家呢？有誰在孩提時期到草地上戲耍時，不曾在這隱遁者的屋前停住腳步？不管腳步多輕，牠都聽得見您走近了，於是牠猛然一縮，躲到隱蔽所裡去，而當你到達時，牠早已離開牠的門前了。

　　人人都知道，要用什麼辦法把隱匿者引出來。把一根稻草放進洞裡輕輕擺動。牠不知道上面發生了什麼事，被逗得心癢癢的，於是從秘密的房間裡爬了出來；牠猶豫不決地在前廳停下來，擺動靈敏的觸角來探聽情況；牠來到亮處，走了出來。這個時候牠很容易被抓住，因為這件事情已攪昏了牠那簡單的頭腦。如果第一次被牠逃脫了，牠就會變得疑慮重重，不理睬稻草的挑逗。這時，用一杯水就可以把這個不肯就範的頑固分子沖出來。

　　天真的兒童在草徑邊捕捉蟋蟀，把牠關在籠子裡，用萵苣葉餵牠，這個時代真是美好。今天我搜洞探穴，尋找研究的對象，好裝在我的網罩裡，我又看到你們了。小蟋蟀，告訴我們一些情況吧，不過，首先讓我們看看你的家。

　　在青草叢中，一條傾斜的地道挖在向陽斜坡上，這樣外面的雨水可以迅速從斜坡流掉。地道幾乎不及一指寬，隨地勢或筆直或曲折，至多九法寸深。

洞穴通常都有一簇草掩映著，蟋蟀出來吃周圍的草時，絕不吃這一簇，因為這簇草是住宅的擋雨護簷，草的陰影遮蔽了出口。微微傾斜的房門經過認真耙掃，延伸了一段距離。當四周一片靜謐時，蟋蟀就坐在這個亭閣裡撥動牠的琴弦。

屋內並不豪華，四壁蕭然，但不粗糙。屋主有充裕的閒暇消弭討厭的粗糙地方。地道盡頭是臥室，別無出口，這裡比別處寬敞些，也打磨得更光滑。總之，宅子十分簡樸，非常乾淨，不潮濕，符合基本的衛生需要。而且，再考慮到蟋蟀簡陋的挖掘工具，這真是一件巨大的工程了。如果想知道牠是在何時怎麼建造這住所的，那就必須溯及產卵那個時候了。

要想看到蟋蟀產卵，無需費事做準備工作，只要有點耐心就行了。布封認為這種耐心是天分，我沒那麼誇張，姑且稱之為觀察家的優秀品德即可。四月，至遲五月，我們把一對對蟋蟀單獨放進花盆裡，底下鋪一層壓實的土，食物是萵苣葉，不時更新。盆口蓋一塊玻璃，防止蟋蟀脫逃。

這種裝置很簡單，必要時再加上一個金屬網罩，用這樣的設備就可以獲得相當有趣的資料了。我們日後再回到這裝置上來，現下要監視產卵，保持警覺，不錯失有利的時機。

六月的第一個星期，我孜孜不倦的觀察開始取得成果了。我看到雌蟋蟀動也不動，產卵管長時間地垂直插入土中。牠不理睬冒冒失失的來訪者，長時間待在同一個地方。最後牠拔出挖穴器，漫不經心地消除孔洞痕跡。牠休息片刻，散散步，然後又到由牠支配的其他地方重新開始工作。牠像白面螽斯那樣重複做工，只是作業得慢些罷了。過了四小時，產卵似乎已告結束，不過為了保險起見，我又等了兩天。

我翻起花盆裡面的土。卵呈草黃色，圓柱形，兩端渾圓，長約三公釐。卵一個個垂直排列於土中，每次所排的卵，數目或多或少，彼此靠攏在一起。我在整個花盆的兩公分深處，都找到了蟲卵。我用放大鏡在這堆土中檢查數目，雖然困難重重，但據我估計，一隻雌蟋蟀排卵總數約莫有五、六百個。這樣一個家族在短時期內將會遭受有力的淘汰。

蟋蟀卵真是一種奇妙的小機械。孵化後，卵殼像個不透明的白筒子，頂端有一個十分整齊的圓孔，圓孔邊上有一頂圓帽做為蓋子。這蓋子不是由新生兒隨意往前鑽破或用剪子剪破，而是沿著一條特地備妥的、阻力最小的線條自動張開。這種有趣的孵化值得瞧瞧。

卵產下來兩個星期左右，前端出現兩個大而圓的黃黑點，

這是未來的眼睛。在這兩點不遠處，在圓筒子頂端，此時出現了一條纖細、稍稍隆起的環形肉，將來卵殼就在這條線上裂開。很快地，卵變成了半透明，得以窺見小傢伙精細的孵化狀況。此時必須加倍注意，頻繁觀察，尤其是在上午。

運氣垂青耐心者，我的堅持不懈得到了報償。稍稍隆起的肉透過極其微妙的變化，成為阻力最小的線。卵的頂端被內部小昆蟲的頭部，順著這條線推開，像小香水瓶蓋似地被掀了起來，落到一旁。蟋蟀就像個小魔鬼般，從這個魔盒裡出來了。

蟋蟀出來後，卵殼還膨脹著，光滑完整，純白色，蓋帽掛在瓶口。鳥蛋是由雛鳥嘴專門張著的小硬瘤所撞破；蟋蟀的卵更精巧，如象牙盒似地自己張開，新生兒的頭頂已經可以推開殼鉸鏈了。

蟋蟀孵化的速度可以媲美食糞性甲蟲，而在一年中最炎熱的日子就更快，所以這對於觀察者的耐心等待，並不是什麼嚴峻的考驗。夏至還沒到，關在玻璃瓶裡進行研究的那十對夫婦就已經兒女滿堂了。因此，卵存在的時間大約十來天左右。

我之前說過，小蟋蟀從帶蓋的象牙筒裡出來。這說法並不很精確。在筒口出現的是裹著襁褓、還看不出模樣的小傢伙。

我料想新生嬰兒之所以需要這個外套，這個襁褓，理由跟白面螽斯一樣。

蟋蟀出生在地下，牠和白面螽斯一樣，有很長的觸角和腳。這些附屬器官對牠的出世非常礙事，因此，牠必須擁有一件出土的緊身衣。我原先是這麼認為的，但是我的預料原則上雖然還算正確，卻只對了一半。初生的蟋蟀確實穿著一件暫時的外套，但並不是用來鑽出地面的。牠在卵殼口就把這衣服脫掉了。

在什麼情況下會出現這種例外呢？也許是這種情況：蟋蟀卵在孵化前，只在土裡待了短短幾天，除了罕見的例外，卵都孵化於乾旱的季節，出殼後只要穿過一層薄薄的粉狀乾土；而白面螽斯則相反，卵要待上八個月之久，孵化後，土地因秋冬久雨，壓得硬實，鑽出來十分困難。另外，蟋蟀比螽斯粗壯，腳也不如牠翹得高，也許這就是兩種昆蟲出土方式不同的原因。螽斯出生在比較深的壓實土層裡，所以需要大衣保護；而蟋蟀身上的累贅物沒那麼多，而且離地面近，只要穿過粉末狀的土層就行了，所以可以用不著這個外套。

蟋蟀一出卵殼就把這外套扔掉，那麼這個襁褓做何用途呢？對於這個問題，我用另一個問題來回答。蟋蟀在前翅下面

長著兩個白色的殘肢，兩個翅膀的雛形，以後這些變成爲巨大的發音器官，這兩個殘肢有何用呢？它們根本毫無價值，又那麼脆弱，蟋蟀肯定不會加以使用的，就像狗不會用牠腳後面那個沒作用的指頭一樣。

爲了對稱，人們有時在住所的牆上畫個假窗戶，好與眞正的窗戶匹配。爲了秩序必須對稱，而秩序則是美的至高無上條件。生命同樣也有對稱原則，那便是對一個普遍原型的複製。當一個器官已失去用處而要取消掉時，生命就把這器官的殘跡留下來，以保持基本的配置。

狗退化的指頭顯示牠的爪有五個指頭，這是高等動物的特徵；蟋蟀的翅膀殘跡證明，牠本來是能夠飛行的。蟋蟀在卵的筒口所進行的蛻皮，是出生地底下的蟲斯類昆蟲的襁褓遺跡，這些昆蟲費盡千辛萬苦，想要鑽出地面就得有這種襁褓。這是爲了對稱而保留的多餘物，是已經過時但尚未廢除的一條規律的殘存。

小蟋蟀一擺脫外套，渾身還是灰白色，就要和蓋在身上的泥土搏鬥。牠用大顎拱鬆軟土，掃開障礙物踢到身後，現在牠鑽出了地面，沐浴著歡快的陽光，但牠的身體如此瘦弱，不比跳蚤大，就要經受弱肉強食的危險了。在二十四小時內，牠變

成了漂亮的小黑人，烏黑的顏色可與發育完全的蟋蟀相媲美。原來的灰白色只剩下一條白帶圍在胸前，令人想到背巾布條。

牠非常敏捷，用顫動的長觸角探索四周的情況。牠奔跑、跳躍，以後發胖就跳不起來了。這時牠的胃非常嬌嫩，要給牠什麼食物呢？我不知道。我餵牠萵苣葉，但牠不屑一啃，或者是我沒看出來，牠的口器太小了。

我的十個蟋蟀家庭在幾天內成了我沈重的負擔。這的確是一群漂亮的小傢伙，可是我卻不知道牠們需要怎樣的照料，我怎麼處置這五、六千隻小蟋蟀呢？哦，可愛的小傢伙，我給你們自由吧，把你們託付給大自然這個至高無上的教育者吧！

就這麼辦吧。我把牠們分散放到園子裡最好的角落。到明年，如果所有蟋蟀都安然無恙，在我門前會有多麼動聽的音樂會啊！可是情況並非如此，很可能沒有什麼交響樂；雖然雌蟋蟀生下了眾多子女，但隨之而來的是兇殘的殺戮，可以預料到，在大屠殺中倖存下來的，可能只有幾對蟋蟀。

跟修女螳螂的遭遇相同，首先跑來狂熱地劫掠這些天賜美食的，是小灰蜥蜴和螞蟻。螞蟻這個可惡的強盜，很可能在花園裡連一隻蟋蟀也不會給我留下來；牠抓住這些可憐的小東

西，咬破牠們的肚皮，瘋狂地把牠們嚼碎了。

啊！這種萬惡的蟲豹！虧我們還當牠們是第一流的昆蟲哩！人們寫書頌揚牠，對牠讚不絕口；博物學家尊崇牠，使牠聲譽日隆。在動物界也和人類一樣，有各種辦法讓別人為自己樹碑立傳，而最可靠的辦法就是害人。

做有益清潔工作的食糞性甲蟲和埋葬蟲，沒人理會；而吃人血的家蚊、帶毒刺暴躁好鬥的胡蜂和專門幹壞事的螞蟻，卻人盡皆知。在南方村莊裡，螞蟻把房屋的橡子咬得百孔千瘡，岌岌可危，那種瘋狂就像吃無花果一般。用不著我多說，誰都能在人類的檔案館裡找到類似的例子：好人默默無聞，害人者備受歌頌。

我花園裡的蟋蟀一開始數目繁多，卻都被螞蟻和其他殺戮者消滅殆盡了，我無法繼續研究，只好到園子外面去觀察。

八月，在落葉飄零、尚未被酷暑完全烤乾的草地上的小塊綠洲中，我看到小蟋蟀已經較大，渾身黑色，初生時的白帶已經毫無痕跡。這時牠居無定所，一片枯葉、一塊扁石頭便足以棲身。所有的流浪者對於在哪裡休息都是滿不在乎的。

　　直到仲秋時節，這種流浪生活還在繼續著。這時又有黃翅飛蝗泥蜂在追捕這些流浪漢，屠殺這些逃脫螞蟻虎口的倖存者，把許多蟋蟀儲藏在地下。如果蟋蟀在一般的造窩時間前幾週，建造固定的住所，就能免受掠奪者的蹂躪；可是受難者卻沒想到這一點，牠們沒有從千百年的嚴酷經歷中得到教訓。此時牠們已經強壯得足以挖掘一個保護自己的住所了，但仍然抱著古老的習性不放，即使飛蝗泥蜂會螫死家族中最後一個成員，牠們仍然四處流浪。

　　一直要到十月末，初寒襲人時，牠才開始做窩。根據我對關在網罩裡的蟋蟀的觀察，造窩工作非常簡單。蟋蟀絕不在園子裡的裸露地掘洞，而總是在吃剩的萵苣葉遮蓋住的地方，以此代替草叢，充做隱蔽所必不可少的門簾。

　　這個礦工用前腳挖掘，使用鉗般的大顎拔掉粗石礫。我看到牠用帶有兩排鋸齒的強壯後腳踐踏著，把挖出來的土掃到後面，攤成斜面，這便是牠造房的全部工藝了。

　　工作開始時進展得很快。我籠子裡的土很軟，挖掘工在土裡鑽了兩小時，不時地退後返回洞口，把土掃出來。如果累了，牠便在未完成的屋門口休息休息，頭朝外，觸角無力地擺動著，然後又進去繼續工作。

最緊迫的工作已經完成，洞有兩法寸深，眼前已經夠用了，其餘的工作較花時間，可以抽空做，一天做一點，住房隨著天氣變冷和自己身體長大而慢慢加深加寬。即使在冬天，如果天氣暖和些，太陽曬在門口時，還可以看到蟋蟀把土運出來，這顯示牠還在挖掘和修理屋子。等到春光明媚時，房屋的維護和改善工作仍在繼續，直至主人死去。

四月末，蟋蟀開始唱歌，先是零零星星羞澀地獨唱，不久就形成合唱，在每塊泥土下都有演唱者。我總喜歡把蟋蟀列於萬象更新時的歌手之首。在灌木叢中，百里香和薰衣草盛開之時，百靈鳥沖天而起，引吭高歌，從雲端把優美的抒情歌曲傳到地上，而蟋蟀則遙相應和，雖然歌聲單調，缺乏美感，但這種單純的聲音，卻與見到新鮮事物的淳樸歡樂多麼協調！這是大自然甦醒的讚美歌，是萌芽的種子和初生葉片所能聽懂的歌曲。在這二重唱中，誰能得到勝利的棕櫚葉？我要把這棕櫚葉賜予蟋蟀。牠們歌手眾多，歌聲不斷，壓倒了對手。雲雀噤聲，不再歌唱了，野地裡青藍色的薰衣草，像發出樟腦味的香爐，在陽光下迎風搖擺，它們只聽到蟋蟀發出的低聲鳴唱，但這卻是莊嚴的慶祝歌聲。

第十四章

蟋蟀的歌唱和交尾

現在,解剖學插進來對蟋蟀粗暴地說:「把你唱歌的玩意給我們看看。」就像一切具備真正價值的東西一樣,這樂器很簡單,它和螽斯類的樂器基於同樣的原理:有齒條的琴弓和振動膜。

與我們先前見到的綠色蟈蟈兒、白面螽斯、短翅螽斯及其近親相反,蟋蟀的右前翅幾乎完全遮住了左前翅,除了裹住側部的皺褶之外。蟋蟀是右撇子,其他的則是左撇子。

兩個前翅的結構完全相同,了解一個另一個就可想而知。現在來描述右前翅。它幾乎平鋪在背上,到了側面突然折成直角斜落,以翅端緊裹著身體,翅上有一些斜的平行細脈。背板上有粗壯的深黑色翅脈,整個構成一幅奇怪而複雜的圖畫,有

點像天書般的阿拉伯字。

前翅透明，除了兩個相連接的地方外，呈極淡的棕紅色：
一個大些，三角形，在前面；一個小些，橢圓形，在後面。這
兩處都由一條粗翅脈鑲著，並有一些微微的皺紋。前一塊還有
四、五條用來加固的人字形條紋；另一塊則只有一條彎成弓形
的曲線。這兩處就是蟲斯類昆蟲的鏡膜，也是蟋蟀的發聲部
位。此處的皮膜是透明的，比其他地方細薄，雖然有點黑。

前頭一小部分光滑，有一抹橙紅色，兩條彎曲而平行的翅
脈把這部分與後面隔開，這兩條翅脈間有凹陷，在這凹下的空
隙中有五、六條黑色皺紋，像小梯子的梯級。左前翅跟右前翅
一模一樣，這些皺紋溝構成摩擦翅脈，它們增加了琴弓的接觸
點，從而增強了振動。

在下面，構成凹陷梯級的兩條翅脈中，有一條切成鋸齒
狀，這就是琴弓，約有一百五十個鋸齒，呈三棱柱狀，非常符
合幾何學原理。

這的確是比白面蟲斯的琴弓更精緻的樂器，弓上的一百五
十個三棱柱齒與左前翅的梯級相契合，使四個揚琴同時振動。
下面的兩個靠直接摩擦發音，上面兩個由於摩擦工具的振動而

發音。白面螽斯只有一個無足輕重的鏡膜，發出的聲音只能在幾步遠處聽到；蟋蟀擁有四個振動器，能把牠的歌聲傳到幾百公尺遠的地方，這聲音多麼宏亮啊！

　　牠響亮的歌聲可與蟬媲美，卻沒有蟬的聲音那樣嘶啞。更妙的是牠知道抑揚頓挫。我說過，牠的前翅各自在側面伸出，形成一個寬邊，這便是制振器；寬邊放低，便改變了聲音的強度，根據它們與腹部柔軟部分接觸的面積，使蟋蟀可以時而柔聲輕吟，時而放聲高唱。

　　兩個前翅完全相同，這現象值得注意。我清楚地看到，上面的琴弓和琴弓所振動的四個發音器的作用；但是下面的琴弓，也就是左翼的琴弓用來做什麼呢？它不擱在任何東西上面，它的齒條沒有接觸點來敲打發音，所以是完全無用的，除非發音器官的這兩個部件上下顛倒過來。

　　但是，即使把兩個部件這樣顛倒過來，由於樂器完全對稱，所產生的必要機制也完全相同，昆蟲就能用牠原來無用的齒條來鳴唱，牠用現在處於上面的那個下琴弓，像往常一樣來彈奏，可是所唱的曲子依舊不變。

　　那麼，蟋蟀能不能輪流使用這兩把琴弓，讓其中一把休

息，好延長歌唱的時間呢？或者，至少有沒有一直靠左翅的琴弓唱歌的蟋蟀呢？

既然前翅完全對稱，我料想應該會有這種情況。觀察的結果證明正好相反。我從沒見過哪隻蟋蟀違背普遍的法則。我觀察了許多蟋蟀，全都是右前翅蓋在左前翅上面，無一例外。

試試看用人為辦法來實現自然條件下做不到的事吧。我用鑷子耐心而巧妙地把左前翅放到右前翅上面。當然沒有過度用力，沒有扭傷。好了，一切都進行得很好：肩膀沒有脫臼，翼膜也沒有褶皺。在正常情況下，翅膀也不會擺得比這更好了。

在樂器顛倒的情況下，蟋蟀也會唱歌嗎？我很期待如此，因為從現象看來是會這樣的。但我很快就發現自己錯了。起初牠有片刻的平靜，但不久就覺得不舒服，而使勁把樂器扳回常態的位置。我又試了幾次，仍然白費工夫；牠的頑強戰勝了我的執拗，前翅總是恢復到正常的狀態。這條路是行不通了。

如果我在前翅剛長出來時就進行實驗，會不會好一些呢？如今，翅膜已經僵硬，彎不過來了。皺褶已經形成，所以應該在一開始就擺弄這塊材料。這些還有塑性的新器官，如果一長出來就顛倒過來，結果會怎樣呢？這值得實驗一番。

　　爲此我去找幼蟲，留意著牠蛻皮變態的時刻。蛻皮就像是牠的再生。這時，牠未來的前後翅像四個極小的皺薄片，它們的外形，那又短又小的叉開模樣，就像奧弗涅地區製造乾酪者所穿的短上衣。如果不想錯失良機，我就得加倍勤奮，我終於看到蛻皮了。五月初的某天上午，十一點鐘左右，我看見一隻幼蟲把牠破舊的粗衣服扔掉了。這時，蛻變的蟋蟀呈栗紅色，只有前翅和後翅是純白色。

　　剛從外套裡脫出的翅膀都又小又皺。翅膀一直，或者幾乎都是這種退化的樣子，而前翅則一點點地脹大、張開、伸出。左右前翅的內邊在同一平面、同一水平上往前長，慢得幾乎看不出來，這時絲毫看不出哪個前翅要蓋在另一個上。後來兩個前翅的邊緣碰到一起，過一會兒，右邊的就要蓋在前翅上了。這時該進行干預了。

　　我用一根草輕輕改變重疊的次序，把左前翅擱到右前翅邊上。昆蟲掙扎了一下，搞亂了我的安排，我又盡量小心地把它扳回去，唯恐碰壞了，因爲牠那些嬌嫩的器官就像是從又薄又濕的紙上裁下來似的。這下完全成功了：左前翅蓋在右前翅上面了，不過只蓋了那麼一點，幾乎不到一公釐。隨它去好了；事情會順其自然的。

前翅的確按我所希望的那樣發育著，左前翅一直往前長，終於把右前翅蓋了起來。到了下午三點左右，蟋蟀從淡紅色變成了黑色，不過前翅一直是白的。再過兩個小時，這兩個前翅呈現出正常的顏色了。

好了，前翅在強扭的狀態下發育成熟了，它們按照我的意圖撐開、成型、長大，硬實起來，可以說，這些前翅是依顛倒的次序生長。在這種情況下，蟋蟀是左撇子；牠會不會永遠是左撇子呢？看來似乎如此，而到了第二天、第三天，我的期望就更增強了，因為前翅仍然是原先的樣子，沒有絲毫變化。我預料不久就會看到這個藝術家，用其家族成員從沒用過的這個琴弓來演奏了。

第三天，新歌手初次登臺。我聽到幾聲短促的咯吱聲，像是機器齒輪沒咬合好的響聲。牠正在調節牠的齒輪呢，調節好後，歌唱開始了，牠會唱出慣常的音調和節奏的。

捂起你的臉吧，愚蠢的實驗者。你太信任你那根草的魔力了！你以為創造了一個新式的樂器，而事實上你一無所獲。蟋蟀挫敗了你的計謀：牠還是拉牠的右琴弓，始終拉右琴弓。牠付出了痛苦的代價，那顛倒長得硬實的前翅，儘管似乎已經固定成型，可牠硬是要它們恢復原位，結果肩膀脫了臼，但牠終

於把該在上面的放到上面，該在下面的放到下面了。

富蘭克林的事例為左手做了最好的辯護，這左手跟它的姐妹右手一樣值得精心培育。如果兩隻手都一樣靈巧能幹，那該有多好啊！這一點是無庸置疑的；但是除了罕見的例外，這兩隻手都能夠同樣有力、同樣靈活嗎？

不可能，蟋蟀這樣回答了我們：左邊有個天生的弱點，一個在平衡方面的缺點，這個缺點，習性和培育在一定程度上可予以改正，卻無法讓它永遠消失。藉由一出生就進行飼育，加以定型，把左前翅固定在右前翅上面，可是當昆蟲想要改變時，左前翅仍然會恢復到下面來。至於為什麼會有這種天生的劣勢，那得由胚胎學來告訴我們。

我的失敗證明，儘管借助於技術，左前翅並不能彈奏它的琴弓。那麼它那精密程度絲毫不遜右前翅的齒條有何用呢？我們可用對稱做理由，提出一個原型圖紙需要有重複的說法。我在方才談到小蟋蟀把蛻下來的皮留在卵殼出口處時，因為沒有更好的理由，就是這麼說的。但是我願意承認，這只是個似是而非的解釋，一個說起來好聽，但沒解決問題的迷惑人的託辭而已。

　　事實上，白面螽斯、蟈蟈兒以及其他螽斯類昆蟲，有的只有琴弓，有的有鏡膜，牠們都會展示其前翅並對我們說：「為什麼我們的近親蟋蟀有對稱性，而我們所有的螽斯類昆蟲卻沒有這種對稱性呢？」對於牠們的反駁，我們提不出有效的回答，所以還是坦白承認我們的無知，謙卑地說聲「我不知道」吧！一隻小飛蟲的翅膀，就足以把我們高超的理論反駁得無處遁身。

　　樂器已經講得夠多了，現在聽聽牠的音樂吧！蟋蟀總是在暖洋洋的陽光下，在家門口而從不在屋裡唱歌，前翅發出「克利克利」的柔和顫聲，渾圓響亮，富有節奏感，而且無休止地繼續下去。整個春天的閒暇時光，牠就這樣自得其樂歌唱著。這隱士首先是為自己歌唱：牠的生活充滿樂趣，牠讚揚照在牠身上的陽光，讚揚供牠食物的青草，以及給牠遮蔽風雨的平靜隱蔽所。牠拉起琴弓，主要是為了歌頌生活的幸福。

　　這位獨居者也為女鄰居們歌唱。說真的，如果有可能在牠們不處囚禁的混亂狀態下進行觀察，蟋蟀的婚禮的確是奇怪的場面。可是在這兒，想尋找機會是徒勞的。因為蟋蟀的膽子非常小。必須等待機會。有朝一日我會不會等到呢？超高的困難度並未使我失望。目前我們還是滿足於可能發生的情況和網罩裡看到的現實吧。

雌雄蟋蟀不住在一起，而且都極其喜歡待在自己家裡。會由誰移駕到對方家裡去呢？求愛者會去找被求愛者嗎？如果在交尾時，在相隔遙遠的樓所之間，聲音是唯一的嚮導，那麼不出聲的女方就必須去找發出聲響的男方了。但是為了維護禮儀並且根據囚禁的昆蟲所告訴我的，我設想雄蟋蟀自有一套辦法引牠走到不出聲的雌蟋蟀那裡去。

雙方何時以及怎樣會面呢？我猜想是在薄暮時分，天開始黑下來掩人耳目的時候，在女方家門口那個鋪著沙的空曠地，在牠宮廷門前的這個大院裡進行的。

這樣大約二十步距離的夜間旅行，對蟋蟀來說是個重大舉動。牠平常足不出戶，對於地形學是外行，長途跋涉後，牠要如何找到自己的住所呢？再返回牠的家大概是不可能的。我擔心牠會到處遊蕩，無家可歸。牠沒有時間也沒有勇氣再挖一個新的洞穴來保護自己，牠會悲慘地死去，成為夜間四處巡查的蟾蜍的美味。牠對雌蟋蟀的夜訪使牠失去了住所，使牠死於非命。這一切牠全不當一回事，牠完成了牠身為蟋蟀的義務了。

就這樣，我把空地裡可能發生的情況和網罩裡的真實情況結合起來，得出了此一事件的全貌。我在同一個罩子裡放了好幾對蟋蟀。一般說來，我的囚犯用不著為自己挖住所。時間在

漫長的期待和長久的行動中過去了。蟋蟀在網罩裡遛來遛去，並不考慮建造固定居所的問題；牠們在一片萵苣葉的遮蓋下蜷縮著。

只要沒有爆發交尾期本能的爭鬥，那麼這一方淨土是充滿和平氣氛的。可是求偶者之間經常發生激烈的爭吵，雖然並不嚴重。兩個情敵彼此對立著，頭上都戴著能夠承受夾鉗的牢固頭盔；牠們咬著對方的頭頂，扭在一起；戰鬥結束後，兩位鬥士站立起來，各自分手。戰敗者溜之大吉；戰勝者唱起一首豪氣干雲的歌曲來羞辱對方，然後降低聲調，又圍著女方歌唱。

牠搔首弄姿，裝腔作勢，用手指一勾，把一根觸角拉到大顎下，捲曲起來，用唾液塗上美容劑。牠那長著尖鉤、鑲著紅帶的長長後腳急不可耐地跺著，向空間猛踢。牠激動得唱不出聲來。前翅雖然還在迅速顫抖，卻不再發出鳴響，或者只是發出一陣雜亂無章的摩擦聲。

但是這種愛情的表白不起作用。雌蟋蟀跑開躲到草叢裡，只掀開一點門簾張望著，希望被對方看到。

牠向草叢逃去，一面窺視著求婚者。

　　兩千年前的牧歌曾經動人地加以描述。情人間聖潔的打情罵俏，到處都是一樣的啊！

　　歌聲又響了起來，間或沈寂一會兒，或者發出低低的振音。雌蟋蟀被這般激情所打動，從隱藏的地方出來。男友向牠迎上去，猛然掉過頭來，轉身趴在地上，牠朝後倒退地爬行，多次企圖鑽到雌蟋蟀的身下去。這種奇怪的動作終於成功了。現在交配完成了。一個精包，還不及大頭針的頭那麼大的細粒懸掛在老地方，來年草地上便會有牠們的蟋蟀後代了。

　　隨之而來的是產卵。這對蟋蟀住在一起了，過著經常吵架的生活。父親被打得殘廢，牠的小提琴也被撕碎了。如果是在自由的田野上而不是關在網罩裡，受迫害者就要逃走了。

　　即使在最和平的昆蟲裡，母親對父親這種近乎兇殘的反感，不免令人深思。剛才還是親愛的伴侶，而現在如果落入這美女的口器裡，幾乎就要被吃光了；在最終的會晤後，只剩下斷肢殘腳、破爛的前翅。螽斯類和蟋蟀，這些殘存的古老世界代表告訴我們，雄性是生命這原始機械中次要的齒輪，牠必須在短短的時間內消失掉，以便把空位讓給眞正的生殖者，眞正的工作者——母親。

如果說，後來在比較高等的類別，甚至有時在昆蟲中，雄性扮演著合作者的角色，那也沒什麼好處：從中得益的只有家族罷了。不過蟋蟀還沒到這一步，因爲牠仍然忠於古風舊習。因此，昨日的親密伴侶今天便成了討厭的東西，雌蟋蟀要虐待牠，把牠開膛破肚來品嚐美味。

即使雄蟋蟀能夠逃脫好鬥伴侶的牙齒，牠也已經沒有用處，很快也會被生活所殺害而死掉。六月裡，我網罩裡的囚犯全死了，有的是自然死亡，有的是暴斃。母親們在牠們封閉的家庭中活了一段時間。但是在單身情況下，事情就會以不同的方式進展；雄性會非常長壽。請看下面的事實。

聽說熱愛音樂的希臘人把蟬養在籠子裡，聽牠們唱歌。我並不相信這回事。首先，身旁長時間響著蟬的刺耳歌聲，這對於嬌嫩的耳朵不啻酷刑。田野的綜合音樂會歌聲四揚，希臘人聽覺十分敏銳，是無法忍受再去聽這樣的聒噪的。

其次，絕對不可能把蟬養在籠子裡，除非在裡面放上一棵橄欖樹、梧桐樹，籠子裡有這樣的東西是不太適合放在窗臺上的。即使如此，在不大的空間裡把牠關上一天，這種喜歡高飛的昆蟲也會厭倦而死的。

　　是不是人們把蟋蟀誤以爲是蟬，就像人們把綠色蟈蟈兒和蟬弄混了一樣？把蟋蟀關在籠子裡是可能的，我這裡就有一隻高高興興忍受囚居生活的蟋蟀：牠深居簡出的習性使牠天生就有在籠子裡生活的本能。只要每天餵牠萵苣葉，牠在不到拳頭大的籠子裡，就能過得很幸福，還會不停地歌唱。雅典小孩那掛在窗口的小鐵絲籠子裡養著的，不就是蟋蟀嗎？

　　普羅旺斯，以及所有南方的孩子都有著同樣的愛好。在城裡，擁有一隻蟋蟀對於孩子們來說，更是寶貴的財產。他們百般憐愛蟋蟀，而蟋蟀則爲他們歌唱純眞歡樂的田野之歌。牠的死會讓全家人感到悲哀。

　　就這樣，這些被囚禁的隱士，這些被迫的獨身者，變成了族長。他們那些草地上的夥伴早已去世，可是牠們卻一直健康地歌唱到九月。多活了三個月這麼長的時間，從而使牠們成年之後的生命延長了一倍。

　　長壽的原因顯而易見。牠們在生活中沒有消耗掉任何東西。自由的蟋蟀和女性鄰居一起，快樂地耗掉儲存的精力；牠們越是熱情地消耗自己的身子，就死亡得越快。其他那些被禁錮者，則過著非常平靜的生活，牠們沒有因消耗過度的快樂而被迫虧損了身子，所以活得更久。牠們沒有完成蟋蟀的義務，

所以能夠一直活到天年。

　　我對我家附近的其他三種蟋蟀只做了簡單的研究，沒了解
到什麼有意義的東西。牠們居無定所，沒有地穴，從一個臨時
隱蔽處流浪到另一隱蔽處，有的隱蔽在枯草下，有的在土塊的
裂縫裡。所有這些蟋蟀的發音器官都跟田野蟋蟀一樣，只有細
微的差異而已。牠們的歌聲除了洪亮的程度外，其他都一樣。
這家族中最小的波德雷蟋蟀，在我的門前黃楊樹下鳴唱。牠們
居然能夠直驅廚房陰暗的角落裡；牠的歌聲如此微弱，必須非
常凝神靜聽才能夠聽見，並分辨出牠究竟躲在哪裡。

　　我們這兒沒有家蟋蟀，牠們是麵包店和村屋裡的常客。若
說在我村裡煙囪石板下面的縫隙裡，聽不見蟋蟀的聲音，那麼
相對做為補償，夏夜的田野裡，到處都響著北方不太熟悉的悅
耳歌曲。春天，在陽光明媚的時刻，田野蟋蟀是交響樂團成
員；夏天，在寂靜的夜晚，則是義大利蟋蟀的天下。牠們分治
著白天夜晚，均分這美好的季節。當前者停止歌唱時，後者很
快就開始牠的小夜曲了。

　　義大利蟋蟀不穿黑衣，也沒有蟋蟀類那種特有的笨重外
形；相反地，這種昆蟲細長、脆弱，渾身蒼白，近乎白色，這
正適合夜遊的習性。用手指捏著都怕把牠捏碎了。牠停留在各

義大利樹蟋
（放大2倍）

式各樣的小灌木上、在長得高高的草上，過著飄浮的生活，很少下到地上來。七月到十月，夜間炎熱而又恬靜，牠便從日落時分直唱到大半夜，組成了優美的音樂會。

這裡所有的人都聽過這種歌聲，因為再小的荊棘叢中都有牠的交響樂團。有時搬草料把牠帶到了穀倉裡，牠迷途不知返，甚至就在那裡唱起歌來。可是，由於這種蒼白色蟋蟀的習性十分神秘，誰也不知道這小夜曲是何種蟋蟀所唱，有的人說是普通蟋蟀唱的，這當然完全錯了，因為這時期的普通蟋蟀還非常小，還不會唱歌呢。

牠唱的歌曲是緩慢而柔和的「克里-依-依」、「克里-依-依」，這輕微的顫音使得這歌聲更為動人。聽到這歌聲，我們就會猜想到，牠的振動膜十分細薄而又寬闊。昆蟲停在草叢片上，如果沒受什麼打擾，聲音就老是維持那樣子；可是一有些微聲響，演奏者就改用腹語唱歌。你原先聽到牠在那裡，就近在身旁；可是突然間，卻聽見牠在二十步開外處繼續牠的歌唱，可是由於距離遠了，便聽不清楚了。

你走到那裡去，卻什麼也沒找到；聲音是從最初那地方傳

來的。可是那裡也不對，現在聲音從左或從右，甚至從後面傳來。你完全不知道究竟該到哪裡尋找，無法憑聽覺朝昆蟲歌唱的地方走去。必須秉持無比的耐心和小心翼翼，才能夠打著燈籠抓住這位歌手。我就這樣抓到了幾隻，把牠們關在網罩裡，如此才讓我對這位不知牠在何處唱歌的演唱者，有了那麼一點點的了解。

牠的兩隻前翅都由一片寬大的半透明乾膜組成，跟白色洋蔥皮一樣薄，整塊薄膜都能振動。前翅狀如圓圈的一段，上端小些。這段圓圈根據一條粗的縱翅脈而折成直角，末端有一邊緣，當昆蟲休息時，這邊緣便圍著身體的側面。

右前翅疊在左前翅上，內邊下面靠近底部有一塊厚繭，五條翅脈從那兒輻射出去，兩條朝上，兩條朝下；而第五條則近乎橫向，略呈棕紅色。那是基本構件，也就是琴弓，這從翅脈上面橫向刻著的細鋸齒便可以看出來。前翅的其他地方還有另外幾條翅脈，沒有那麼粗，這些翅脈把薄膜繃緊，但並不是摩擦器械的組成部分。

左前翅，或者說下前翅的結構相同，區別在於琴弓、厚繭以及由厚繭輻射出去的翅脈，位於上部。此外，這兩把琴弓，即右琴弓和左琴弓，彼此斜向交叉著。

在發出最洪亮的歌聲時，左右前翅全都高高豎起，就像一片薄紗大風帆，彼此只是內緣相接觸。這時一把琴弓斜向咬合在另一把琴弓上面，相互的摩擦使繃緊的兩片薄膜發出振響。

根據每把琴弓是在另一個前翅粗糙的厚繭上，還是在四條光滑的輻射翅脈上磨銼，聲音會有所不同。這可以部分解釋，為什麼當膽小的昆蟲覺得不安全時，會讓我們產生這樣的幻覺，認為歌聲似乎是來自這裡或那裡，還是來自別的地方。

歌聲的強弱高低以及由此產生歌唱距離的遠近，是腹語者技術的主要手段，而產生這種幻象的另一原因很容易發現。要使聲音響亮，前翅就完全豎起；要壓低聲音，前翅就或多或少地放下。處於放下狀態時，外部邊緣程度不一地壓在昆蟲柔軟的側部，這樣就不同程度地縮小了振動部分的面積，從而減弱了聲音。

發出叮噹聲的玻璃被手指稍稍一碰，就不那麼響了，聲音被蓋住聽不清，好像從遠處傳來似的。灰白色蟋蟀了解這個音學奧秘。牠把振動片的邊緣放在柔軟的肚子上，讓想抓牠的人不知道牠究竟在哪裡。我們的樂器有制振器、弱音器；義大利蟋蟀的樂器可與之媲美，而且結構簡單，效果良好，更勝我們的樂器。

　　田野蟋蟀和牠同屬的昆蟲，也把前翅邊緣搭在肚子或高或低的部位，來使用弱音器，然而牠們當中誰也比不上義大利蟋蟀，更能運用此法來產生極度迷惑人的效果。

　　只要一聽到腳步聲，哪怕是最輕微的聲音，牠就會讓我們出其不意地錯以為牠在距離很遠的地方；除此之外，牠的歌聲音質清純，顫音柔和。我沒聽過別的昆蟲有牠在八月夜深人靜時的歌聲那般優美、清朗的。我曾經多少次在迷迭香花叢中，躺在地上，傾聽著荒石園裡優美的音樂會啊！

　　在園子裡夜間歌唱的蟋蟀何其多。每一簇開著紅花的岩薔薇都有自己的合唱隊員；每一束薰衣草上都有自己的演唱者。那些枝繁葉茂的野草莓樹、那些篤蓐香，都變成了一個個合唱團。所有這些小生物在灌木叢間，用牠們清脆動人的聲音互相問答；或者不如說，每個歌手不管別人唱什麼短歌，都獨自在慶祝自己的歡樂。

　　在天上，就在我的頭頂上，天鵝星座在銀河中劃上它那大大的十字架；在地上，就在我的四周，蟋蟀的交響樂在抑揚起伏。這歌唱自己歡樂的小不點，令我忘記了群星璀璨的場面。這些天上的眼睛平靜而冷漠地瞧著我們，我們對於這些星星一無所知。

　　科學告訴了我們，這些星星與我們的距離，以及它們的速度、質量、體積；科學告訴我們，它們的數目多得說不上來；它們的面積大到我們聽了都嚇一跳，但是科學卻無法觸動我們的一根神經。為什麼？因為科學欠缺這個巨大的祕密，那就是生命的祕密。在天上有什麼？太陽照暖了什麼？理性向我們推斷，那是一些跟我們世界相似的世界；是生命以無窮變化演變著一些大地。這種宇宙觀是再美好不過了。可是說到底，這純粹是一廂情願，並非根據明顯的事實所提出，而事實才是每個人都看得見、摸得著的至高無上的證據。也許，非常可能，如此顯而易見的事物，並非都能讓人毫無疑問、不加抗拒地加以接受吧。

　　可是，哦，我的蟋蟀們！在你們的陪伴下，我卻感受到生命的悸動，而生命是我們這片土地上的靈魂；這就是為什麼我身倚迷迭香樹籬，對天鵝星座只是漫不經心地瞥上一眼，卻全神貫注地聽著你的小夜曲。一丁點有生命的、能感受快樂和痛苦的生蛋白，比起龐大無生命的原料，是更有意義的啊。

第十五章
蝗蟲的角色和發音器

「孩子們，明天在太陽還不太熱以前，把一切準備好，我們去抓蝗蟲。」這個通知讓正在吃飯的全家人都激動了起來。我的小合作者們會夢見什麼呢？蝗蟲的藍翅膀、紅翅膀，突然像扇子般張開來；牠們帶天藍色或玫瑰紅的鋸齒長腳，在我們的手指間亂踢蹬；粗粗的後腳使牠們彈跳起來，就像埋伏在草地上的小彈射器彈射出來的東西一樣。

他們在睡夢這盞柔和魔燈照射下所看到的東西，我也曾在睡夢中見到過。生命以同樣的天眞無邪，撫慰著兒童和老年人的心。

如果有一種狩獵是無需殺戮、危險性低，又老少咸宜的，那肯定就是捉蝗蟲了。蝗蟲賜予我們多有趣的上午啊！當發育

成熟的幼蟲身體已經變成黑色，我的助手們能夠在灌木叢中抓到幾隻時，這是多麼美妙的時刻啊！在被太陽曬得焦硬的草坡上遠足，多麼令人難忘！我將永遠記住這一切，我的孩子們也將保留著捉蝗蟲的回憶。

小保爾的手腳敏捷，眼睛尖。他搜查臘菊花簇，長鼻蝗蟲圓錐形的頭就在那裡儀態萬千地沈思著；他仔細察看灌木叢，肥胖的灰蝗蟲以受驚雛鳥般的飛躍速度，猛地從那裡飛出來。獵人失望極了，先是拚命追，然後呆呆地停了下來，看著蝗蟲像雲雀似地遠遠逃走了。下一次他就會幸運些了。我們每次狩獵總會帶回幾個漂亮俘虜。

義大利蝗蟲

比保爾年幼些的瑪麗-波利娜，耐心地偵察著黃翅膀、後腳胭脂紅色的義大利蝗蟲；不過她最喜歡的，還是另一種衣著最為優雅的蝗蟲。這種深受喜愛的蝗蟲，脊背根部有四條白色斜線，湊在一起成了一個聖安德烈①十字架。牠的外衣上有幾個銅綠色的碎片，就像古代獎章上的銅綠色。她舉著手等著扣下，一邊輕輕地靠近，按

① 聖安德烈：法國基督教新教牧師，1749～1813年。——譯注

下。啪！逮住了。馬上用一個紙袋把抓住的蝗蟲裝起來，那蝗蟲頭先放到紙袋口上，牠一跳就掉進漏斗裡去了。

就這樣，一隻又一隻，紙袋鼓起來了；就這樣，盒子裝滿了蝗蟲。在太陽還沒熱到難以忍受之前，我們已經有了許多各式各樣的蝗蟲了。把這些俘虜養在籠子裡，如果我們善加詢問，也許牠們會透露一些消息。我們回家了。沒花什麼力氣，蝗蟲就給我們三人帶來了愉快。

我對抓到的蝗蟲所提出的第一個問題是：「你們在田野裡扮演什麼角色？」我知道你們全都聲名狼藉，書本上都說你們是害蟲。你們究竟該不該承擔這種指責呢？我斗膽表示懷疑，不過當然啦，那些在東方和非洲成為災星的可怕毀滅者，應當除外。

你們全都具有饕餮之徒的壞名聲，可是我卻覺得饕餮之徒的益處遠勝於害處。據我所知，這個地區的農民從來沒有抱怨過你們。他們能夠指控你們造成什麼損害呢？植物上的芒刺，綿羊啃不動而不肯吃，你們把牠啃掉了；你們更喜歡作物間肥沃的雜草；你們吃不結果實的東西，這是其他動物都不吃的；你們有強壯的胃，可以靠根本無法吃的東西維生。況且當你們出現在田野中時，唯一能夠吸引你們的東西——麥子，早就成

熟收割掉了。即使你們進入菜園覓食，幹的壞事也非罪惡滔天，只不過是咬壞幾片萵苣葉而已。

用一畦蘿蔔地做標準來衡量事物的重要性，這方法並不理想。不能捨本逐末。目光短淺的人，為了保存幾個李子，而要打亂整個宇宙的秩序。如果要他去處理昆蟲，那麼他談的只是毀滅。

幸虧他沒有，也永遠沒有這種權力。來看看吧，譬如說，被指控偷走田地上一丁點東西的蝗蟲消失了，那會給我們造成什麼樣的後果啊。

九、十月間，小孩子手執兩根竹竿，趕著火雞群來到收割後的田裡。火雞發出咕嚕咕嚕聲慢步走過的地方，乾旱、光禿，被太陽曬焦，頂多只有一簇矢車菊長著最後的幾個絨球。這些火雞在這沙漠般的地方，餓著肚子做什麼呢？

牠們要在這裡餵得肥肥的，好被端到耶誕節的家庭餐桌上，牠們在這裡長出結實美味的肉。那麼請問，牠們吃什麼？吃蝗蟲。人們在耶誕夜所吃的美味烤火雞，部分就是靠這種不費分文而味道鮮美的天賜食物而發育成長的。

　　當珠雞這種家禽在農場四周遊逛時，牠不停地尋找什麼？當然是麥粒，但首先是蝗蟲，牠會讓珠雞腋下長出一層脂肪，使肉質更有滋味。

　　母雞也喜歡吃蝗蟲。牠非常了解這種精美的食物會促進牠的繁殖力，使牠更能生蛋。把母雞放出雞窩，牠一定會把小雞帶到收割後的麥田中，如果能夠隨意遊逛，那麼蝗蟲便是牠們營養價值很高的補充食物。

　　除了家禽之外，其他的就更不用說了。如果您是獵人，喜歡法國南方丘陵的名產紅胸斑山鶉的美味，那麼剖開剛打下來的這種鳥的嗉囊，你會在那裡發現這種受污蔑昆蟲所提供的優質服務證明。十隻山鶉中有九隻，嗉囊裡都裝滿蝗蟲。山鶉酷愛吃蝗蟲，只要捉得到，牠就寧願吃蝗蟲而不吃植物的籽粒。如果這種營養豐富、熱量大的美味食物終年不斷，山鶉差不多就會忘了籽粒。

　　現在，來看看圖塞內爾熱情歌唱的著名黑腳②族飛鳥吧。這當中首屈一指的，就是這種普羅旺斯的白尾鳥，九月時分，牠已長得非常肥美，串燒起來非常好吃。

---

② 黑腳：原指居住於阿爾及利亞的法國人，此處借喻候鳥。——譯注

　　我在捕獵鳥類時，為了了解牠們的攝食習性，便把牠們嗉囊和胃裡的東西記下來。鳥的功能表如下：首先是蝗蟲，然後是各種鞘翅目昆蟲，如象鼻蟲、砂潛金龜、金花蟲、龜葉蟲、步行蟲，再其次是蜘蛛、赤馬陸、鼠婦、小蝸牛；最後比較少見的，是血紅色的歐亞山茱萸和樹莓的漿果。

　　由此可見，這種食蟲鳥對野味幾乎不挑，但只在餓得沒辦法又實在沒有更好的食物時，才吃漿果。我筆記本上記下的四十八例中，只有三例吃植物，而最常吃、吃得最多的是蝗蟲，這種鳥總是挑牠能夠吞嚥下去的最小蝗蟲。

　　別的一些小候鳥也是如此。秋天來時，牠們在普羅旺斯稍做停留，在尾巴上堆積脂肪儲備糧食，以供長途朝聖旅行之需。牠們全都愛吃蝗蟲，蝗蟲是牠們豐富的食糧；牠們在荒地和休耕地上，爭先恐後地啄食這種蹦蹦跳跳的蟲子，以便為飛行提供活力。蝗蟲是這些小鳥秋天旅行時的嗎哪。

　　人也吃蝗蟲。多瑪將軍曾提到一位阿拉伯作家在其所著的《大沙漠》一書中寫道：

　　蝻蝻兒③是人和駱駝的好食物。無論是新鮮的還是保存起來的，去掉牠的頭、翅和腳，加進古斯古斯④烤或煮來吃。

把蝈蝈兒曬乾、碾碎，拌以牛奶或和上麵粉，然後加鹽，用油脂或牛油來炸。

駱駝非常喜歡吃蝈蝈兒，我們把蝈蝈兒塞在兩層炭之間的大洞裡，烤乾或煮好給駱駝吃。

梅麗昂[5]曾經請求真主給她吃一塊沒有血的肉，真主便給她送去了蝈蝈兒。

有人給先知的妻子們送上蝈蝈兒做禮物，她們把蝈蝈兒放在籃子裡送給別的女人。

有一天，有人問歐麥爾哈里發[6]是否允許吃蝗蟲，哈里發回答道：「我想吃牠滿滿一籃子。」

從這些事例，可以毫無疑問地相信，真主把蝗蟲恩賜給人類做為食物。

我不像這位阿拉伯博物學家推衍的那麼遠，人吃蝗蟲需要非常強健的胃，而這樣的胃並不是人人都有的。我只能說，蝗蟲是老天爺贈給許許多多鳥類的食物。根據我所察看的一長串

③ 更精確地說，是蝗蟲 Criquet，不應該跟帶尖刀的綠色蝈蝈兒弄混。——原注
④ 古斯古斯：北非一種用麥粉團加佐料做的菜。——譯注
⑤ 聖母瑪麗亞。——原注
⑥ 歐麥爾哈里發：伊斯蘭教的第二任哈里發（約581～644年，634年登位），在位期間伊斯蘭政權從阿拉伯一小邦，發展成為世界強國。——譯注

鳥類嗉囊，證明了這一點。

其他許多動物，尤其是爬蟲類都喜歡吃蝗蟲。普羅旺斯小女孩非常害怕的拉薩多，即眼狀斑蜥蜴，性喜躲在被艷陽曬成烤箱似的亂石堆裡，牠那大腹便便的肚子便是證明。我曾多次看到牆上灰色小壁虎的小嘴裡，叼著一隻經過長時間偵伺才捕獲到的蝗蟲殘骸。

就連魚，如果能幸運吃到蝗蟲也會很高興。蝗蟲的跳躍沒有明確目的。牠盲目地一跳，落點完全隨機。萬一落到水裡，魚就立刻把淹死者吃掉。這種美食有時是致命的，因為釣魚者會用蝗蟲做為美味的釣餌。

用不著進一步列舉吃蝗蟲的生物了，我已經非常清楚牠的重要用途了。牠通過迂迴曲折的途徑，把無營養價值的禾本植物變成佳肴，轉送給講究飲食的人類享用。因此，我很樂意像阿拉伯作家那樣說：「真主把蝗蟲兒恩賜給人類做食物。」

人們間接透過山鶉、小火雞和其他許多動物的形式吃蝗蟲，任誰都不會不讚揚蝗蟲的好處。只有一點還說不準：那就是直接吃蝗蟲。人是不是討厭直接吃蝗蟲呢？

　　歐麥爾，這個野蠻地焚毀了亞歷山大圖書館的強大哈里發，他就不這麼認爲。他的智力粗鄙，胃也粗糙，所以他說他吃了滿滿一籃子。

　　早在他之前，其他人已經對蝗蟲十分滿意了，不過那是因當時的飲食粗陋所致。身穿駝毛衣服的施洗者聖約翰、希律[7]時代傳播福音的先知暨偉大的民眾鼓動者——約拿，在沙漠中就靠蝗蟲和野蜜生存。《馬太福音》告訴我們：「吃的是蟲斯和野蜜。」[8]

　　野蜜嘛，我認識，就連石蜂的蜜罐裡也找得到，這種野蜜完全可食。剩下的就是沙漠裡的「蟲斯」了。我小時候，就像所有的小孩子一樣，曾經生嚼蝗蟲的腳，覺得挺好吃的，蠻有味道。今天我們的水準提高了；且來嚐嚐歐麥爾和施洗者聖約翰的荤肴吧。

　　我曾經抓了一些肥大的蝗蟲，裹上奶油和鹽，簡單地煎一煎，晚餐時大人小孩分著吃。大家並不認爲哈里發的佳肴不好吃，牠比亞里斯多德吹噓的蟬好吃多了，還有點蝦的味道、烤

---

[7] 希律：《新約》人名，猶太國王，西元前73～前4年。——譯注
[8] 《馬太福音》第3章。——譯注

螃蟹的香味。儘管可食的肉很少，倒也不至於硬得不能吃，甚至可以說滋味鮮美，不過我根本不想再吃了。

　　就這樣，我受博物學家好奇心的引誘，吃了兩次古代的菜肴：蟬和蝗蟲。這兩種菜我都不喜歡。這道名菜要讓給大顎粗壯的黑人，讓給像著名的哈里發這樣好胃口的人去吃才行。

　　雖然我們的胃嬌嫩，但這絲毫不削弱蝗蟲的優點。草地上的這些小傢伙，在食物製造工廠裡扮演著重要角色。牠們成群結隊大量繁殖，在貧瘠的曠野中覓食，然後把無用的東西變成食物，供許許多多消費者享用，其中首先就是鳥類，而人又常常吃鳥。

　　肚子需要食物的這種需求，毫無商量餘地，所以在生物世界裡，取得食物是最迫切不過的。眾家動物把最大量的活動、技巧、辛勞、詭計、爭鬥，都花在取得餐廳裡的一席之位上；一般的宴會本應充滿歡樂，但對於許多動物來說，卻成了一種酷刑。人遠遠沒有擺脫餓腹爭奪的痛苦，相反地，經常要品嚐飢餓的可怕慘狀呢。

　　人這麼有創造才能，能夠擺脫飢餓嗎？會的，科學這麼告訴我們。化學承諾，在並不遙遠的未來解決食物的問題。化學

的姐妹——物理，則為它築好道路。物理學已經在考慮讓太陽更有效地工作，太陽這個大懶漢，自以為它讓葡萄長滿瓊漿、把麥穗鍍上金色，就已經跟我們算清帳了。物理學將把太陽的熱量儲存起來，把陽光集中裝起，我們何時想用，就何時讓它發揮作用。

我們用這些儲存的能量來生起爐灶、轉動齒輪、開動鍛錘、搗碎果肉，讓滾輪碾磨；於是，因季節的酷暑嚴寒而耗資費力的農業工作，將變成工廠般的工作，所費不多而效益相當可靠。

然後，該由有許多奇妙反應的化學來發揮作用了。它以各種手段為我們製造食材，這些材料集中了最精華的養分，幾乎可以完全吸收而沒有不乾淨的渣滓。麵包將成為一粒丸子，牛排將是一滴肉凍。野蠻時代地獄般的田間工作，將只成回憶，只有歷史學家還會提及。最後一隻羊和最後一隻牛，將用稻草包裹起來放在博物館裡，成為有如西伯利亞冰原下出土的猛獁象，那樣的奇珍異寶。

所有這些過時的東西，牛、羊、麥粒、水果、蔬菜，總有一天都會消失掉。據說人類的進步要的就是這樣；化學的蒸餾釜就是如此斷言，它睥睨一切，不承認有任何不可能存在。

關於食物的這種黃金時代，我深感懷疑。如果是要獲得某種新的毒物，那麼科學的創造性的確驚人。我們實驗室裡就有許許多多毒物。如果必須發明一種蒸餾器，用蘋果製造出大量燒酒來使我們成為昏茫茫的人，那麼工業的行動手段沒有任何限制。

但是，以人工方法來獲得一口簡簡單單與真正有營養的材料，那就完全是另一回事了。蒸餾器從來沒有蒸餾出過這樣的產品。毫無疑問，將來也不會更勝今日。有機物是唯一真正的食物，無法在實驗室中化合出來。生命是食物的化學家。

因此，我們將明智地保存農業和牛羊。還是靠動植物耐心地工作，來製備我們的糧食吧。我們不相信粗暴的工廠作業；還是相信細膩的辦法，尤其是信任蝗蟲的大肚子吧，牠同心協力製造出耶誕晚餐上的小火雞。這個大肚子裝著菜單，而始終心懷嫉妒的蒸餾器，卻永遠無法仿製出這些小火雞來。

這種渾身長著營養成分，為許多土著居民提供食物的昆蟲，擁有樂器來表達牠的歡樂。現在來看看一隻沐浴在陽光下，正在休息、消化著食物的蝗蟲吧！牠突然發出聲音，重複三、四聲，休息一下，就這樣奏起了牠的樂曲。牠用粗壯的後腳，輪流或兩隻並用地在身子兩側彈奏著。

這聲音非常微弱，弱到我只得求助於小保爾的耳朵，才能夠肯定這裡的確有聲響。這像針尖擦著紙頁似的響聲，就是牠的全部歌唱，近乎寂然無聲。

一個如此粗陋的樂器，是奏不出什麼好聽音樂的。蝗蟲所展示的，跟螽斯截然不同：牠沒有帶鋸齒的琴弓，沒有繃得像音簧似的振動膜。

讓我們看看義大利蝗蟲吧，其他蝗蟲的發音器都跟牠一樣。牠的後腳上下呈流線型，每一面有兩條豎的粗肋條。在這些主要部件之間，排列著梯狀似的一系列人字形細肋條，內外面的都一樣突出、一樣清晰明顯。除了這兩面一模一樣外，我更驚訝的是，所有這些肋條都是光滑的。最後，前翅的下部邊緣，即起琴弓作用摩擦著後腳的那個邊緣，也沒有任何特別之處。這邊緣和前翅的其他部分一樣，有一些粗壯的翅脈，但沒有銼板，沒有任何鋸齒。

這樣簡陋的發音器試製品，能發出什麼聲音呢？只有像輕擦一塊乾皺皮膜所發出的聲音。為了這微弱的聲音，蝗蟲抬高、放低牠的腳，激烈地顫動著，牠對自己的成績十分滿意。牠摩擦著身體側部，就像我們在感到滿意時搓著雙手那樣，並不打算發出聲音來。這就是蝗蟲表達生活樂趣的特有方式。

　　當天空略有雲翳，陽光時隱時現時，我們來觀察牠吧。太陽露出時，牠的後腳就一上一下地動起來，陽光越熱，牠動得越厲害。歌唱的時間很短，但只要有陽光，牠就一直唱個不停。一旦太陽被雲遮蔽，歌唱立即停止。等到陽光重現時，才又重新開始。這便是這些熱愛陽光的昆蟲，表達自己舒適感的簡單方式。

　　但並不是所有的蝗蟲都用摩擦來表示歡樂。長鼻蝗蟲的後腳非常長，即使太陽曬得暖洋洋的，牠也沈悶地

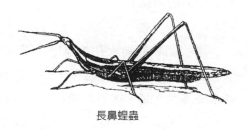

長鼻蝗蟲

不作聲。我從沒見過牠擺動後腳腿節做為琴弓。牠的後腳那麼長，除了跳躍外，別無用途。

　　灰蝗蟲的腳看起來雖然很長，但也不發聲，牠用一種特殊的方式來表達高興。即便隆冬季節，這個巨人也常光顧我的花園。當風和日暖時，我看到牠在迷迭香上張開翅膀，迅速拍打幾分鐘，彷彿要飛了起來。但這翅膀雖然拍打得非常迅速，發出的聲音卻幾乎聽不見。

　　別的一些蝗蟲更差勁，馮杜山頂的阿爾卑斯短翅螽斯的同

伴──步行蝗蟲就是這樣。在阿爾卑斯地區，遍地長著帕羅草，像蓋著銀色的地毯，這種步行蝗蟲就在上面遛達散步。牠是地中海這種植物的客人，這些小花白得像周圍的雪，玫瑰紅的花芽在雪中微笑著，而步行蝗蟲穿著短短的緊身上衣，有著牠花圃裡各種植物的新鮮顏色。

高原地區的陽光沒被密霧遮住，使得牠的衣服既優雅又簡樸。牠的背部像淡棕色的緞子；肚子黃色；大腿下部呈珊瑚紅；後腳腿節是非常漂亮的天藍色，前部戴著一個象牙色的手鐲。牠的衣服雖然這麼標致，卻沒有超出幼蟲的外形，仍然只是非常短的衣服而已。

步行蝗蟲的前翅，是兩片彼此間隔開的粗糙物，像西服的後襬，長不超過腹部的第一個環節，翅膀更短，這一切還遮不到牠腰部的上端。初次見到的人會把牠當做幼蟲。但是錯了，這已是發育完全的蝗蟲，已經成熟得可以交尾了。這種蝗蟲至死都是這副幾乎沒穿衣服的模樣。

既然牠的上衣剪裁得這麼短，那還有必要指出牠不可能鳴唱嗎？牠的確有琴弓，即粗粗的後腳；但牠沒有前翅，沒有突出的邊緣，在摩擦時做爲發音的空間。如果說別的蝗蟲發出的聲音不響亮，那麼這種蝗蟲則完全不發音。我周圍的人耳朵再

靈敏，聽得再認眞也沒用；餵養了三個月也沒聽見任何聲音。
這個默不作聲的昆蟲，一定有其他辦法來表示自己的歡樂和召
喚情侶的。是什麼辦法呢？我不知道。

　　我也不知道爲什麼步行蝗蟲沒有飛行器官，而始終是笨拙
的步行者；而牠的近親，同樣生長在阿爾卑斯山草地上，卻擁
有非常傑出的飛躍天賦。牠有前翅和後翅的萌芽，這是卵贈給
幼蟲的禮物；但牠卻沒想到發展這些胚胎來加以應用，牠一直
蹦蹦跳跳著，卻沒有更大的抱負；牠滿足於步行，滿足於做個
名副其實的步行蝗蟲。然而，牠似乎是能夠擁有翅膀這種高等
運動器官的。

　　從一個山頂越過積雪的斜谷，迅速飛到另一個山頂；從一
個草被割光的牧場，輕輕鬆鬆地飛躍到另一個未開發過的牧
場；這種好處對牠來說，難道沒有什麼價值嗎？顯然不是的。
其他蝗蟲，尤其是牠那些住在山頂的同伴們都有翅膀，而且覺
得這翅膀非常好。那牠爲什麼不去模仿牠們呢？對牠來說，把
牠一直裹著成爲無用殘肢的翅膀，從匣子裡抽出來，有極大的
好處，可是牠根本不這麼做。爲什麼呢？

　　有人回答我說：「演化停頓了。」好吧，生命在它的工程
進行途中停頓了下來。但是這個回答，實際上等於沒回答，問

題以另一種形式又被提了出來。爲什麼會出現停頓呢？

　　幼蟲生下來，牠希望發育成熟時能夠飛躍。爲了保障這美好的未來，牠的背上長著四個翼套，套裡蟄伏各種寶貴的胚胎。一切都按正常的演化法則安排好了。可是機制沒有實踐它的諾言，沒有履行它的保證：它讓成年的蝗蟲沒有翅膀，而只是穿著殘缺的衣服。

　　能不能把這歸因於阿爾卑斯山艱苦的生活條件呢？根本不能，因爲住在同一塊土地上的其他跳躍昆蟲，都能從幼蟲給予的胚芽長出翅膀來。

　　人們如此斷言，在需求的推動下，經過一再嘗試、不斷進步，動物終於得到了某種器官。人們對此只以需求做爲解釋，而不承認別的創造性的作用。比方說吧，蝗蟲，尤其是我看到在馮杜山圓形山頂上飛躍的那些蝗蟲，就是這樣。經過千百年來生生不息、默默無聞的工作，牠們本會從幼蟲外套那極短的後襬，長出前後翅來的。

　　對極了，聲名顯赫的大師們，那麼請你們告訴我，爲什麼步行蝗蟲決心保持雛形狀態的飛行器官，而不想超越呢？牠在千百年的歲月中，肯定也會受到需求所刺激；當牠在岩石中艱

苦地跌跌撞撞行走時，牠感受到若能藉由飛行擺脫地心引力，這對牠來說該有多好啊。牠的器官所做的一切嘗試，都致力於得到一份好彩頭，可是所有這些努力，卻無法使萌芽狀態的翅膀撐開來。

按照你們的理論，在需求、食物、氣候、習性這些條件完全相同的情況下，有的發育成功能夠飛翔；有的卻失敗了，始終是笨重的步行者；這種解釋豈不是說了等於沒說，豈不是去相信極其荒謬的事？所以我不接受這種解釋。我寧願承認自己對此完全無知，而不做任何預測。

暫把這個落伍者擱到一旁好了，跟牠的同類比較起來，不知為什麼牠落後了一大截。在身體的發育中，有後退、有停頓、有躍進，我們雖然好奇，卻無法理解。這種現象的原因是深奧的，面對這個問題，最好的辦法就是謙卑地躬身引退。

第十六章

蝗蟲的產卵

　　我們的蝗蟲會做些什麼呢？就技巧而言，沒什麼大不了的。牠們以鍊金術士的身分存在於世上，這些鍊金術士在牠們肚子這個鍊爐中，把用於製造高級作品的材料加以消化和提煉。在夜深人靜適宜思考的時刻，在火爐邊，藉由對它們的作用所做的筆記，我並沒看出牠們以哪種方式對思想的覺醒做出任何貢獻，而思想則是事物的魔鏡。牠們來到世上就是為了生殖繁衍，這便是這種被指定來製造食物的昆蟲，牠們至高無上的法則。

　　乍看之下，除了那些有時肆虐非洲的種族外，蝗蟲沒什麼引人注目的，牠們隨意嚼食任何東西，在我的鐘罩網罩下面的蝗蟲，我用一片萵苣葉就能餵飽牠們全體。至於繁殖，這又是另一回事，值得觀察。

　　牠們在婚姻方面並沒有什麼古怪的行為。雖然蝗蟲在結構上和螽斯類昆蟲非常相似，可是習性卻完全不同。蝗蟲是和平的，一切有關交尾的事都中規中舉，沒有什麼醜聞發生，也不悖離昆蟲世界所適用的禮法。見識過蝗蟲生殖狂熱的人都看得出來，原始的直翅目昆蟲在發情期的狂熱方面，蝗蟲不及螽斯。對於這件就是那麼回事的問題，我很欣慰沒什麼突出之事值得一提，那麼撇開此事不談，直接來談談產卵好了。

　　讓我們在八月末近中午時，觀察義大利蝗蟲的產卵情況吧。這是我家附近最狂熱的跳躍類昆蟲。牠腰圓背厚，踢蹬有力，前翅短得勉強蓋住肚子末端。這種蝗蟲大多穿著近橙紅色帶灰斑點的外衣。有的漂亮一些，在前胸四周有一條淡白色的滾邊直延伸到頭部和前翅上。翅膀底部玫瑰紅，其餘部分無色，後腳脛節是紅葡萄酒的顏色。

　　在和煦的陽光照耀下，母蝗蟲總是在網罩邊緣選擇適合的產卵地，因為必要時，網紗可以為牠提供一個支撐點。牠慢慢使勁把圓鈍形的探測器——牠的肚子垂直插入沙中，完全埋了進去。由於沒有鑽孔工具，進入沙土是很吃力的。但是，堅韌不拔的精神是弱者強有力的槓桿，牠終於鑽了進去。

　　現在母蝗蟲半埋在沙中，輕輕抖動著身子，顯然是在隨產

卵管排卵時的使力，而規則地時動時停，頸部脈搏的輕微跳動
使頭抬起落下。除了頭部的搖動外，牠整個身子能夠看見的只
有前半部分，而這部分是不動的，因爲產婦完全專注於分娩工
作。這時候，常會有一隻公蝗蟲在附近擔任警戒，並好奇地看
著正在分娩的母親。有時還能看到幾隻母蝗蟲胖嘟嘟的頭正瞧
著分娩中的同伴。牠們似乎對這件事挺感興趣的，牠們可能對
自己說：「很快就要輪到我了。」

　　一動不動大約四十多分鐘後，母親猛然掙脫出來，跳到遠
處。牠根本不瞧排下的卵一眼，也不去掃掃塵，把產卵的洞口
蓋起來。洞的閉合是靠沙的自然流動而自動進行的。一切都再
簡單不過，絲毫沒有一點兒母親的關懷。母蝗蟲並不是慈母的
典範。

　　另一些蝗蟲就沒這麼漠不關心地遺棄掉牠所產的卵。普通
有黑條紋的藍翅蝗蟲是如此，黑面蝗蟲亦然。這名稱不醒目，
我們應當注意牠們外衣上的孔雀石綠點兒，或是前胸上的白色
十字架。

　　這兩種蝗蟲的產卵姿勢跟義大利蝗蟲一樣。肚子垂直埋入
土中；身體的其他地方有一部分由於四周坍塌的東西而看不見
了。牠們也是久久的動也不動，時間超過半個小時；頭輕輕地

晃動，這顯示身體正在地下使勁呢。

　　這兩個產婦終於從沙裡鑽出來了。牠們高舉著後腳爪，掃一點兒沙在井口上，把沙迅速踩實。牠們的脛節呈天藍色或玫瑰紅色，急促地上下揮動像落雹雨似的，間或加上牠們用腳後跟踩著要夯實的洞口，這個場面真是蠻好看的。就這樣隨著腳腳敏捷的踩動，住宅的入口關閉起來看不見了。產卵的坑消失了，消失得這麼徹底，任何一個不懷好意者光靠眼力，都發現不出來。

　　不僅如此。那兩個壓實器的發動機是粗大的後腳，這後腳抬高、落下，稍稍刮著前翅的邊緣。琴弓這樣的活動產生了輕微的唧唧聲，就像昆蟲在陽光下享受平靜午休時的歡唱般。

　　母雞用歡樂的歌聲慶祝剛生下來的蛋，公開宣揚自己為人母的歡樂。母蝗蟲在許多情況下也是如此。牠用自己微弱的聲音，莊嚴地慶祝新生命的誕生。牠說：「我把未來的財寶放到地裡了；我把一筐將要取代我的胚胎，交給大地這個大型的孵卵器去孵化了。」

　　在短短的時間內，造窩的地方一切都就緒了。於是母親離開了這裡，吃幾口綠葉來恢復體力並準備重新開始產卵。

　　我們家鄉最大的蝗蟲是灰蝗蟲，身材有非洲蝗蟲那麼大，但牠可不像非洲的蝗蟲那樣會造成災難。牠性情和順，生活簡樸，不會損害地上的植物。由於關在網罩裡容易觀察，所以我了解了一些情況。

　　牠在近四月底交尾，交尾沒幾天後產卵，產卵的時間持續很久。母蝗蟲在肚子末端有四個鉤爪般的短短挖掘器，分兩對排列，這跟其他蝗蟲產婦一樣，只是程度不同而已。上面的那一對較粗，彎鉤朝上；下部一對細些，彎鉤朝下。這些彎鉤堅硬，尖端黑色，凹陷的一面略成杓狀。這就是工具——用來鑽洞的鶴嘴鎬和鑽頭。

　　產婦彎曲長肚子，使其和身體的軸線成直角，用牠的四個鑽頭鑽進地裡，挖起一點兒乾土；然後慢慢地把肚子塞進土裡，不過表面上看不出使勁的樣子，也沒怎麼擺動身體顯露正在進行苦工的端倪。

　　母蝗蟲一動也不動，凝神沈思。就連鑽探機鑽在鬆軟的土地上，也沒牠這樣不聲不響的，簡直就像在奶油中鑽探似的，可是牠的鑽頭卻是鑽進堅硬壓實的土地中啊！

　　如果有可能，看看這個四鑽頭的鑽探工具怎麼運作是蠻有

意思的。可惜這些工作是在神秘的地下進行。沒有任何挖出來的土被扒到外面來，沒有任何東西可以說明地下的工作。肚子輕輕地逐漸埋了進去，就像我們用手指頭鑽進一塊柔軟的黏土中一樣。

那四個鑽頭將打開通道，把泥土碾成粉末，肚子把碎土擠到身旁壓實，就像園丁用小鏟壓土那樣。適合的產卵地並非一蹴可及。我曾看到母蝗蟲把肚子完全鑽進土中，接連挖了五個洞，最後才找到合適的地方。不合要求而被放棄的洞，還保持著挖好的原樣。這些洞是垂直的橢圓形，約有一支粗鉛筆大小，乾淨得出奇，就連用曲柄手搖鑽鑽出來的洞都不如它。洞的深度就是蝗蟲肚子鼓脹拉長到極限，所能達到的長度。

在第六次試鑽時，牠總算滿意了這地點，便開始產卵，但從外表絲毫看不出來，因為母蝗蟲一動也不動，肚子全部埋了進去，使得牠那攤開在地面上的長翅膀有點褶皺。產卵延續了整整一個小時。

最後，肚子一點一點地拔出來，母蝗蟲接近了地面，現在可以進行觀察了。牠排卵管的兩瓣不斷一張一合地動著，排出一種奶白色起泡沫的黏液，有點像螳螂用泡沫包裹牠的卵。

這種泡沫狀的材料在洞口形成一個圓形凸頂，鼓得很大，這白色與泥土的深灰色相映襯，更引人注目。這材料柔軟、黏稠，很快就硬化了。做好這個蓋頂後，母蝗蟲便走開了，不再管牠產下的卵，等過幾天後再到別處產卵。

有時，末端的泡沫黏稠物沒到達地面，而只是停在半空中，這時，牠就很快用洞口坍塌的土把洞蓋住，這樣，從外面就根本看不出產卵的地點了。

我的籠中物一直受到我嚴密的監視，所以牠們即使用掃下來的沙蓋住洞口，也無法瞞過我的好奇心。我知道牠們當中每一隻母蝗蟲產卵的準確地點。現在，該來看看這些產卵洞了。

刀尖挖到三、四十公分的深處，就能輕易發現目標了。各種蝗蟲的產卵洞前端有些許不同，但基本結構相同，都是由一種凝固的泡沫所形成的囊，這泡沫就跟螳螂窩的泡沫一樣，黏結的沙粒給卵包上了一層粗糙的外殼。

對這粗糙的覆蓋層、保護牆，產婦並沒有直接去建造。礦物質的外殼，純粹靠排出物的滲透而產生，這排出物隨著排卵而來，起初是半液態、黏稠的，洞壁被這黏液浸透，迅速硬化，變成堅固的套子，無需專門技巧加以營造。

囊裡面別無他物，只有泡沫和卵。卵只占據著下部，淹沒在泡沫外殼中，有秩序地斜放在囊裡。

上部或大或小，全是泡沫，鬆弛不硬。由於這部分在小幼蟲出世時沒有任何作用，我把它稱爲「上升通道」。最後我注意到一件事，所有的卵幾乎都垂直地排在地下，最上端則幾乎與地齊平。

現在，專門來談談在網罩裡所看到的產卵情況。

灰蝗蟲的卵囊呈圓柱狀，長六公分，寬八公釐。上端若露出地面，則隆起呈瓶塞狀，其餘部分粗細一致。卵呈黃灰色，紡錘狀，淹沒於泡沫中，斜向排列。這些卵差不多只占整個卵囊長度的六分之一左右。其餘是白色的細胞沫，非常易碎，外裹著沙粒。卵的數目不多，約三十來個，但一隻母蝗蟲會在好幾個地方產卵。

黑面蝗蟲的卵囊爲略帶彎曲的圓柱形，下端渾圓，上端平截。長三、四公分，寬五公釐。卵數二十多個，橘紅色，點綴著小小的斑點，像網似的十分好看。裹著卵的泡沫不多，但是在這堆卵上面，則伸出一個泡沫構成的長立柱，非常細而透明，很容易滲透。

　　藍翅蝗蟲的卵囊像個大逗點，隆起的一端在下，細長的一端在上。卵盛在下部寬肚狀的隆起處，數目也不多，至多三十個，呈非常鮮紅的橘紅色，但無黑點。接在這個容器之後的，是彎曲錐狀的泡沫柱頭。

　　高山之友──步行蝗蟲的產卵方法，跟住在平地的藍翅蝗蟲相同。牠的作品更像形狀不對的逗點，尖端朝天。卵數約兩打，深紅色，有深色的細點花邊，裝飾得十分漂亮。用放大鏡觀看這些意想不到的飾物時，會讓人十分驚奇。美無處不在，連飛不起來的難看蝗蟲，美也在牠那毫不起眼的外殼上留下了印記。

　　義大利蝗蟲先是把牠的卵放置在囊裡，然後，就在要把囊封住之際，牠改變了主意：因為那裡缺少某個主要部分：上升通道。在上部末端，即將把囊封住進行收尾工程之際，一陣猛地收縮改變了牠的工作行程，牠繼續規則地排放著泡沫，從而使卵囊延伸出一個附屬構造，如此便產生出兩層樓的住房，由於外面有一條深縫，這兩層便極其明顯。下部橢圓，那堆胚胎就儲存其中；上部尖細，像逗號的尾巴，裡面只有泡沫。這兩層之間，有一條幾乎可通的過道相連著。

　　蝗蟲的技藝肯定還知道建造別種產卵保護箱；牠會用各種

建築物來保護牠的卵：有的比較簡單，有的比較巧妙，但都值得注意。已知的肯定比未知的少得多。不過沒有關係，我們從網罩中的蝗蟲的情況，已經充分了解卵囊的一般結構了。現在剩下的，主要是了解下面儲卵的倉庫和上面儲存泡沫的小塔是如何建造起來的。

　　直接觀察是行不通的。如果我們想扒開沙土察看正在產卵的母蝗蟲的肚子，那麼產婦肯定會跳到遠遠的地方，什麼也不讓我們看到。幸虧這裡有一種我們這地區最特別的蝗蟲，牠向我們透露了牠的祕密，這就是長鼻蝗蟲，牠是蝗蟲家族中除灰蝗蟲外最大的一種。

　　牠的個子雖沒灰蝗蟲大，但身材的苗條，特別是形狀的奇特，卻大大凌駕灰蝗蟲之上！在我們這個烈日燒烤的草地上，沒有任何昆蟲用牠那樣的彈簧來跳躍。牠的後腳眞是特別，腿眞奇怪，牠那高蹺還眞長！這後腳比整個身子都要長。

　　腳長得不同尋常，可是跳躍的成績卻跟這長腳不大符合。長鼻蝗蟲在葡萄樹邊青草略生的沙地上笨拙地遊逛著；那高蹺似乎使牠步履蹣跚，行動遲緩。這種工具因爲過長而削弱了作用，跳起來笨手笨腳的，像畫著短短的拋物線。不過一旦飛躍起來，由於機翼非常好，卻也能飛上那麼一段距離。

　　此外，牠的頭很奇怪！呈長錐體，尖端往上翹，所以才給了牠「長鼻」這種形容。牠的腦殼頂部閃爍著兩隻橢圓形的大眼睛，豎著兩根尖而扁平如劍刃般的觸角。這兩把劍便是捕捉資訊的器官。長鼻蝗蟲猛地一彎把觸角拉下來，用尖端來探測牠所關心的東西——打算大啃一頓的食物。

　　除了這種異乎尋常的樣子外，牠還有一個特點：這長長的高蹺使牠異於一般蝗蟲。普通的蝗蟲秉性和平，即使受飢餓所迫，彼此也相安無事地生活在一起；而長鼻蝗蟲則有點螽斯類昆蟲同類相食的習性。在我的網罩裡，食物很充足，牠要變換菜式很方便，可從萵苣轉到野味，但牠仍然肆無忌憚地啃食牠的衰弱同伴。

　　這便是將產卵方式告訴了我們的蝗蟲。在我的網罩裡，肯定是出於對囚居生活的厭煩，因而產生以下這種反常現象：牠從不把卵產在土裡。我總是看到牠在地面，甚至在高處[1]產卵。十月初，牠攀在籠罩的網紗上，非常緩慢地產卵，排出非常細的泡沫黏液，黏液立刻凝固成一條圓柱形的粗帶，這條有結節的粗帶可隨意折曲。排卵約需一小時。卵隨地掉，產婦對此漠不關心，再也不多加理會了。

---

[1] 灰蝗蟲有時也會有這種反常現象。——原注

　　每次產卵所產生的這種畸形物，顏色都會有變化，起初是草黃色，然後顏色變暗，第二天則變成鐵色。前部——最初排出的部分通常只有泡沫，只有終端才有卵，卵呈琥珀黃色，包在泡沫構成的外殼中，數目有二十多個，形狀爲圓鈍的紡錘，長八、九公釐。

　　這乾癟無卵的一端，最起碼跟另一端一樣大，這說明產泡沫的器官比排卵器官先運作，然後再跟排卵器官一道工作。

　　長鼻蝗蟲透過什麼樣的機制，使牠的黏性物質發泡，先是造成多孔的立柱，然後再造成卵的包裹物呢？修女螳螂用牠的小杓打蛋白，使之成爲發泡的蛋白；但是蝗蟲使黏液發泡的工作是在體內進行，外面根本看不出來。黏質物一排出來就有泡沫了。

　　螳螂的建築物雖然是如此複雜的傑作，卻無需一種服從母親命令的特殊才能，而僅僅是靠著工具的作用，用來盛卵的卓越箱子，純粹是身體作用的結果。長鼻蝗蟲更是如此，當牠排出牠那豬血香腸似的長繩時，牠純粹是一部機器，這一切是自動進行的。

　　其他蝗蟲亦然，牠們把卵儲藏在帶泡沫的囊中，並用一條

上升通道來保護，沒有什麼特別的技巧。母蝗蟲把肚子埋入沙中，把卵和黏液一齊排放出來，這一切純粹靠各個器官的機制自動配合進行：泡沫材料在外部凝固起來，並裹上沙礫做爲屏障，在裡面，卵有規則地分層排列於下部，而上端則是一個不堅固的泡沫立柱。

　　長鼻蝗蟲和灰蝗蟲的孵化都比較早。八月，草地上已經跳躍著灰蝗蟲，十月還沒過完，經常就可見到圓錐形腦袋的幼蟲了。但是其他大多數的蝗蟲，卵囊要到冬盡春來時才孵化。這些卵囊都在地下淺處，土是粉狀而活動的，如果這種土質不變，就不太會妨礙幼蟲爬出地面。但是多雨卻使土板硬化了，變成一塊堅硬的天花板。孵化是在兩法寸深的地下進行，幼蟲要如何鑽破這乾硬的地皮，怎樣從地下爬上來呢？靠的是母親盲目的技巧。

　　蝗蟲出來時，牠上面不是粗糙的沙和堅硬的土，而是一個垂直的隧道，這隧道牢固的砌面使幼蟲不致遇到任何困難；接著是一條由一些薄弱泡沫所保護的道路；最後是上升通道，把新生兒帶到離地面不遠處。到了那裡，要穿過約一指厚的地方則有巨大的阻礙。

　　這樣，靠著卵囊的延伸部分，幼蟲爬出地面的工作大多不

費力氣。我想觀察地下幼蟲是怎麼出土的，於是就用玻璃管來做實驗。當我把卵囊裡幫助牠們解放的延伸部分去掉時，幾乎所有的新生兒都會有一寸土蓋住，因而精疲力竭地死掉；而當我讓窩保持原先的狀態，有朝上的上升通道時，牠們都能夠爬到地面上來。雖然這是器官機制下的產物，昆蟲的智力並未在其中發揮作用，但我們必須承認，蝗蟲的建築物確實設計得非常巧妙。

小蝗蟲靠著上升通道來到離地面不遠處後，是怎樣解放出來的呢？牠還要穿過約莫一指厚的土層，這對新生兒來說是個十分艱巨的工作。

在春末的有利時機，把卵囊放在玻璃管中飼養，只要有足夠的耐心，是會求得答案的。藍翅蝗蟲最能滿足我的好奇心。六月底，我看到了正在進行的解放工作。

從殼裡出來的幼蟲呈淡白色，帶有淺紅的雲翳。為了盡量不妨礙蠕動的前進，牠孵化出來時像木乃伊狀，即像其他蝗蟲類昆蟲那樣，外面包著一個臨時盔甲，把觸鬚、觸角和腳緊緊貼在胸部和肚子上。牠的頭深深彎曲著，粗壯的後腳和前腳並排在一起。前腳折曲著，尚未成形，短得就像上身似的。前進時，腳鬆開一點，將後腳伸直成直線，做為挖掘工作的支點。

挖掘工具跟螽斯類昆蟲一樣在頸部，那裡有個泡囊像機器活塞似地規則鼓脹、收縮、顫動、撞擊著障礙物。頸部一個小小的泡囊非常嫩，卻與燧石進行著搏鬥。看到這黏液球費勁地對抗粗糙礦石，我不禁油然生起憐憫之情，且讓我來幫助這個不幸的傢伙，把牠要穿過的土層稍微弄濕一點兒。

儘管有我的參與，這個工作還是非常艱辛，經過一個小時，這個不知疲倦者才前進了一公釐。可憐的小蟲，這是怎樣的苦工啊！牠要堅持不懈地用頸子拱啊頂啊，用腰擺啊扭啊，才能夠從薄薄的土層中打開一個通道，而這土層我剛剛還用一滴救命的水弄濕了啊。

小蟲的努力收效甚微，這充分說明：來到陽光下要耗費巨大的力氣；如果沒有母親留下的上升通道，大部分幼蟲都要死去的。

螽斯類昆蟲的確也有同樣的工具，但牠們的出土卻更為困難。牠們的卵是赤裸裸地產在土裡，並沒有事先備妥的出土道路。所以這些欠缺預見者的死亡率必定非常大：在步出沙土的時候，成批成批的都要死掉了。

這說明了為什麼螽斯類昆蟲相對來說少些，而蝗蟲則非常

多，而這兩種昆蟲產卵的數目卻相差不遠。事實上，蝗蟲一窩約二十多個卵，但牠不只產一窩，而是兩窩、三窩甚至更多，這樣卵的總數就跟螽斯、蟈蟈兒等等的差不多。如果說，蝗蟲是為了滿足消費者嗜食小野味的這種愛好，所以家族才這麼繁榮昌盛；那麼繁殖力一樣強的螽斯卻日益衰微，這難道不該歸功於蝗蟲的出土小塔這個卓絕的創造嗎？

對於這種小蟲我還要多說兩句。這種幼蟲一連好幾天用牠頸部的挖掘器吃力地工作著。現在牠出來了。牠休息了一會兒恢復精神。然後在搏動的泡囊推動下，牠那臨時的外套裂開了。破爛的衣裳被後腳褪到後面去，後腳是最後蛻皮的。皮蛻掉了，小蟲自由了，牠的顏色還很淡，但已具備成蟲的最終形狀了。

迄今一直伸成直線的後腳，立即擺出制式的姿態；小腿彎曲在粗粗的大腿下面，這彈簧已經做好運作的準備了。現在彈簧運作了。蝗蟲，小蝗蟲進入了世界，第一次跳躍了起來。我用一片指甲大的萵苣餵牠，牠不吃。牠要曬曬太陽讓自己成熟起來，然後才吃東西呢。

第十七章

蝗蟲的最後蛻皮

　　我剛剛看見一件動人的事：一隻蝗蟲在進行最後蛻皮，成蟲從幼蟲的外套下脫身出來。這可真是了不起。我觀察的對象是灰蝗蟲，是蝗蟲類中的龐然大物，九月收穫葡萄時，牠經常飛到葡萄樹上。牠的身子有一指長，這樣的身材比另一種蝗蟲觀察起來更為方便。

　　灰蝗蟲的幼蟲胖得很難看，不過已經具有成蟲的粗略模樣，通常是嫩綠色，但也有的是淡黃色、紅棕色，甚至披著成蟲外衣那樣的灰白色。前胸呈明顯的流線型，有圓齒和小白點，多疣，後腳像成年蝗蟲一樣粗壯，肥大的腳上點綴著紅顏色，長長的小腳有雙面的鋸齒。

　　前翅過不了幾天就會大得超過肚子，但目前只是兩片不起

眼的三角形翼端，它的上部邊緣靠在流線型的前胸上，下部邊緣往上翹，像尖尖的擋雨簷。前翅勉強蓋住赤裸昆蟲背上的基部，就像西服的垂尾，卻爲了節省布料而被剪短得很難看。在前翅的遮蓋下有兩條狹長帶子，這是翅芽，比前翅還要短。

總之，不久後將成爲式樣壯觀、又苗條輕巧的翅翼，現下還是兩塊布料節省得不像樣的破爛衣服。從這些爛玩意裡會產生些什麼呢？是無比的標緻和寬大的翅膀。

現在來觀察一下牠是怎麼蛻皮的。幼蟲感覺自己已經成熟可以蛻皮了，便用後腳爪和關節部分抓住網紗，前腳曲折，交叉在胸前，沒有用來做爲昆蟲翻身背朝下時的支柱。前翅的鞘——三角形翼端打開了尖頂，向兩側張開；那兩條狹長帶子在暴露出來的間隔處中間豎了起來，並稍稍分開。蛻皮的姿勢就這樣擺好了，並保持著必要的穩定。

首先，必須讓舊外套裂開來。在翼端後部，前胸尖端的下面，由於反覆的脹縮產生了推動力。同樣的脹縮也發生在頸部前端，或許這種現象在將裂開的外殼掩護之下的全身都有。關節處靈敏的薄膜，可讓人在這些裸露處看出這一點，但中央部分則因爲被前胸的護身甲遮住，看不出來。

蝗蟲身上的血，在中央部位一湧一退地流動著。血湧上來時，就像水壓機活塞那樣猛然一擊。血液的這種推力，是身體集中精力而產生的噴射，使外皮沿著一條阻力最小的線裂開。這條線是生命根據精妙的預見性，而事先準備好的。裂縫就在整個前胸這個流線體上張開，就像從兩個對稱部分的焊接線處打開來。這外套的其他地方都打不開，唯獨在這個比其他部分薄弱的中間點開裂。裂紋往後延伸了些，並下至翅膀的連接處，然後往頭上開裂直至觸角底部，向左右稍稍分岔。

背部透過這個缺口顯露出來，非常軟而無血色，略呈灰白色。背部慢慢鼓脹，然後越來越隆起，這時它完全從外殼中露出來了。

接著，頭從外殼裡拔了出來，這外殼仍留在原處，絲毫無損，但透明的大眼睛看不見任何東西，樣子看起來很怪。觸角的套子沒有皺紋，毫無變動，還處於自然的位置，只是垂在這個變得半透明、沒有生氣的臉上。

可見得，觸角在蛻掉這麼窄、夾得這麼緊的外套時，沒有遇到任何阻力，所以外套沒有翻轉過來，沒有變形，甚至連一點皺紋都沒有。觸角的體積和外殼一樣大，一樣多節瘤，卻沒有弄壞外殼，輕而易舉就脫出外殼了，就像一個筆直光滑物從

一件寬外套中滑脫出來一樣。在後腳蛻皮的時候，這種機制表現得更爲驚人。

現在輪到前腳，再來則是關節部分蛻掉臂鎧和護手甲了。同樣沒有一絲絲的撕裂或弄皺外殼，也沒有改變自然位置的痕跡。此時，蝗蟲只靠長長後腳的爪固定在網罩上。牠垂直懸掛著，頭朝下，我碰碰罩子的網紗，牠就像鐘擺似地擺動著。四個小小的彎鉤是牠的懸掛支點。

如果後腳鬆開，如果這些彎鉤不鉤住，那這昆蟲就完蛋了，因爲只有在空中，牠才能展開牠那巨大的翅膀。但是這些後腳會堅持住的：在它們從外殼蛻出來前，生命的本能使其保持僵硬和牢牢不放的狀態，以便能毫不動搖地承受將從外殼中整個拔出來的動作。

現在前翅和後翅出來了。這是四個狹小的碎片，上面有隱隱約約的條紋，就像撕裂的紙繩一般，幾乎不及最終長度的四分之一。

它們非常軟弱，因爲支撐不住自身重量，而下垂在頭朝下的身子旁邊。翅的末端不受拘束，它本應向著後面的，現在卻朝向倒懸的頭部。在不毛的草地上，四片小葉子被暴風雨打得

垂下來，未來的飛行器官便是這副模樣。

　　爲了達到所需的盡善盡美，必須進行深入的工作。這項工作甚至已經在身體內部充分進行了：把黏液凝固起來，讓不成樣子的結構定形下來；可是在這神秘實驗室所進行之事，外觀卻完全看不出來。從外面看，一切似乎毫無生機。

　　接著，後腳擺脫了束縛，露出了粗壯的大腿，向內那一面呈淡玫瑰紅色，但旋即變爲鮮豔的胭脂紅。粗大腿出來很容易，把收縮起來的骨頭一掙，便打開了通道。

　　可是小腿就不然了。蝗蟲發育完全時，整個小腿上豎立著兩排堅硬而鋒利的小刺，另外，在下部末端有四個強有力的彎鉤。這是一把眞正的鋸子，有兩排平行的鋸齒，而且強壯有力，除了小之外，簡直可與採石工人的大鋸相媲美。

　　幼蟲的小腿結構相同，也是裹在有著同樣裝置的外套裡。每個小刺包在同樣的刺殼中，每個鋸齒都跟另一個同樣的鋸齒相契合，而且模鑄得這麼精確，即使用毛筆刷一層生漆來代替要蛻掉的外殼，也不如它貴得那麼緊。

　　然而小腿的這把鋸子脫出來時，它那緊貼的長外殼絲毫沒

被鉤破；如果不是看了又看，我壓根不敢相信。被拋棄的小腿護甲毫無損壞；末端的彎鉤和雙排鋸齒都沒有鉤壞外殼，那外殼薄到我一口氣就能把它吹破；而尖利的耙子在裡面滑動卻沒有任何抓痕。

我根本沒料到會有這樣的結果。當我看到帶棘刺的武器時，我想像小腿上的外殼會一塊塊地自己掉下來或被擦掉下來，就像死掉的表皮那樣。事實出乎我的預料，而且太令人意外了！馬刺和刺棘輕而易舉地從薄膜的模子裡出來了，這些東西是足以使小腿鋸斷一根嫩木頭的鋸子；而脫下來的破爛衣服卻仍在原地，靠著它爪狀的外皮，鉤在網罩的圓頂上，沒有一點皺褶和裂縫；用放大鏡也看不出上面有任何以強力硬剝下來的痕跡。這外殼在蛻皮前後，仍然不變。

如果有人叫我們把一把鋸子，從緊緊裹著鋼鋸齒的薄膜套子裡拔出來，又要絲毫不扯壞這薄膜套子，我們一定會哈哈大笑，因為這顯然不可能。可是生命對這種看來不可能的事情嗤之以鼻；生命有辦法在必要時實現荒謬之事。蝗蟲的腳吐露了這一點。

如果從緊裹的套子脫出之際，這把小腿鋸子就是這麼硬，那非把套子扎碎不可，否則它是出不來的。它必須繞過這個困

難，因為脛甲（腳的外皮）是它唯一的懸掛帶，絕對必須保持完好無損，才能夠提供牢固的支撐，直到它徹底解脫出來。

正在謀求解放的腳無法行走，它還不夠堅硬，軟弱無力，非常容易彎曲。只要我把網罩斜放下來，便會看到已蛻皮的部分受重量影響，隨我的意而彎曲。但是它很快便堅固起來，只消幾分鐘便具備適當的硬度了。

更進一步說，在外套仍然遮住的部分，小腿肯定更柔軟，處於一種極具彈性、甚至可說是液體的狀態，這使得它幾乎可像液體流動般地通過艱難的通道。

這時小腿上已經有了鋸齒，但絲毫沒有日後那樣的尖利。我可以用小刀的刀尖替一隻小腿去掉部分外殼，並把小刺從緊裹著的模子中拔出來。這些小刺是鋸齒的胚芽，是柔軟的肉芽，稍稍受力便會彎曲，一鬆開又恢復原樣。

這些小刺在出殼時往後臥倒，並隨著小腿褪掉皮而直立、堅固起來。我所看到的，不是單純地去掉護腳套、露出在盔甲內已成形的小腿，而是一種誕生的過程，這誕生迅速得叫人深感困惑。

螯蝦的鉗在蛻皮時，把兩個如手指般柔軟的肉，從石頭般堅硬的舊外套中脫出來，差不多也是這樣，但細膩精確的程度卻差得多了。

小腿終於自由了。它們軟軟地折放在大腿的骨溝裡，在那兒一動不動地成熟起來。肚子蛻皮了，它那精細的外套出現了皺紋，它往上脫衣，直至頂端。這時，只有這頂端還會卡在外殼內一段時間，除了這一處外，蝗蟲全身都露出來了。

牠垂直地頭朝下，靠已經空了的小腿護甲的鉤爪鉤住。在這個如此細膩、漫長的工作中，那四隻彎鉤一直沒有鬆開，因為蛻皮工作需要十分細膩且謹慎地進行。

蝗蟲動也不動，靠牠那破爛衣服固定著，牠的肚子鼓脹得大大的，顯然是儲存用以進行組織的汁液使肚子脹了起來，前後翅不久就要用上這些汁液。蝗蟲在休息，消除疲勞，就這樣等待了二十分鐘。

然後，頭胸部一使力，倒懸者直立起來，用前腳跗節抓住掛在牠頭上的舊殼。用腳鉤住高空鞦韆上倒掛著的雜技演員，為了直立起來，腹部前所未有地使勁。翻了這個筋斗之後，其他的就根本不算一回事了。

憑藉牠剛剛抓住的支撐物，蝗蟲稍稍往上爬便遇到網紗，這網紗相當於在野外蛻變時所使用的灌木叢。牠用四隻前腳抓住網紗。這時肚子末端完全解放了，牠最後一掙，舊殼就掉到地上了。

我對舊殼的掉落很感興趣，這讓我想起了蟬蛻如何頑強地頂著冬日的寒風，不從支撐它的小樹枝上掉下來。蝗蟲的蛻變方式跟蟬差不多，可是蝗蟲的懸掛點為什麼這麼不牢固呢？

只要拔身的動作尚未結束，彎鉤就一直鉤住，而這樣的拔身似乎會使一切產生搖晃。拔身動作一結束，隨便一動它就掉了下來。可見這裡的平衡極不穩定。這再一次說明，昆蟲是多麼分毫不差地從牠的外套脫身出來的啊！

由於找不到更確切的詞，我前面使用「拔身」這個字眼。可是這並不精確。這個詞意味著劇烈的動作，可是由於平衡的不穩定性，這兒並沒有激烈的動作；如果使勁用力，昆蟲就會掉下來，那牠就完蛋了。牠會在地上乾枯而死，或者至少牠的飛行器官就無法打開，始終是一些無用的破布。蝗蟲並不是拔身出來：牠小心翼翼地滑出外套，彷彿有一根柔軟的彈簧把牠彈出來似的。

　　再回到前後翅上來，它們在蛻皮之後沒有絲毫明顯的進步，始終皺縮在一起，簡直就像小繩頭，上面有豎的細條紋。它們要到幼蟲完全蛻皮並恢復正常姿勢後，最後才進行展開。

　　我們前面看到，蝗蟲翻轉過來頭朝上。這個重新豎立的動作，足以使前後翅恢復到正常的位置。原先它們因為重量所致，非常柔軟地彎起來掛著，自由的一端朝著顛倒的昆蟲頭部；而如今，同樣由於重量的作用，它們改正了姿勢而處於正常的方向。彎彎的花瓣沒有了，顛倒的方向沒有了，但這絲毫沒有改變它們毫不起眼的外表。

　　完全展開的後翅成扇形，一束輪輻狀的粗壯翅脈橫穿翅膀，成為可張開和折疊起來的後翅的構架。在翅脈之間橫向排列的無數支架層層疊起，使整面翅膀成為一個帶矩形網眼的網絡。既粗糙又小得多的前翅，也是這種方塊結構。

　　當前後翅形狀還像小繩頭時，根本看不出這種帶網眼的組織，上面僅僅是幾條皺紋、幾條彎彎曲曲的小溝，顯示這些殘廢的肢體是由一種巧妙折疊、體積最小的織物所構成的包裹。

　　翅膀的展開從肩部開始，最初什麼也看不出來，過了不久，顯現出一塊半透明的紋區，上面有清晰而標緻的網格。這

塊紋區一點點地擴大，慢得連放大鏡都看不出來，而末端胖嘟嘟不成樣的那塊東西，則逐漸縮小。在業已發展和正在發展的這兩部分交界處，我很努力地注意看也沒用：什麼都沒看出來，就像我在一滴水中看不出任何東西一樣。但是稍等一會兒，那方塊組織就清清楚楚地顯現出來了。

要是根據這初步的考察，我們真的會說，這是一種可以組織成實物的液體，突然凝固成帶肋條的網絡；我們會以為這是一種結晶，因為突如其來，這結晶就好像顯微鏡載玻片上鹽的融化似的。可是不然，事情理當不是這樣的。生命在創造其作品時，並非這麼突如其然。

我把一個發育一半的翅膀折下來，用高倍數的顯微鏡鏡頭察看它。這一次，我得到了滿意的結果。在似乎正在逐步結網的兩部分交接處，其實這個網絡早就存在了。在那裡，我非常清楚地辨認出已經強壯的豎翅脈；看到了橫向排列的支架，雖然這些仍然維持蒼白色，而且不突出。我在這末端的肌肉上找到了一切，還把這末端幾塊碎片攤開了呢。

這一點已經得到證實了。這時候的翅膀，並不是在織布機上靠著電動梭子而生產出來的一塊布料，而是一塊已經完整織好的布料。只需展開和具有剛性就可達致完美了，這就像噴漿

的熨斗在衣服上熨一下就行了。

　　經過三個多小時，前後翅完全展開了，豎立在蝗蟲的背上呈大羽翼狀，它們就像蟬翼開始時那樣，或無色或嫩綠色。想起它們最初那種不起眼的包裹模樣，如今卻展開得這麼大，不禁讓人讚嘆不已。這麼多材料怎麼能夠都找到安置的地方呢？

　　小說裡談到一粒籽裡裝著一位公主的全部衣服，而這裡是一粒更驚人的東西。小說裡的草籽為了發芽，要不斷繁殖，最終才能收穫辦嫁妝所需的麻數量，而蝗蟲的這一小塊肉，卻在短短的時間裡，生出寬大漂亮的翅膀來。

　　這個豎立成四塊平板、了不起的翅膀慢慢地堅硬起來，出現了顏色。到了第二天，顏色便達到了要求的程度。後翅第一次折合成扇子平放在應置處；前翅則把外部邊緣彎成一道鉤，貼到身子的側部。蛻變結束了。大蝗蟲要做的事，只剩下在歡樂的陽光下進一步壯實起來，把牠的外衣曬成灰白色就行了。讓牠去享受牠的歡樂吧，我們現在稍微回過頭來看一看。

　　我們先前曾看到，在緊身甲順著底部中線裂開後不久，那四個殘缺不全的東西便從外套脫出，包含著前後翅及其翅脈網絡；這網絡就算尚未完備，至少從總體看來，無數細節都已確

定下來了。爲了打開這可憐的包裹，把它變成豐滿的翅膀，只要起壓力幫浦作用的機制，把用於此時的儲存液汁，注入準備好的小槽裡去就行了，而此時正是最忙的時候。藉由這事先鋪好的管道，注射進去的涓涓細流就使翅膀張開來了。

但是，這四片薄紗還包裹在外套裡的時候，究竟是什麼模樣呢？幼蟲翅膀的抹刀，即三角形的翼端，是不是用一些模子，按照它們那彎彎曲曲折疊著的皺褶模樣，來把包裹著的東西加工定型，從而編織出未來前後翅的網絡呢？

如果擺在我們面前的是眞正的模子，那麼我們就能停止思考，無需再深思地對自己說：用模子灌注出來的東西跟凹模一樣，這很簡單嘛。可是這休息只是表面的，因爲我們會進一步想到：模子所具備的這些符合要求且錯綜複雜的結構，又是從哪裡來的呢？還是別追溯得那麼遠吧。對於我們來說，這一切都是弄不明白的。還是專注於可以觀察到的事實好了。

我把已經成熟到可蛻變的幼蟲的一個翼端，放在放大鏡下觀察。看到上面有一束呈扇形輻射的粗壯翅脈。在這些翅脈之間，有另一些蒼白的細翅脈。最後，還有無數非常短的橫線，更加細嫩，彎曲成人字形，這一切構成了這個組織。

　　這就是未來前翅的簡陋雛形；跟成熟的器官多麼迥異啊！做為建築物構架的翅脈，其輻射的布置完全不一樣；由橫翅脈隔成的網絡絲毫沒有未來的那種複雜結構。隨簡單雛形而來的是極端的複雜，在粗糙的基礎之上是盡善盡美。後翅的翼端及其結果——最終型後翅之間的變化也是如此。

　　如果把準備狀態和最終狀態都擺到眼前觀察，那就非常清楚了：幼蟲的小翼並不是一個簡單的模子，按其模樣來加工材料，並根據其凹模的式樣來製作前翅。

　　不是的，在這雛形中，還沒有人們所期待的包裹狀薄膜，這包裹一旦打開，它龐大的組織和複雜的結構，會叫人大吃一驚。或者該這麼說，這薄膜就在雛形中，不過處於潛在的狀態。在成為真物前，它是虛擬的存在，目前尚是一無所有，但存在著發生變化的可能性。它存在於雛形中，就像橡樹存在於橡栗中一樣。後翅的抹刀和前翅翼端未固定的邊緣四周，有一個半透明的小小肉球，在放大許多倍後，可以看到幾個未來鋸齒含糊不清的雛形。這很可能就是生命調製其材料的工廠。神奇的網絡上根本看不出任何可預見的東西，網絡上的每個網眼，將來都有自己確定的形狀和精確的位置。

　　可見，這是比模子更巧妙、更高等的結構，才能夠使這種

可加以組織的材料具備薄紗的形狀，並把脈絡組成走不出的迷宮。在這個結構裡，有標準的平面圖、理想的施工說明書，給每個原子規定了精確的位置。在材料尚未進行組織之前，完工的外形已經勾勒出來了，供塑性液流通的道路已經設計好了。人類建築物的礫石，則是根據建築師考慮好的施工說明書來堆砌：它們先是在想像中砌築，然後才落實地砌築起來。

同理，蝗蟲的翅膀——從不像樣的外殼中，生長出來的漂亮花邊狀薄翼，讓我們看到了另一種建築師，它畫出了平面圖，讓生命根據這圖樣去造物。

生物的誕生有萬千方式，遠比蝗蟲的誕生更加令人嘆為觀止，這令我們深思；但是，一般來說都難以覺察，因為時間的帷幕將它們給遮蓋了。時間緩慢而神秘地延續著，如果欠缺堅忍不拔、耐心等待的思想，我們就無法看到那些最驚人的場面。可是蝗蟲的蛻變卻異乎尋常的快，快得我們必須時時刻刻留意，而事情往往在你認為不可能的時候發生了。

誰想略窺生命以何等難以想像的靈巧方式發生作用，而無需枯燥乏味地等待，那他只需觀察葡萄樹上的蝗蟲就行了。種子的萌芽、葉片的舒展、花朵的綻放，都非常緩慢地不讓好奇的我們看到，而這種昆蟲卻將生命發展的過程顯露出來。我們

無法看到一株草是怎麼生長的，但卻能夠見識蝗蟲前後翅的生長情形。

　　一個小不點的東西經過幾個小時就變成漂亮的翅膀，看到這個卓絕的魔術真會叫人驚訝得目瞪口呆。啊！生命真是卓爾不群的藝匠，它啓動織布梭來編織蝗蟲這種毫不起眼的昆蟲翅膀。普林尼早就談到這一點：葡萄樹蝗蟲在這個不爲人所知的面向上，向我們展現出多麼強有力、聰明、完美，卻講不清、道不明的生命力啊！

　　這位老博物學家這次一定會得到極佳的啓發了！我們也重複他的話吧：「葡萄樹蝗蟲在這個不爲人所知的面向上，向我們展現出多麼強有力、聰明、完美，卻講不清、道不明的生命力啊！」

　　我聽說有位博學的研究者認爲，生命只是物理力與化學力的鬥爭。他殫精竭慮地希望，有一天能夠以人爲方法來獲得可以進行組織的材料，亦即行話所說的「原生質」。如果我有這種權力，我會立刻滿足這位雄心壯志之人的願望的。

　　好吧，就照這樣做吧；您以各種材料去準備原生質。經過深思熟慮、深入研究，輔以無比的耐心，終於實現了願望；您

從儀器中提取出了一種很容易腐敗、經過幾天就發臭的蛋白質黏液；總之，就是一種髒兮兮的東西。接下來，要如何處理您的產品呢？

是不是要把它組織起來呢？是不是將賦予它活建築物的結構呢？是不是要用一種注射器，把這原生質注射到兩片不會搏動的薄層之中，以便獲得哪怕是一隻小飛蟲的翅膀呢？

蝗蟲是以跟這差不多的方式行事的。牠把牠的原生質注射到小翅膀的兩個胚層之間，於是材料便在那裡長出翅來，因為這材料在那兒有我先前講過的原型做為指引，在發展進程的迷宮中，根據先它而存在、事先已制定的施工說明書做出反應。

在您的注射器裡，有沒有這個對形狀進行協調的原型，這個事先存在的調節物呢？沒有。那麼好吧，扔掉您的產品吧，生命絕不會從這樣的化學廢物中迸發出來的。

第十八章
松毛蟲的產卵和孵化

　　這種松毛蟲①已經有一部牠自己的歷史，由雷沃米爾執筆撰寫。但是，在當時的工作條件下，這位大師寫成的這部歷史，有其無法避免的缺陷。研究對象是用大型旅行馬車從遙隔千里的波爾多，從荊棘叢生的荒野中所運來。離開原來生活環境的昆蟲，只能向這位歷史學家提供業經大肆刪節、缺乏生物學細節的研究資料；而這正是昆蟲學研究的主要誘人之處。研究昆蟲習性，需要在昆蟲所居地進行長期觀察。在這些地方，我們跟蹤研究的對象，生活在適合其天性的環境中。

　　而雷沃米爾用來進行實驗和研究的對象，來自法國的另一端，牠對巴黎的氣候環境十分陌生，因此，他不可能了解到許

---

① 松毛蟲：又名松樹行列毛蟲。——編注

多有趣的事實。這就是他當時的研究現狀。後來他對另一種外來的昆蟲——蟬進行研究時，情況亦然。不過，他從荊棘叢生的荒野中所收集到的蟲窩，其價值仍然不小。

　　環境提供給我十分有利的條件，我對松樹上成串爬行的毛毛蟲的歷史，重新進行了研究。如果研究對象不符合我的要求，這當然不會是昆蟲的錯。在我的荒石園實驗地裡，種了幾棵樹，尤其種滿了荊棘，幾棵茁壯挺拔的松樹巍然矗立，其中有阿勒普松和奧地利黑松。這些松樹與荒野的松樹毫無二致。在過去的歲月裡，毛毛蟲占領了這些樹木，在上面編織大袋囊。這些樹葉所遭受的糟蹋破壞，就像經歷了一場大火似的，令人切齒痛恨。為了保護樹葉，我每年冬天都得用一根分岔的長板條嚴密檢查，徹底清除松毛蟲的窩。

松毛蟲成蛾

　　貪得無厭的小蟲，如果我聽任你為所欲為，很快松樹就將變得光禿禿，而我就再也聽不見松樹的喃喃細語了。今天，我要為我的煩亂憂慮索償。來締結一項契約吧！你得講述一個故事。講給我聽吧！講一年、兩年，或者更久些，直到我幾乎完全了解全部的情況為止。你放心吧，哪怕這些松樹會為此受苦受難，境遇悲慘。

　　契約簽訂了，毛毛蟲安然無恙，我很快就有了對觀察來說，頗爲寬裕的必要條件。我很寬容，三十多個毛毛蟲窩安在離我家門幾步遠的地方。如果這批毛毛蟲窩還不夠，附近的松樹會提供必要的補充。但是我最最偏好的，還是荒石園裡的毛毛蟲群，好方便我晚上在提燈照明下，觀察牠們的夜間習性。天天在我眼前、在我想要的時刻、在自然條件下，有這樣的資源，在松樹上成串爬行的毛毛蟲的歷史，必定會充分而完整地展現出來。就讓我們來試試吧！

　　我首先觀察的是松毛蟲的卵，雷沃米爾沒有見過。在八月上旬，仔細觀察與我們視線同高的松樹枝吧。稍加注意，很快就會發現，在葉叢中，一些微白的小圓柱體或這或那，把鬱鬱蔥蔥的青枝綠葉弄得斑斑點點。這就是松毛蟲蛾卵，一個圓柱體就是一個母親產下的卵群。

　　松樹的松針成雙成對地聚在一起。一對葉子的葉柄被套筒似的圓柱形物體所包裹。這個物體長三公釐，寬四到五公釐，外表如絲般柔軟光滑，白中略帶橙黃色，覆蓋著鱗片。鱗片像屋頂瓦片那樣層疊著，雖然排列得相當整齊，卻毫無幾何秩序可言，外觀跟榛樹沒開花的葇荑花序差不多。

　　這些鱗片近乎卵形，半透明，白色，底部略呈褐色；另一

端呈橙黃色。鱗片下端短尖，略微細小、散亂；上端比較寬大，好像被截去了一段，牢牢地固定在松針上。微風吹來也好，畫筆反覆擦拭也好，都不能使這些鱗片脫落。如果由下往上輕輕掃拂套筒似的圓柱體，這些鱗片就會像受到反向摩擦的絨毛那樣豎起，並且一直保持這種狀態；若朝反方向摩擦，它們就恢復原狀。此外，鱗片觸摸起來就像絲絨那樣柔和。它們精確地一片貼放在另一片上，形成一個保護蟲卵的屋面。在這些柔軟瓦片的庇護下，一滴雨水、露珠都不可能滲透進去。

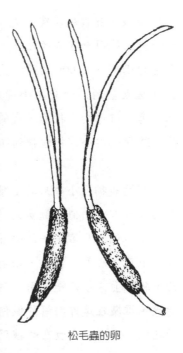

松毛蟲的卵

　　這個防護層如何形成，顯而易見。松毛蟲雌蛾脫去身體的一部分，來保護產下的卵。牠仿效供給我們鴨絨蓋腳被的鴨子——埃德爾，用自己蛻下的皮殼，為牠產的卵做成一個暖和的套子。對於這種蛾十分奇怪的特點，雷沃米爾已經加以推測過。且讓我們引證一段雷沃米爾的話吧：

　　雌蛾在身體尾部有一塊發光片。我第一次看見時，它的形狀和光澤就引起了我的注意。我手拿一根大頭針去碰觸它，察看它的構造。大頭針的摩擦產生了一個令我驚奇的小小景象，我看見大量閃閃發光的小碎片分離出來。這些小碎片到處散落，有的好像向上投射，有的則向旁邊投射。其中最堅固的那片，隨同一些小片輕輕掉到了地上。

　　那些我稱爲小碎片的物體，都是極薄的薄片，和蝴蝶翅膀上的鱗片有些相似，但要大得多。雌蛾尾部惹人注意的那塊板片，是一個鱗片堆，一個奇妙的鱗片堆。雌蛾好像是要用這些鱗片來覆蓋蟲卵。但是，松毛蟲蛾卻不想在我的住處產卵。因此，牠們並未展示是否用這些鱗片來覆蓋牠們的卵，也沒有告訴我，堆集在尾部的鱗片做何用途。這些鱗片並非無條件地給予牠們，不會白白放在那裡用不著的。

　　是啊，大師，您說的對。這樣厚厚實實、整整齊齊的一堆小碎片，並非徒然長在昆蟲尾部的。怎麼會有某種毫無目的、用不著的東西存在呢？您不這樣認爲，我也是。任何事物都有其存在的理由。是的，您推測這些在您大頭針尖下飛起的鱗片，可能是用來保護蛾卵的。您這樣推測，想法的確不錯。

　　我用鑷子尖果然取出了有鱗片的絨毛。蛾卵出現了，像白

色的琺瑯小珠子一樣。這些蛾卵相互地緊緊擠靠在一起，形成
九個縱列。我數了其中一列，共有三十五枚蛾卵。這九排蛾卵
幾乎一模一樣。圓柱體上卵的總數大約三百個。一隻雌蛾有個
多大的家庭啊！

　　一排縱列的卵和鄰近兩排縱列的卵精確地交替，沒有任何
空隙。多像珍珠製的工藝品，一件精緻玲瓏、巧奪天工的手工
藝品啊！然而，拿它和玉米粒排列優美的玉米棒相比，可能會
更準確些。它像個微型的玉米棒，但排列的幾何圖形更漂亮。
雌蛾「穗」上的顆粒略呈六角形，這是蟲卵互相擠壓的結果。
它們互相牢牢地黏合在一起，無法隔離開來。如果卵塊受到破
壞，就一片片、一塊塊地脫離松葉。這些小塊總是由好些蛾卵
組成，一種漆質似的黏性物質，把產卵時產出的珠狀物連接起
來。防禦性鱗片寬闊的基部就固定在這片漆上。

　　在風和日麗的時候，觀看雌蛾母親如何獲得這種整齊美觀
的作品，又怎樣在卵剛產下還具黏性的時候，用一片片從尾部
脫離的鱗片為這個卵製作屋頂，真是饒富趣味。目前，暫時只
有這個產品的構造，說明這項工作的進展情況。卵不是縱列產
下的，而是成圓形、成環狀產下的。這一點顯而易見。這些環
疊合起來，讓卵粒交替排列。產卵從下面，從接近松樹葉簇的
下端開始，在上面結束。最早產出的，是下面圓環的卵；最晚

產出的，是上面圓環的卵。鱗片全都縱向排列，而且由朝向樹葉的那一端固定。鱗片的安排布置，沒有不同的方向。

　　且以思考的目光，來審視眼前這座漂亮的建築吧。不論老少，無論質樸無華或者心智高超，看見這個嬌小可愛的雌蛾穗子，我們都會說真漂亮。讓人留下深刻印象的，不是像琺瑯那樣美麗的珍珠，而是它們那如此整齊、呈幾何圖形的組合。這是由完美的秩序支配頭腦不清的最卑微者，所創作出來的作品。這個評價是嚴肅的。一隻瘦弱的雌蛾也遵循著這個和諧的法則。

　　如果米克羅墨加斯②想要再次離開天狼星的世界，造訪我們居住的行星，他會在我們當中找到美嗎？伏爾泰③讓我們看到米克羅墨加斯這麼做：他用項圈上的一顆鑽石，為自己製作放大鏡，以便看看一艘在他大拇指上擱淺的三層甲板船；他和全體船員談話；一片指甲碎屑彎成一張頂篷，把船覆蓋起來，並且充做聾子的助聽器；用一根小牙籤的細長尖端碰觸這艘船，讓另一端升高到幾千托瓦茲④，碰觸巨人的嘴唇；這根小

---

② 米克羅墨加斯：伏爾泰哲理小說中的主角，類似英國作家史威佛特的小說《格列佛遊記》中的主角格列佛。——譯注
③ 伏爾泰：法國啓蒙思想家、作家、哲學家，1694～1778年。——譯注
④ 托瓦茲：法國舊長度單位，約等於1.95公尺。——譯注

牙籤充作受話器。從這場有名的對話中，可以得出這樣的結論：要正確地評斷事物，觀看它們的新面貌，換個星球這種舉動是最有效的了。

很可能，這個敘利亞人對人類藝術之美的概念相當貧乏。對他來說，我們的雕塑藝術傑作，就連出自菲迪亞斯[5]之手的傑作，也只不過是大理石或青銅的玩偶。對我們來說，這些玩偶並不比兒童的橡膠玩具更值得注意。我們的風景畫被評為用了太多討人厭綠色的蹩腳畫；我們的歌劇音樂，被說成是耗資巨大的喧鬧噪音。

這些東西屬於感覺的領域，具有相對的美學價值，其價值從屬於評價這些事物的組織結構。當然邁諾斯島[6]的維納斯[7]和貝爾維迪宮[8]的阿波羅[9]是絕妙的雕塑。但是，要欣賞這些雕塑還需要特殊的眼光和見解。米克羅墨加斯看見這些雕塑，憐憫人類體態的纖弱。對他來說，美是其他有別於我們那青蛙似肌肉組織的東西。

---

⑤ 菲迪亞斯：希臘雅典雕刻家，活躍於西元前490～前430年。——譯注
⑥ 邁諾斯島：希臘島嶼。——譯注
⑦ 維納斯：羅馬神話中愛與美的女神。——譯注
⑧ 貝爾維迪宮：梵蒂岡收藏藝術珍品的宮殿。——譯注
⑨ 阿波羅：希臘羅馬神話中司陽光、智慧、音樂、詩歌等之神，即太陽神。——譯注

　　相反的，讓我們指點他看看缺乏畢氏定理特性的風車吧。這種定理是埃及賢哲語錄的傳播者──畢達哥拉斯[10]所傳授的直角三角形的基本特性。如果出於偶然，和表面看來完全相反，米克羅墨加斯這位好心的巨人對事物一無所知，那麼，就讓我們來向他解釋風車的意義吧。一旦思想開了竅，他就會完全像我們一樣，發現那裡有美，有真正的美；當然不是在外形上，外形是討厭而不易辨識的筆跡，而是在三種長度之間永恆的關係中。他會跟我們一樣，讚賞使體積均衡的幾何學。

　　因此有一種嚴肅的美，屬於理性的範疇，放諸世界、宇宙皆然，無論這些天體是多是少、或白或紅、或黃或藍。這種普遍的美就是秩序。世間萬物都製作得恰如其分。這是一句偉大的話。它的真實性隨著對事物奧秘的探測，而更加顯露出來。這種秩序，普遍平衡的基礎，是一種盲目機制所產生的不可避免的結果嗎？或者正如柏拉圖所說，它被納入了一永恆幾何學家的規劃中？它是一個至高無上的美學家的美嗎？而這樣的美，是萬物存在的理由。

　　為什麼花瓣的彎曲部分那麼勻稱整齊？為什麼金龜子翅膀的雕鏤花紋如此優美雅致？這種極細部的優美優雅，與牠暴力

───────────────

[10] 畢達哥拉斯：古希臘哲學家、數學家，西元前580～前550年。──譯注

行為中的粗野力量相容嗎？這個精美的圓形獎章，是藝術家辛勞地熔煉爐渣，以電動鍛錘雕刻而成的。

　　以上種種微不足道的思考，衍生自即將誕生松毛蟲的卷狀物。一旦人們想深究一下事物的最小細節，一個科學調查無法答覆的為什麼，就會馬上產生。世界之謎當然可以在實驗室這個獲得細小道理之外的地方，得到解釋。但是，讓米克羅墨加斯去探討哲理吧！我們回到平凡的觀察上來吧。

　　在精巧穿綴珍珠的技藝方面，松毛蟲蛾有競爭對手。這些對手中有納斯特里蛾。這種蛾的幼蟲因其外衣之故，而為人所知。牠的卵像手鐲那樣，聚集在性質迥異的樹枝周圍，主要是蘋果樹和梨樹。任誰第一次看見這種優美的工藝品，都會自然而然地認為，它出自一個珍珠女巧奪天工的纖纖細指。我的兒子小保爾，每當看見這種小巧玲瓏、精美可愛的手鐲時，都會不由得睜大驚奇的眼睛，喊出一聲驚訝的「啊」來。秩序的美，使他那閃耀著質樸之光的思想，不得不接受它。

　　納斯特里蛾的環飾因為短些，尤其因為毫無殼套，使人聯想起另外一種圓柱體。這種圓柱體已經剝除了有鱗片的覆蓋層。要補充這些優雅地協調配合的例證很容易。這種協調配合有時採用這種方式，有時採用另外一種方式，但始終採用一種

完美的技藝。時間不多，還是言歸正傳，讓我們專注於松毛蟲蛾吧！

　　雌蛾九月開始孵卵。有的蟲卵圓柱體早些，有的則晚些。為了便於追蹤觀察新生幼蟲最初的工作情況，我在實驗室的窗上，放置了幾根載著蟲卵的枝杈。樹杈的基底浸在一杯水中，水會讓這些枝杈在一段時間內，保持必要的新鮮。

　　上午將近八點，在陽光照射窗子前，小小的毛毛蟲離棄了蟲卵。如果稍稍掀起正在進行孵化的圓柱體的鱗片，就會看見一些黑色腦袋正在輕咬、弄破、推開已經撕碎的天花板。這些小傢伙慢慢露出身子，在整個表面上觸目皆是。

　　孵化以後，從外觀看，有鱗片的圓柱體與它似乎還住滿居民時一樣整齊、新鮮。只是在把小碎片稍微掀起時，才看清裡面根本沒有小蟲子居住。蟲卵仍然排列得整整齊齊，這時它像一個個稍稍打開、略呈半透明的白色杯狀物。它們現在少了無邊圓帽狀的蓋子。這個蓋子已經遭到新生幼蟲破壞、撕裂了。

　　這些瘦弱的創造物才一公釐長。牠們還沒有很快將會裝扮上身的那種鮮橙黃色，現在身子淡黃，長滿纖毛。這些纖毛有的短些，呈黑色；有的長些，呈白色。牠們的腦袋黑得發亮，

大小與身體相稱，直徑是身體的兩倍。大顎一開始就有股猛勁，能夠去咬啃不動的食物，與這個大腦袋十分協調。腦袋大，強固地裝著角，這就是新生幼蟲的主要特徵。

人們看到這些大頭動物對於啃咬堅硬的松針方面，已經先行裝備妥當了，牠們幾乎一出生就展開攝食。幼小的毛毛蟲在搖籃的鱗片中間，漫無目的地遊蕩一會兒後，大部分都去到搖籃裡的松針上，這些松針是牠們出生地那個圓柱體的軸心，並且向外遠伸。另外一些小毛毛蟲，則前往鄰近的樹葉。牠們或這或那地入席就座，在被啃咬的樹葉上，形成一條條被原封不動的葉脈所限定的細小凹陷條紋。

三、四條吃飽的小毛毛蟲排成直行，一道行走，但很快又迅速分開，各自隨心所欲地亂逛。這是未來排成行列行進的學習期。我只要稍稍打擾牠們一下，牠們就搖晃身體的前半部，像斷斷續續放鬆的彈簧般，輕輕搖頭。

陽光照射到飼養著幼蟲的窗子角落。這時，這個小家庭的成員在體力充分恢復後，退向牠們出生的雙葉基地，在那裡亂糟糟地聚集起來，開始吐絲做繭。牠們的工作，是製作一個極精細的氣泡，這個氣泡倚在鄰近的幾片樹葉上。在這個帳篷，一張很稀疏的網下面，蟲兒在烈日當空和日照最強的時刻睡午

覺。下午，陽光從窗口消逝後，這個羊群就離開隱藏處，一邊在四周分散開來，一邊在半徑只有大拇指長的範圍內，稍微結隊行進，然後再開始吃草。

就這樣，從一孵化起，松毛蟲便表現出將隨年齡增長而發展，但不會再獲增加的才能。蟲卵破裂不到一個小時，松毛蟲就變爲成串爬行者和紡紗工。牠在恢復體力的時候，也是個避光動物。我們將很快地發現，牠要到晚上才會去牠的牧場——葉叢。

這個紡紗工十分瘦弱，但非常勤勞，牠在二十四小時內製作的絲球有榛果那麼大；兩週之內製作的絲球，則有蘋果那麼大。但這還不是過多的大住所中心，只不過是個臨時的隱藏處，很薄，建築材料不很昂貴。在溫暖宜人的季節裡，要求不用太多。幼小的松毛蟲放開肚皮，啃咬這座建築的小椽和桁杆，即包含在絲牆裡的松針。在這些桁杆之間張掛著線繩。這座建築同時提供食宿。這種極佳的起居條件使小蟲子可以免於外出，而在牠們這個年齡，外出是危險的。對這些瘦弱的小蟲子來說，吊床也是食品櫥。

支撐的松針被蠶食到葉脈後就乾枯了，很容易脫離枝杈，球形絲罩變成風一吹就倒塌的破爛房屋。這時，毛毛蟲家庭就

著手搬遷，到別處去搭新帳篷。新帳篷的堪用時間和第一頂差
不多長。這跟阿拉伯人隨著駱駝毛帳篷周圍的牧草被吃光耗盡
而搬遷，情況是相同的。這些臨時住所多次重新修建，重建的
地址越來越高，以致這個原來被圈圍在曳地樹枝上的羊群，最
後到達了上面的樹枝，有時甚至到達樹梢。

　　幼蟲的毛呈淺白色，十分濃密，豎起來很醜又難看。幾個
星期後，第一次蛻皮，幼蟲長出了豐密漂亮的毛。在背部表
面，除了前三個體節外，不同的體節都裝飾著一幅由六塊裸露
的醋栗色小板所拼成的鑲嵌畫，在皮膚的黑底上突顯出來。六
塊小板中，兩塊最大的在前面，兩塊在後面。在這個四邊形的
兩邊，各有一塊近乎點狀的板。這些板塊全都被鮮橙黃色的毛
柵欄圈圍起來。這些毛呈輻射狀，幾乎偃倒著。腹部和胸側的
毛則比較長，微白。

　　在這件深紅色細木鑲嵌工藝品的中央，矗立著兩簇很短的
纖毛。這些纖毛聚集成平平的冠毛，像金色點在陽光下閃閃發
光。這時松毛蟲的身體長兩公分，寬四公釐。這就是松毛蟲的
中年服裝。雷沃米爾不知道這種服裝，正如他也不知道松毛蟲
幼年的服裝一樣。

第十九章

松毛蟲的窩和社會

　　十一月寒冷來臨，修造牢固的冬季住所的時刻到了。在松樹的高處，松毛蟲選擇了一個樹葉聚集得恰到好處的枝梢；在那裡，紡紗工用一張擴散的網，把枝梢覆蓋起來。這張網使毗鄰的樹葉稍稍向內彎曲，接近中軸時，葉端隱沒在編織物中。松毛蟲就這樣圈圍起半絲半葉、能夠防禦惡劣天氣的居所。

　　十二月初，建築物已有兩個拳頭大或者更大。等到將近冬末，終於大功告成，臻於完美時，體積達到兩升。這個粗糙的卵形體，下部體積縮減，延伸到一個包裹著支撐住所的枝枒的鞘套裡。

　　每晚七點至九點之間，如果天氣允許，松毛蟲就離開蟲窩，下到裸露的枝枒上。這裡是住所的軸心，道路十分寬闊，

枝杈有時如瓶頸般粗大。松毛蟲亂七八糟地下來，總是慢吞吞的，常常是第一批毛毛蟲還沒散開，最後一批就和牠們會合起來了。枝杈就這樣擠擠地覆蓋著一層松毛蟲。這就是毛毛蟲共同體。這個共同體逐漸分成小組，分散到鄰近的枝杈上，以便吃樹葉。松毛蟲在這條路上爬行時，無不讓吐絲器工作，寬闊的下行路在毛毛蟲回歸時，便成了上行路。由於松毛蟲長年累月、日復一日在這條路上來來去去，這條路上便覆蓋著構成鞘套的大量連續線。

顯然，松毛蟲夜間外出時一再經過，而在那裡留下的雙線鞘套，並非只是個為了便於歸返時，能找到蟲窩而放置的指示器，因為若是如此，放置一根帶子就已足夠。這個支撐物的用途可能是加固建築物，使這座建築有深厚的根基，並且與毫不動搖的樹杈連在一起。

建築群的上部，包括鼓突成卵形的居室，下部包括柄、蒂，與圍繞著支撐物並將抗力添進其他繫桿抗力中的殼套。

每個未因毛毛蟲長期居留而變形的蟲窩中央，都顯露出一個不透明的白色大殼，周身圍有半透明的薄紗套子。中央大殼由密集的線組成，房間的隔牆是一塊厚厚的莫列頓呢。未經碰觸的大量綠葉充做圍牆，隱沒在裡面，這堵牆的厚度可能達到

兩公分。

　　圓屋頂的頂端半開著一些圓孔，圓孔的數量和分配情況千變萬化，直徑有普通鉛筆那樣大小。這些圓孔是住所的門，松毛蟲就從這些門洞進進出出。在這個白色大殼的周圍，露出並立起一些未被啃咬的樹葉。從每根松針梢都發散出一些線，形成優美的鞦韆曲線。這些線鬆弛地交織在一起，形成一張輕柔的帷幔，一個保養良好的寬闊遊廊。

　　那裡有寬廣的平臺。白天松毛蟲在那裡，在陽光下小睡，一條蟲靠在另一條身上，脊椎彎成圓圈。上面所張的網是床頂華蓋，既能減弱日光的照射，又能防止睡覺的松毛蟲在風吹搖晃枝杈時跌落。

　　用剪刀沿著經脈把蟲窩刮開吧。一扇寬大的窗戶打開了，因而可以得見蟲窩內的布置。首先讓人留下深刻印象的，是圈圍著的樹葉絲毫未被觸動，仍然茁壯繁茂。幼小的松毛蟲在牠們的臨時住所裡啃咬，直至毀滅被絲套罩住的樹葉。天氣惡劣時，牠們不離開隱藏處，這幾天裡，牠們的食物櫥裝得滿滿的。牠們幼弱的身體需要這種條件。身強力壯後，牠們在冬季營地裡工作，這時就盡量小心不去觸動這個食物櫥。為什麼這時這樣猶豫不決，顧慮重重呢？

理由顯而易見。這些樹葉是棲所的屋架，一旦受損，很快就會乾枯。北風一刮，馬上就會脫落。絲的袋囊被拔離它的基礎，就會倒塌。反之，樹葉不受損傷，始終壯實，就可強固地支撐棲所，防禦冬寒的侵襲。在風和日麗的季節，牢固的捆縛物對臨時帳篷來說，並沒什麼用處；但對長期的居處來說，卻必不可少。因為後者會受大雪襲擊、寒風吹刮。松樹上的紡紗工對這些危險瞭若指掌，不管飢餓多麼緊迫難熬，牠們都不會鋸掉房屋的小樑。

我在剪開的蟲窩內部，看見一條稠密綠葉形成的柱廊。一個如絲般柔軟光滑的鞘套或多或少罩著它。在這個套子裡，懸空晃動著剝下的殘破皮屑和一串串乾糞。這個內部既是垃圾場，又是破舊衣物出售地，十分噁心。總而言之，它和美麗的圍院極不相稱。周圍是厚絨呢和弄亂的樹葉形成的高牆。蟲窩裡沒有房間，沒有用隔板分開的單間。房屋是獨一無二的，綠葉柱廊層層疊起，高高低低，呈卵球形，像一座迷宮。松毛蟲亂七八糟地聚集在柱子上，牠們正在休息。

屋頂上錯綜複雜、混亂不堪的東西掀掉後，陽光透入帽狀拱頂。與外界交通聯繫的狹洞，正好與明亮的部位吻合。包裹著蟲窩的網並無特別的洞孔。松毛蟲從這個或那個方向穿越這張網，只需稍微排開稀稀疏疏的線就行了。內部的圍院，這座

密實的壁壘有門。薄薄的外部遮蔽物則沒有。

上午約十點鐘，毛毛蟲離開牠們晚間的居所，來到晴好陽
光照射的平臺上。平臺位在由松針梢所支撐的遊廊下面。松針
梢之間隔著一段距離。毛毛蟲天天在平臺上午睡，動也不動，
互相堆靠，身子浸透暖氣，十分舒適惬意，要隔很久才懶洋洋
地搖搖頭，表示牠們心滿意足。夜裡，約莫六、七點鐘之間，
睡著的毛毛蟲醒來了，牠們動來動去，彼此分開，隨心所欲地
在蟲窩的表面散開。

這景象的確令人心醉神迷。鮮豔的橙黃色斑紋在一大塊白
色絲綢上，波浪似地起起伏伏。毛毛蟲或上升，或下降；有的
橫向散步閒逛，有的排成短短的縱列，結隊行進。每條松毛蟲
都既莊重豪邁，卻又毫無秩序地行進，一邊把始終掛在口器上
的絲線，黏貼在所經之處。

牠把細細的一層絲，和先前那層並列起來，這樣就增加了
居所的厚度，用新的支撐物加固了住所。鄰近的綠葉被網抓絆
住，遮沒在建築物中。雖然這些樹葉只有尖端不受拘束，卻從
這一點輻射出擴大紗網，將紗網連接得更遠的曲線。每天晚上
的兩小時內，如果天氣許可，蟲窩的表面就熙熙攘攘、熱鬧非
凡。住所的加固加厚工作進行得如火如荼，毫不鬆懈。

松毛蟲這樣未雨綢繆，對冬天的嚴寒具有高警覺性，難道是已預見到自己的未來了嗎？顯然不是。若說幾個月的生活經驗教會了松毛蟲什麼，那麼這經驗告訴牠們的，就是家門口就有美味可口的樹葉飯，還有就是，在蟲窩的平臺上以及在陽光下，甜美地昏昏欲睡。可是迄今還沒有任何事物告訴牠們，寒涼刺骨、連綿不斷的冰霜雨雪和兇猛吹刮的狂風是什麼滋味。可是，這些對冬日苦難一無所知的昆蟲警惕提防，似乎對嚴冬將至的後果一清二楚。牠們幹勁十足地修建棲所。這股熱情勁似乎在說：「松樹搖動它那積霜的枝形大燭臺時，我們在這裡互相緊挨著睡覺，多麼舒服愜意啊！我們勇敢地工作吧！」

是的，松毛蟲，我的朋友，讓我們勇敢地工作吧。大人和小孩，人和蟲，堅持不懈地工作吧，好讓我們能夠安安穩穩地睡大覺。你們昏昏沈沈地睡，準備變成蛾。我們睡到臨終，睡到生命中止，獲得新生。

我想要在無需提燈照明及氣候良好的條件下，進行跟蹤觀察，密切注意我那些松毛蟲的生活習性，去了解在荒石園深處的松樹上發生的事；於是，我在暖房裡放置了半打蟲窩。這間暖房十分簡陋，裝著玻璃。這個地方雖然比外面暖和不了多少，但至少可以遮風蔽雨。每個蟲窩以充做其軸心和屋架的樹杈固定在沙土上，有兩件衣服下襬那麼高。幼蟲像接受分配的

口糧那樣，接受一束小松樹枝杈。這些細枝被啃食後，我馬上
又重新補充。每天晚上，我提著燈察看這些寄宿者。就這樣，
我取得了大部分資料。

在整修工作過後，松毛蟲從窩裡下來，在支撐物的銀白罩
殼上添加幾根絲線，去到旁邊的新綠枝束上。這些身披橙黃色
濃密纖毛的羊群，三三兩兩排列在每根松針上。行列緊緊挨
著，以致綠油油的細杈在重壓之下彎垂。這景致多迷人啊！

同席用餐者全都動也不動，頭向前伸，靜悄悄地啃咬，安
詳而寧靜。黑色的腦袋在燈光照耀下閃閃發光。在下面的沙土
上，落下雨點般的細粒。這是消化快速而靈巧的胃的殘渣。第
二天早晨，地面將會消失在從肚腸裡如冰雹般落下的這一層綠
東西之下。是的，這景象值得一看，是一幅遠勝過蠶寶寶那粗
陋營房的景象。

無論老幼，我們都對牠產生了濃厚的興趣，晚上的聊天往
往都以去看看暖房裡的松毛蟲做結尾。

松毛蟲的晚餐一般要延續至深夜，最後吃飽了才返回窩
裡，有時早些有時晚些。牠們在窩裡感到自己盛絲的壺裝得滿
滿的，於是在窩面上再紡織一會兒。這些勤勞的織工小心翼

翼，生怕穿過那塊白色絲綢時，忘記在上面添加幾根絲線。當整個羊群都回到窩裡時，已經將近淩晨一、兩點鐘了。

一方面，身為飼育者，我的職務是每天更換那些已被啃咬到最後一根針葉的細小枝杈；另一方面，我身為歷史家的責任是，了解松毛蟲的飲食會變化到何種程度。鄉野向我提供松樹上成串爬行的毛毛蟲窩。毛毛蟲在松樹、海洋松樹和阿勒普松樹上爬行，不加區別，卻從不在其他針葉樹上爬行。然而，似乎所有具樹脂芳香的樹葉都適合，和化學分析所說的一樣。

當曲頸瓶裡混合著肴肴的時候，我們要仔細注意觀察。我們要讓它製備奶油加蠟燭油脂、馬鈴薯加白蘭地。一旦確定它的製品相同，我們要拒絕它那些討厭的東西。科學技術生產的毒物多的令人吃驚，卻永遠不會供給可食用的東西。儘管未經加工的物質，在很大程度上屬於科學技術的領域；但是，既然這種物質像胃所要求的那樣，必須藉由生命的勞動組合而成，是可以分開且無限細分的；那它就避免了科學技術的方法。胃的需求不能以試劑去進行定量。有朝一日，細胞和纖維的物質可能以人工方法獲得；但是，細胞和纖維本身，永遠不會這樣獲得。這就是用曲頸瓶供應松毛蟲飲食的癥結所在。

松毛蟲讓我們深切確定了，問題中那無法克服的困難面。

我相信化學資料，因而向松毛蟲提供荒石園裡生長的各種松樹代用品：冷杉、紫杉、側柏、刺柏和柏。松毛蟲啃咬這些代用品嗎？儘管這些樹含有樹脂的酒香味，牠們也不去啃咬。牠們寧肯餓死，也不去碰觸。只有一種針葉樹——雪松例外。我的這些寄宿者吃雪松樹葉，絲毫不覺有任何厭惡情緒。為什麼是雪松，而不是其他樹呢？我不知道。松毛蟲的胃和我們的胃一樣小心謹慎，自有其奧秘。

轉到其他實驗上吧！我想了解蟲窩的內部結構，於是在蟲窩中部打開了一道縫隙。由於劈開的莫列頓呢自然收縮，這道裂縫在蟲窩中部微微張開，約兩根指頭寬，上下兩部分都縮成紡錘體。面臨這樣的災難，紡紗工會做些什麼呢？當松毛蟲在圓屋頂上成堆打盹時，我就在白天操作。這時房間裡空無一蟲，我可以大膽地用剪刀剪裁而不致有殺死一部分居民之虞。

我的破壞活動沒有弄醒睡著的松毛蟲。整天都沒有一條松毛蟲在這個缺口上出現。牠們這樣漠不關心，似乎是因尚未意識到危險。今晚再度熱鬧起來的時候，就會是另外一回事了。不管這些松毛蟲的智力多有限，肯定會注意到這個會讓冬天致命的穿堂風，毫無阻攔吹入的寬大窗戶。牠們有大量可以用來堵塞的東西，會在這個危險隙縫的周圍花上一、兩回，匆匆忙忙把它堵塞起來。我們這樣推斷，卻忘了蟲子的陰鬱愁悶。

　　黑夜來臨了，松毛蟲仍然絲毫無動於衷。帳篷的缺口沒有引起任何不安，牠們在窩的表面上來來去去。牠們工作，像平常那樣紡線。行動方式沒有變化，毫無變化。在行進中，幾條毛毛蟲偶然到達了裂縫深淵邊緣。可是牠們毫不匆忙、毫不焦慮，全無將裂口兩邊合起來的嘗試跡象。牠們只尋求越過困難的通道，繼續散步閒逛，就像在一件未經觸動的紡織品上行走那樣。牠們在身長所及的範圍內，大老遠地把線固定起來，用此法勉勉強強越過了危險通道。

　　深淵越過了，牠們不受干擾，沈著冷靜，在缺口邊上繼續行進，不稍停息。現在，另外一些松毛蟲突然到來。牠們像使用人行小橋那樣，使用已經扔投的絲線穿過裂口，不加理睬，並且還在那兒留下自己的絲線。就這樣，隙縫下面有了一張纖細的薄紗。這張薄紗幾乎感覺不到，剛好足夠服務這塊移民地上的交通往來。同樣的事在隨後幾晚重複發生，裂縫終於被一張蛛網似的薄薄東西閉合起來了。這些就是我所觀察到的全部現象。

　　多末，不再有什麼事了。我用剪刀剪開的窗子仍然半開著，被精打細算地用罩布蓋著，像黑色的紡錘豎在蟲窩表面。在這塊有裂縫的織物上全無織補處，毫無莫列頓呢添加在兩唇之間，將屋頂重新修建完整。如果意外事件發生在露天，而非

玻璃屋頂的掩蔽下，那麼，愚蠢的紡紗工很可能會凍死在牠們
那有裂縫的屋子裡。

這項實驗重複了兩次，結果都相同，證明松毛蟲沒有意識
到住所有裂縫的危險性。這些能幹靈巧的紡織工，就像沒意識
到工廠裡線軸的線斷裂了那樣，也沒注意到其產品已被損壞。
如果牠們將浪費於不必要處的絲，用來修補損壞處，很輕易就
能緊緊關閉住所，在那裡編織如同室內其他牆壁一樣，厚實牢
固的布料。

但是情況並非如此。牠們平靜地繼續從事平時的工作，如
同昨日、明日那樣地紡織。讓已經堅固的東西更加堅固，讓已
經厚實適度的東西更加厚實。誰也沒想到去堵塞會引發災難的
縫隙。在這個空隙放置一個片塊，就是再添上填塞裂縫的織
物。可是牠們沒有這樣做，昆蟲的技藝不重複已經做過的事。

我已經多次闡述過毛毛蟲的這一心理特點，尤其是大天蠶
蛾幼蟲的愚蠢。當實驗者將牠那形成蟲繭尖頂的多重網截去一
段時，這條毛毛蟲把剩餘的絲，耗用在不太要緊的工程上，而
不去修理對保護隱居者來說，極為必要的錐體物棲所。牠沈著
鎮定地繼續牠的工作，就像沒發生過任何特別的事似的。松樹
上的紡織工，對待牠那破裂的帳篷也是如此。

啊，我的松毛蟲，你的飼養者又來煩擾你了。但是，這次是為了讓你得到好處。我很快地發現，住在冬季住所的居民，往往比住在幼小松毛蟲編織的臨時掩蔽所裡的居民，為數更多。我也觀察到，這些蟲窩發展到最後，體積大小懸殊，最大的相當於五、六個小的。這些差異的根源在哪裡呢？

當然，如果所有的蟲卵都成熟得很好，一隻雌蛾一次產卵所麋集的有鱗片圓柱體，就足夠讓一個大囊袋住滿毛毛蟲。三百粒琺瑯珠子似的蟲卵要在那裡孵化；但是，在人口過快大量繁殖的家庭，總會產生重建平衡的大量損耗。正如蟬、蟑螂和蟋蟀所證明，如果即將加入家庭的青少年成千上萬，被選定的必然是大大精簡的羊群。

松毛蟲是形形色色貪饞者所利用的，另一個有機物工廠。因此牠們一旦孵化，數量就會減少。鮮嫩的一口食物使幾十個倖存者留在小球狀物形成的薄網周圍。松毛蟲家庭在這張網裡度過秋天晴美的日子。但很快地，毛毛蟲就必須考慮過多的牢固帳篷了。屆時，家庭人丁興旺就有好處，團結力量大嘛。

我認為，應該有個合併幾個家庭的容易辦法。松毛蟲將其絲帶做為在樹上行走遷徙的嚮導。牠們循著這條帶子返回時，會在上面轉急彎，因而可能沒遇上這條帶子，反而遇到不分軒

輕的別條帶子。而那帶子是通向附近某個蟲窩的路。迷路者老老實實在上面行走，沒認出兩者之間的區別。牠們就這樣到達一個陌生的棲所。假設牠們在那裡會受到和平友好的接待吧！到底會發生什麼呢？

在牠們行走時，途中的偶發事件會把幾個蟲群聚集起來。這些蟲群合併起來後，會形成足以從事大規模工程的強大城邦。協調一致的薄弱力量會產生強大的公會組織。在其他景況依然悲慘可憐的蟲窩附近，出現人口極稠密、體積龐大的蟲窩，就是最好的說明。第一批產物——蟲窩，出自結合各處紡織工的利益所組成的聯合企業。第二批蟲窩則屬於被道路上的厄運所遺棄的孤立狀態家庭。

被陌生帶子牽引而突然到來的毛毛蟲，在新家會否受到盛情接待？這點尚待了解。對暖房裡的蟲窩進行實驗比較容易。晚上，在放牧毛毛蟲群的時刻，我用整枝剪剪下住滿了一窩居民的細枝椏，把這些枝椏放在鄰近的蟲窩糧食堆——松樹針葉上。在這些糧食堆上，松毛蟲同樣滿坑滿谷，大大超載。我的操作很簡單，把駐紮著第一個蟲窩的那簇青枝綠葉整個取走（上面住滿了羊群似的蟲群），插在掛著第二個蟲窩的那簇枝葉附近，讓兩簇枝葉的邊緣略微混雜。

地主和搬遷者之間沒有發生任何爭吵齟齬，大家彼此繼續平靜地吃草，好像什麼事也沒發生似的。退離時刻一到，各自毫不猶豫地向窩裡走去，就像始終在一起生活的姐妹似的。睡覺前大家都紡織，把被子弄厚一些，然後湧進寢室。第二天、第三天，只要有需要，我就重複相同的操作，收納遲到者。如此這般，輕輕鬆鬆就讓第一個蟲窩徹底空出，把裡面的松毛蟲倒進了第二個窩裡。

我還可以做得更好些。採用同樣的流放方法，我把三個同機構的工人添到一個紡織廠去，使這個工廠增大了三倍。我之所以這麼做，並不是因為在這次忙亂的搬動中出現了某些混亂，而是因為我看不出實驗會有什麼限制。松毛蟲多麼寬容溫厚地接受新加入的居民啊！紡織工人越多，紡織得越多。這是一條十分正確的行事法則。

讓我再補充一句：被輸送的松毛蟲對牠們先前的棲所，絲毫沒有依依不捨的離愁別恨，牠們在別人家裡就像在自己家一樣。牠們並未嘗試返回我用妙計將牠們驅趕而出的蟲窩。牠們沒有那樣做，並不是返程距離令牠們灰心喪氣。空棄的樓所距離頂多不過兩件衣服的下襬那麼遠。要是為了研究所需，想讓空棄荒涼的蟲窩再度住滿，我就不得不又求助於流放。這個行動，日後總也會取得成功的。

之後，在二月偶爾晴朗的日子裡，松毛蟲得以在沙土坡道和暖房的高牆上，排成行進長列時，在沒進行任何干預下，我就能夠觀察兩組毛毛蟲群的合併。對我來說，耐心注視一支行進中松毛蟲縱隊的一系列動作變化，就已足夠了。我看見這支縱隊走出蟲窩後，有時由於道路的偶然改變，而被引導返回別個窩裡。從此以後，外來的松毛蟲也和其他松樹毛毛蟲，以同樣名份成為這個社群的一員。同理，當松毛蟲夜晚在松樹上遊逛時，起初的弱小群體會擴大，並達到大型建築工程所需的紡織工數目。

「一切都歸於大家。」松樹上成串爬行的松毛蟲這麼說。牠吃樹葉時，從不為鄰居吃了幾口這個問題進行任何爭吵。牠出入別人住所就像自家居室那樣，而且總是受到友好的接待。無論牠是不是這個族群的成員，都在這個群體的宿舍和飯廳裡有一席之地。別人的窩就是牠的窩，別人的牧場就是牠的牧場。和老伙計或偶然遇到的新同伴相比，牠的那份口糧既不多也不少。

「我為人人，人人為我。」松樹上爬行的毛毛蟲如是說。每天晚上牠耗用自己那一小筆絲資本，來擴大或許仍顯嶄新的避難所。若是自食其力，牠能夠用那束微薄的絲做什麼呢？幾乎成不了什麼事。但是在紡織廠裡，紡織工數以百計。每條松

毛蟲都用自己微不足道的絲紡織公共布料，織出了一條厚實的大被子，能夠抵禦嚴冬的酷寒。每條松毛蟲既為自己工作，也為別的毛蟲工作。別的松毛蟲用同樣的幹勁，也為每條同伴工作。啊！這些不了解「產權即鬥爭之源」為何物的松毛蟲啊，這些嚴格實踐完美共產主義的理想主義者，這些生活刻苦的隱居者，多麼令人羨慕啊！

松毛蟲的這些習性，引發了人們的某些思考。一些慷慨大度、心地開闊的人，幻想多於理性，向我們提出把共產主義當做醫治人類災難最有效的良藥。這種主義在人類當中行得通嗎？他們指出，在這樣的社會組織裡，大家也許會忘掉生活中的一些野蠻粗暴行為。這樣的社會古今皆有，而且永遠都會有；可是，普及這樣的組織可能嗎？

松毛蟲能夠提供這方面的寶貴資料。我們千萬別為此感到臉紅吧！我們的物質需求蟲子也有。蟲子和我們一樣，會為了在生命之宴上取得自己那一份而進行鬥爭。我們不應該不屑研究牠解決生存問題的方式。我這就來問問，在松毛蟲當中盛行聚居苦修的原因吧！

第一個必然的答覆是：糧食問題，這個世界的可怕搗亂者，在松毛蟲那裡被消除了。既然肯定能夠不鬥爭就填飽肚

子，和平自然就會普降社會。一根松針，甚至不足一根松針，就足夠松毛蟲食用。這根松針總是在嘴前，取之不盡用之不竭，幾乎就在住所的入口處。有胃口時，松毛蟲外出呼吸新鮮空氣，排成長列行進一會兒，然後，無需經過艱苦搜尋或嫉妒眼紅的敵對鬥爭，就在筵席上就座。從來不缺供應豐盛飯菜的食堂，因爲松樹粗大、慷慨。一夜復一夜，只需去稍遠的地方入席就餐就行了。因此，在糧食問題上既不愁現在，也不愁將來。松毛蟲簡直像呼吸般，輕而易舉就可找到吃的機會。

大氣以無需人們懇求的慷慨大度，用空氣養活上帝所有的創造物。動物在毫不知情、不費勁和未使用技能的情況下，寬裕地得到自己必不可少的那一份空氣。反之，吝嗇的土地只在受到痛苦強迫後，才讓出它的財富。土地太貧瘠了，無法滿足各種需求，便把食物的分配工作交給激烈的競爭。

這一口必須獲得的食物，引起消費者之間的鬥爭。瞧瞧同時碰到一截蚯蚓的兩隻步行蟲吧！牠倆誰吃這片肉呢？戰鬥，激烈而兇殘的戰鬥，將做出決定。這兩隻飢腸轆轆的動物要隔很久才能吃到東西。在牠們之間，共同生活是不可能的。

松樹上成串爬行的毛毛蟲，擺脫了這種種不幸。對牠來說，土地就像大氣那樣樂善好施、慷慨大度。牠花在飲食上的

力氣並不比呼吸更多。我們還可以列舉其他一些完美的共產主
義例證。在實行素食制度的生物種類中，大家集聚一起，是因
爲糧食極其豐富，不需費力尋找。相反地，在肉食制度下，獲
得獵物困難重重，於是群居苦修制被廢除。對個體來說，自己
所得的配額都太少了，同桌用餐者來這裡做什麼呢？

　　松樹上成串爬行的毛毛蟲，既不知道缺糧爲何物，也不了
解什麼是家庭，這是另一個無情競爭的根由。力求獲得肥缺顯
職，只是生活強加給各種鬥爭的一個面向；另一方面，還必須
在可能的範圍內，爲自己的接班人準備好一席之地。由於保存
物種比保存個人更爲要緊，因此，爲未來進行的鬥爭，遠比爲
現在進行的更加激烈。所有的母親都把子孫的興旺發達，當成
頭等大事。只要自己的一群孩子身體健康，就讓別的都死亡
吧。人人爲自己，這就是牠的法則，野蠻兇殘的生存鬥爭強加
於人的法則。保護未來，這就是牠的準則。

　　既然存在著母性及其職責，共產主義便不再可行。乍看之
下，某些膜翅目昆蟲似乎肯定了相反的道理。例如棚簷石蜂。
這種昆蟲成千上萬地在同一片屋瓦上搭窩築巢，母親在那裡修
建宏偉的大廈。這是個眞正的共同體嗎？絕對不是。

　　這是一座城市；這裡只有鄰居，沒有合作者。在這裡，每

個母親捏製自己的蜜罐，積攢自己兒女的嫁妝。每個母親不爲別的，只爲自己的家庭，殫精竭慮，精疲力竭。啊！如果某個母親只不過停落在一個不屬於牠所有的蜂窩邊緣，就會引起衝突。宅子的女主人會對牠猛烈推撞，讓牠明白牠這樣做是不能容忍的。這時牠必須盡快逃跑，不然就會爆發一場戰鬥。在這裡，財產所有權是神聖的。

蜜蜂雖然合群，群居性更強，但在母性利己主義方面並不例外。每個蜂箱只有一隻雌蜂；如果有兩隻就會爆發內戰，其中一隻就會死於另一隻的匕首下，或者移居他鄉，一大群蜜蜂將會追隨牠而去。蜂箱裡的蜜蜂數量多達兩萬，雖然都有能力產卵，但卻放棄母親身份，過著獨身生活，以便養育這個只能有一個母親的神奇家庭。在這裡，共產主義在某些方面占主導地位；但是，對絕大多數蜜蜂來說，母親身份卻消亡了。

胡蜂、螞蟻、白蟻以及各種群居昆蟲的情況，也是如此。共同生活使牠們付出了昂貴代價。成千上萬隻昆蟲停留在完全變態狀態，成爲寥寥幾隻具備性能力昆蟲的卑微助手。母性既然是普遍的固有特性，於是在石蜂中個人主義就重新出現，儘管牠們具有共產主義的外貌。

松毛蟲免除了種族的維持延續。牠沒有性別，或者毋寧

說，牠隱晦地準備使性別成爲不明確的原基事物，像所有那些還不是自身、但有朝一日會成爲自身的事物一樣。當母性──成熟年齡的盛開之花，像花朵般怒放時，個人財產所有權必然跟著隨之引發的競爭、爭奪，一道出現。這種昆蟲現在即使和平，卻也會像其他昆蟲一樣，出現利己主義不能容忍異己的行爲。松毛蟲雌蛾將離群索居，唯恐失去自己將在上面產卵的松樹針葉。雄蛾撲動翅膀，爲爭得牠們垂涎的雌蛾而相互挑戰。在溫厚寬容者中，這場鬥爭並不嚴重，但畢竟是一幅交尾期時常發生致命打鬥的削弱景象。愛情透過戰鬥支配世界。它也是激烈競爭的根源。

松毛蟲近乎無性，對愛戀的本能十分冷漠，這是共同和平生活的主要條件。可是，這還不夠。共同體的完美和諧，需要全體成員之間擁有均等的力量、才能、口味和工作本領。這些或許也支配其他昆蟲的條件，在這裡幾乎全都齊備。松毛蟲在同一個蟲窩裡成百也好，上千也好，彼此之間毫無區別。

所有的松毛蟲身材相同、力氣相同、服裝相同；牠們的紡織才能相同、幹勁相同，把絲小壺盛裝的東西都耗用於集體福利上。必須工作的時候，沒有一條松毛蟲，懶懶散散，拖拖拉拉。除了對職責完成的滿足外，牠們沒什麼別的刺激。在風和日麗的季節裡，每天晚上牠們都同樣地辛勤紡織，日以繼夜地

積極工作，直到用盡白天裝滿絲的儲藏器的最後一滴為止。在
松毛蟲族群中，沒有能幹、愚蠢的；沒有強弱；沒有節食或貪
食的；沒有勤勞、懶惰的；沒有節省或浪費的。這條蟲所做
的，別的蟲也做，以相同的幹勁去做，做出來的成績也半斤八
兩。這真是個平等世界。但是，唉，這可是毛毛蟲的世界呀。

　　如果說，我們人類適合向松毛蟲學習，那麼牠會向我們表
明，平等主義和共產主義理論是空虛無用的。平等是個多麼漂
亮的政治標籤啊！但僅此而已，別無其他。這種平等在哪裡？
在人類社會裡，我們能夠找出兩個在精力、健康、智慧、工作
本領、預見能力，以及在其他構成繁榮興旺等重大因素的才能
天賦等方面，都完全相同的人嗎？要在哪裡才看得見像兩條松
毛蟲那樣，完全相似的東西呢？哪裡也看不見啊。不平等就是
我們的命運！

　　一個聲音，不管怎樣重複都一個樣，無法形成一種和諧。
要突顯和諧的甜美動聽的價值，需要不同的聲音：有強有弱，
有深沈，有尖銳；甚至還需要刺耳難聽的不和諧。人類社會正
是由於相異事物聚集、會合、競爭，才變得和諧。如果平等主
義的夢想得以實現，那麼，我們將下降到松毛蟲社會的單調狀
態。藝術、科學、進步、發展，都會在枯燥無味的平庸寧靜中
永遠沈睡。

　　而且，這種普遍的平均化實現後，我們將距離共產主義更遠。為了實現共產主義，正如松毛蟲和柏拉圖所教導的，必須消滅家庭，必須有不費吹灰之力就能得到的豐富食糧。當獲得一口麵包還十分困難，還需要艱苦工作的時候（並非每個人都能夠進行這種工作），當家庭還是我們深謀遠慮的神聖動力的時候，「人人為我，我為人人」這種慷慨大度的理論，絕對行不通。

　　其次，若是取消為自己及親人每天努力地掙麵包，我們會從中得到好處嗎？這點非常可疑。因為果真如此，我們可能會廢除掉人間的兩大樂事：工作和家庭，而此二者是唯一能給予生命某些價值的樂趣；若是這樣，我們將可能扼殺讓我們變得偉大的東西。而這種野獸般的褻瀆行為所產生的結果，可能是松毛蟲式的人類法倫斯泰爾[①]。松樹上成串爬行的毛毛蟲，就是這樣向我們現身說法的。

[①] 法倫斯泰爾：法國烏托邦社會主義者傅立葉（1772～1837年）所夢想建立的社會的基層組織。——譯注

第二十章
松毛蟲的行進行列

　　商人丹德諾①的綿羊群，跟著被巴呂儲狡黠地扔到大海裡的那一頭羊走，前仆後繼地被沖下水中。哈伯雷說，這是因為綿羊，這種世界上最愚蠢、最荒謬的動物天性如此，不管哪頭羊往哪裡走，牠總是跟著。至於松毛蟲，並非出於愚蠢、荒謬，而是因為需要所致，比綿羊更加盲從。第一條松毛蟲爬到哪裡，其餘的松毛蟲也排成整整齊齊的行列爬到那裡，中間毫不間斷。

　　牠們排成一行，像一條連綿不斷的細帶。每條毛毛蟲都與前後的同伴頭尾相接。領頭開路的松毛蟲，隨興之所至東爬西爬，畫出一條複雜交錯而蜿蜒曲折的路線，其餘的松毛蟲也依

① 丹德諾：法國作家哈伯雷所著《巨人傳》中的人物。——譯注

樣畫葫蘆，連古代由希臘人派往聖殿的代表所組成的宗教儀式行列，也沒協調得這麼好。為啃噬松葉的毛毛蟲所取的「松樹上成串爬行的毛蟲」②這個名字，就是如此得來的。

　　如果說，這種松毛蟲終其一生都是走繩索的雜技演員，那麼牠的特點則已補充足矣。牠只在繃得緊緊的繩索上行走，只在牠邊前進邊鋪設的絲軌上行走。領頭的松毛蟲隨機應變，不斷吐出絲來，把絲固定在牠東轉西轉、隨意行走的道路上。這條線路細得用放大鏡也無法看清，只能依稀辨別出來。

　　第二條松毛蟲來到這座纖細的步行橋時，就用牠的絲把橋加厚一倍，第三條毛毛蟲把它加厚兩倍，其他松毛蟲也都用牠們的吐絲器在橋上塗膠質物。結果，當松毛蟲隊伍魚貫爬行之後，就留下一條狹窄的帶子。這條帶子是松毛蟲行經之後留下的痕跡，它那晶瑩的白色在陽光下閃爍。松毛蟲修築道路的方法，比我們的方法更加耗費資財。牠們鋪路不用石子，而用絲綢。我們用碎石鋪路、用沈重的滾輪碾平路面。牠們則在路上鋪設柔軟的綢緞軌道。這是一項攸關眾人利害的工程，每條松毛蟲都為它獻出自己的絲。

---

② 松樹上成串爬行的毛蟲：原意為宗教儀式隊伍成員。——譯注

　　這種豪華奢侈有什麼好處呢？難道松毛蟲不能像其他毛毛
蟲那樣爬行，而不使用價值昂貴的材料嗎？我從牠們前進的方
式看出了兩個理由。松毛蟲是在夜間去吃松針的，在沈沈的黑
暗中，牠們爬出位於枝梢的窩，循著裸露的樹枝一直下行到下
一根還未遭啃噬的分枝。隨著啃噬者啃光了上面的針葉，下一
根分枝的位置就越來越低，松毛蟲便爬到這根還未被觸動的小
樹枝上，分散在綠色的松針叢中。

　　吃完這餐後，夜更寒冷了，現在該回家裡去躲藏起來了。
沿直線走，這段距離並不長，還不到兩臂加起來那麼長。但
是，步行者無法跨越這段距離。牠必須從一個十字路口下降到
另一個十字路口，從松針下降到小枝杈，從小枝杈下降到小
枝，從小枝下降到大枝，再從大枝經過一條同樣左彎右拐不斷
的小路，爬回上面的住所。這條路漫長曲折，千變萬化，靠視
覺來帶路是行不通的。松毛蟲在頭的兩側有五個視覺點。用放
大鏡看，這些視覺點很小，很難辨認得出來，牠們不可能看得
太遠。此外，在沒有光亮的夜間，漆黑一團時，這種近視的透
鏡又有什麼用呢？

　　在這個問題上，考慮松毛蟲的嗅覺也沒什麼用。這種毛毛
蟲有沒有嗅的本領呢？我不知道。我雖然不能對此做出定論，
但是我至少可以肯定，牠的嗅覺很遲鈍，絕對不適於為牠帶

路。在我做實驗的時候,幾條飢餓的松毛蟲證明了這一點。這些餓了很久的松毛蟲,在行經一根松樹小枝的時候,完全沒顯露出任何貪婪和停留的跡象。是觸覺在向牠們提供資訊;就算飢腸轆轆,只要口器沒有偶然碰觸到這個牧場,就不會有任何毛毛蟲駐足於此。牠們不往嗅到的食物爬去,只在擋道的小枝上停留。

排除了視覺和嗅覺,還剩下什麼來引導牠們回到窩裡去呢?只剩下牠們在路上吐絲結成的細帶子了。在克里特島的迷宮中,忒修斯③如果沒有阿麗亞德涅④給他的一團繩索,他就會迷路。松樹上那一大堆亂七八糟的松針,就如同米諾斯迷宮⑤般,錯綜複雜,走不出去,在夜裡更是如此。於是松毛蟲便借助那一小根絲線,在松針叢中爬行前進,而不至於迷路。在撤離時刻,每條松毛蟲都輕易地又找到了自己的那根絲線,或者找到鄰近的一條絲線。這些鄰近的絲線被不同的蟲群陳列成扇形。這個散開的族群,漸漸在那條共同的帶子上集合起來,排成直行。這條帶子的發源地就是蟲窩。這個飽餐了一頓的商隊,循著這條帶子,肯定又會爬上牠們的莊園。

---

③ 忒修斯:希臘神話中的雅典國王。——譯注
④ 阿麗亞德涅:希臘神話中克里特島之王米諾斯的女兒,忒修斯的情人。——譯注
⑤ 米諾斯迷宮:米諾斯之孫在克里特島修建的迷宮。——譯注

　　白天，甚至在冬季，當天氣晴好時，松毛蟲有時會進行遠端探險。牠們從樹上下來，在地上冒險，排隊行進五十步。外出不是爲了覓食，因爲要吃光出生地的松樹還早得很，已被啃食的小枝跟龐大葉群比起來微不足道；而且，黑夜還未結束，牠們就要徹底戒絕飲食了。這些遠足者只是爲了進行保健散步或爲了朝聖而探察周圍地區，也許還爲了察看日後將藏匿變態的沙地，此外就別無其他目的了。當然，在這些大規模的移動中，起引導作用的小帶子並沒被忽略。此時這條帶子更是不可或缺。所有的松毛蟲都用牠們吐絲器的產品爲此盡力。每次前進時，只要前行一步，掛在口器上的絲線就會固定在路上，這成了一條不變的定律。

　　如果列隊行進的行列相當長，帶子就會寬大得容易尋找。然而在返途中，牠並非不費什麼周折就能找到。請注意這一點：行進中的松毛蟲從不完全地轉過身子，牠們絕對沒有在細帶上做過一百八十度的大轉彎。

　　爲了再走上原來那條老路，松毛蟲只得像畫一條鞋帶似地行進。牠們的領隊隨興之所至，任意決定這條帶子的彎曲程度和寬窄長短。領隊在試探摸索中前進，行動是那麼飄忽遊移，以至蟲群有時不得不餐風露宿。但這並不嚴重。松毛蟲集合起來，蜷縮成團，身體互相挨著，動也不動。第二天再重新探

路。或早或晚總會幸運找到的，這根彎曲的帶子經常一下子就遇到導路的帶子。一旦第一條松毛蟲步上了軌道，就絲毫不再猶豫。於是，這群同伴便邁著急促的步伐向窩裡前進。

另一方面，這些用於鋪設道路的絲，用途明顯。為了免受嚴冬工作時，必然會面對的寒風冰凍襲擊，松毛蟲為自己織造隱蔽所，牠將在那裡度過天氣惡劣的時刻，和不得不停工的閒日子。這時的松毛蟲孤孤單單，絲管裡只有微薄的資源。牠在受到猛烈南風吹打的松樹枝梢，艱難困苦地保護自己。修建一個經得起風吹雪打、冰霧襲擊的牢固住所，需要成千上萬條松毛蟲的通力合作。於是大夥將個人微不足道的力量結合起來，修造寬敞持久的建築。

工程歷時長久。每天晚上，只要時間允許，工程就得進行加固、擴大。因此，在天氣惡劣的季節和松毛蟲的身體維持在毛毛蟲狀態期內，工作者的公會必須存在，不得解散。但是，如果沒有特別的布置安排，每次夜間外出都會導致這個公會分裂解體。在這個飽腹慾念產生的時刻，個人主義便會抬頭。松毛蟲散開的程度不一，在周圍的枝杈上離群索居。每條松毛蟲單獨吃牠的那份松針。接著牠們如何重新聚集、變為群體呢？

每條毛毛蟲留在路上的絲線，都使得這種活動易於進行。

　　有了絲線引導，任何松毛蟲，不管住得多遠，都會回到同伴那裡，從不迷路。毛毛蟲從一簇細枝、從這或那、從下面趕來。於是分散的隊伍很快就重新集合起來。絲線比道路更好。它是群體的繩帶，是維持共同體成員緊密團結的網。

　　在或長或短的行進行列前頭，都走著領頭松毛蟲。我稱牠為領隊，雖然領隊這個詞用在這裡不很得體，但沒有更好的詞，只好退而求其次了。的確，這條松毛蟲和其他松毛蟲並沒什麼特別的區隔特色。牠會排在隊伍最前面，純屬偶然罷了。在松樹上成串爬行的毛毛蟲中間，隊長是臨時軍官，現任總指揮。過了一會兒，如果發生意外拆散了隊伍，又按不同的次序重新組合，那麼指揮就又換成了另一條蟲子。

　　領隊毛毛蟲的臨時職務，使牠擺出一副特殊姿態。當其他松毛蟲排得整整齊齊，被動地跟隨牠的時候，牠這個隊長搖搖擺擺，動來動去，突然把身體前部一會兒伸向這裡，一會兒伸向那裡。在行進時，牠似乎在了解探測情況。牠真的是在探測地形嗎？牠在選擇最利於通行的地點嗎？或者牠的猶豫不決，只是因為尚未行經之處缺乏一根引導絲線？牠的部屬跟隨牠，十分平靜，足間的細帶讓牠們很放心。但這位領隊卻沒有這種支援，因而惶恐不安。

從發生在牠那像柏油滴般黑色發亮腦袋下的事，我能看出些什麼呢？從行動來看，牠的確有那麼一丁點能力，能夠在經過測試後，辨識太過粗糙不平、滑溜的地面，或是不具承受力的粉狀地點，特別是其他遠足旅行者留下的絲線。我和松毛蟲的接觸交往告訴我，關於牠們的心理狀態僅止於此，或者說幾乎止於此。真是可憐的腦袋！可憐的蟲子！牠們的共和國的保護者竟然是一根絲線！

行進行列的長短千變萬化。我曾看見過，在地上操演的最美行列有十二公尺長，有將近三百條松毛蟲。這些毛毛蟲排列出波浪形的帶子，正規整齊，哪怕只有兩排隊伍，秩序也十分完美。第二行接觸並跟隨第一行。從二月起，在暖房裡我有各種大小的隊伍。我可以向牠們設下什麼陷阱呢？我只想到了兩個：取消引導和弄斷絲線。

取消行進行列的領隊，並沒引起任何引人注意的變化。如果事故沒引起什麼麻煩，行進行列的速度就絲毫不變。第二條松毛蟲一旦成為隊長，馬上就了解該職位的責任。牠選擇，牠領導。更確切地說，牠猶豫不決，摸索試探。

絲帶斷了，也無關緊要。我把接近行列中央的一條松毛蟲取走。為了不震撼松毛蟲隊伍，我截去這條松毛蟲所占的那一

截帶子，並且抹除牠剩下的最後一點絲線。這樣一截斷，行進行列就有了兩個互不依賴、各自獨立的領隊。後面那個行列很可能跟前面那個行列會合，牠與前面行列的間距很短。倘若如此，一切就恢復原狀了。

更常出現的情況是，這兩部分不再合而為一。如此一來，就會出現兩個截然不同的行進行列。牠們都隨心所欲地遊逛，越走越遠。但是，無論如何，兩行列的松毛蟲由於不斷流浪漂泊，遲早都會在截斷處找到引路帶子，都知道返回蟲窩。

這兩個實驗普普通通，意義不大。我思考醞釀了另外一個很具概括意義的實驗。我打算在破壞連結並可能改變道路的帶子之後，讓毛毛蟲畫個封閉的圓圈。把火車頭引向另一個分岔的轉車轍，卻沒有起作用時，火車頭會繼續循著既定路線前進。松毛蟲總是感覺前面的絲質軌道上無阻礙，到處都沒有轉車轍。牠們將保持在同樣的路線上嗎？牠們將堅持走一條永不會到達目的地的路嗎？問題在於，如何用人工方法鋪成這個圓圈，這個在慣常情況下不會出現的圓圈。

我的第一個想法是，用鑷子夾住火車尾部的絲帶，完全不抖動地彎曲它，然後把它放在行列的行首。如果充當開路先鋒的松毛蟲加入這個行列，事情就辦成了。其他松毛蟲將亦步亦

趨，忠實地跟隨牠前進。理論上這個動作輕而易舉，但實踐起來卻困難重重，不會有什麼有價值的成果。這根帶子極其纖細，稍稍帶起一些黏住的沙粒，就會在沙粒的重壓下斷裂。即使不斷裂，不管人們怎樣謹慎小心，後面的松毛蟲都會感受到震動。這種感覺使牠們蜷縮成一團，甚至捨棄帶子。

更大的困難是，松毛蟲行進行列的領隊，拒絕接受放在牠前面的帶子。牠對帶子被截斷的一端疑神疑鬼。牠辨認不出原來那條沒斷裂的路，一會兒朝偏右的方向前進，一會兒朝偏左的方向前進。牠巧妙地溜開，擺脫窘境。假如我試著干預，把牠帶回我選擇的道路上，牠就拚命拒絕，縮成一團，一動不動。這種混亂現象很快就蔓延到整個行進行列。我們別再堅持下去了。這個方法不好，嘗試起來很費勁，至於是否會成功又令人懷疑。

必須盡少干預，並且設法得到一個天然的封閉圓圈。這可能嗎？是的，可能。在沒進行任何干預下，就看到一個行進行列出現在一條完美的環形跑道上了。這個結果值得嚴加注意。我認為這是出於偶然的環境條件所致。

在安置著蟲窩的沙土層坡道上，有幾個盆口圓周為一公尺半的大花盆，種著棕櫚樹。毛毛蟲常常攀爬花盆的盆壁，並且

一直攀升到突出的盆緣上。這個場所非常適合松毛蟲列隊行進。這或許是因為盆緣十分穩固，在這個表面上，不必擔憂在地上活動時，成堆的泥沙崩塌物；也或許是因為有個利於在攀升疲勞後休息的水平位置。環形跑道是現成的，我只需要等待實現計畫的有利時機到來。但這個時機無法預料。

一八九六年一月的最後一天，近晌午時分，我突然看見一大隊松毛蟲在窗臺上行進，開始向牠們喜愛的花盆盆緣走去。牠們魚貫而行，慢慢攀爬巨大的花盆。到達盆緣後，排成整齊的行列前進。這時，另外一些松毛蟲也陸續來到，把隊伍拉長。我等待毛毛蟲編織的這條細帶再度閉合，亦即等待那個始終沿著環形軟墊行走的領隊，回到進入的地點。環形路軌在一刻鐘內鋪成了，這條閉合環形路畫得多好啊，非常近似圓圈！

現在，適合排除攀升縱隊的其餘成員了。就理論而言，過多的隊員到來，會擾亂良好的秩序。清除所有的絲質羊腸小道，無論新舊，也一樣重要。因為牠們可能把花盆盆緣和地面連結起來。我用一枝大畫筆把多餘的松毛蟲掃掉，再用一把粗刷子細心擦抹花盆盆壁，使松毛蟲在路上鋪設的絲線統統消失。做完這些準備工作後，一個奇怪的景象呈現在眼前。

在這個連續不斷的環形行進行列中，不再有領隊。在每條

松毛蟲前面都有另外一條，在絲的痕跡引導下，牠亦步亦趨，緊緊跟隨前面的同伴。這個痕跡是集體的工作成果。每條松毛蟲後面都緊隨著另一條松毛蟲，這個現象在整條鏈條上不斷重複，一成不變。沒有一條松毛蟲擔任總指揮，更準確地說，沒有一條松毛蟲任憑心血來潮，改變跑道路線。大家都循規蹈矩，絕對服從，並且相信原本應當為牠們開路，實則被我以妙計取消了的嚮導。

毛毛蟲從在花盆盆緣上行進起，就鋪設了絲軌，這條軌道很快就被在路上不斷吐絲的行進行列，轉變為一條狹窄帶子。它最後回到起點，沒有任何分支，因為我的畫筆已經把分支刷掉、破壞了。在這條封閉騙人的羊腸小徑上，這些松毛蟲會做些什麼呢？牠們將轉圈閒逛，永無休止，直到精疲力盡嗎？

古老的煩瑣哲學對我們談到比利當[6]的驢子。這頭有名的蠢驢置身於兩份燕麥之間，這兩份讓人垂涎欲滴的食物，重量相同，方向相反，牠因猶豫不知該吃哪一份而餓死。這頭可敬的牲畜遭到了誹謗污蔑。牠並不比其他驢子愚蠢，在現實中，牠應該是會大嚼那兩份燕麥，以此來回應邏輯推論的陷阱的。

---

[6] 比利當：法國經院哲學家，1295～1358年。比利當的驢子是他提出的假設。
　　——譯注

我的這些松毛蟲會有一點聰明才智嗎？經過再三考驗後，牠們
會懂得衝破始終讓牠們身陷其中，找不到出路的封閉環形圈
嗎？牠們會決定從這邊或那邊偏離嗎？偏離是唯一能得到牠們
那份燕麥的方法，那份燕麥就在那裡，就在毗鄰，就在只有一
步之遙的綠枝上。

　　我認為會這樣。但是，我錯了。我思忖：「過些時候，一
小時或兩小時，行進行列將轉彎；接著，松毛蟲將會察覺牠們
走錯了路。牠們將拋棄錯誤的道路，在某處，不論哪個地方下
降。」當離開毫無阻礙的時候，牠們卻留在那裡忍飢挨餓，任
憑風吹雨打，在我看來這是不能容許的愚蠢行為。但是，事實
卻由不得我不信。現在讓我來詳細談談吧。

　　一月三十日，將近中午，風和日麗，松毛蟲隊伍開始環形
行進。牠們的步伐整齊規範，每條毛毛蟲都緊跟前面那條毛毛
蟲之後。這根連續不斷的鏈條排除了變換方向的嚮導，每條松
毛蟲都機械地持續行進，就像時針忠於鐘面的圓周一樣。沒有
領隊的隊伍不再有自由，不再有意志。它變成了機器的齒輪。
這種情況先持續了幾個小時，然後又持續了幾個小時。成功大
大超過了我大膽的懷疑。我驚嘆不已。更準確地說，我吃驚到
目瞪口呆。

這時，重複的環繞行進使最初的軌道，變成了一條兩公釐寬的漂亮帶子。很輕易便看到這條帶子在花盆淡紅的底色上閃光。這一天快結束了，跑道的位置沒有任何變化。一個令人吃驚的證據肯定了這一點。

軌道不是一條平坦的曲線，而是一條歪斜起伏的曲線。這條曲線在某個點上彎曲，並且略微下降到花盆盆緣背面後，又在不遠處折回盆緣上。我之所以下這個結論，理由很充分。從一開始，我就用鉛筆把這兩個彎曲點標在花盆上。而且，整個下午及隨後幾天，直到這場荒謬的法宏多勒舞[7]跳完，我總是看見松毛蟲的細帶子，在第一個彎曲點下降到盆緣背面，在第二個彎曲點又上升回到盆緣上。第一條線一旦鋪設好，要走的路就不可變更地決定了。

雖然道路恆定不變，速度卻不是如此。我測量毛毛蟲走過的路程，計算出牠們平均每分鐘走九公分；當然，期間有或長或短的停歇，有時速度放慢，特別當氣溫逐漸下降時，速度會更為緩慢。到了晚間十點，所謂的行進，充其量不過是屁股在懶懶散散地東搖西擺、起起伏伏而已。由於寒冷、疲乏，無疑

⑦ 法宏多勒舞：南法阿爾勒的傳統舞蹈。復活節時，當地人會穿著傳統服飾，以普羅旺斯笛和小鼓伴奏。──編注

地也由於飢餓，可以預見，牠們會再次停下來歇息。

用餐的時刻到了。松毛蟲成群結隊從暖房的窩裡出來，吃我種在絲囊旁邊的松樹枝枒。因為天氣暖和，荒石園裡的松毛蟲也出來了。排列在花盆緣上的那些松毛蟲，本來也會歡天喜地聚餐的。牠們走了十個小時，食慾旺盛，本來也會吃得津津有味的。一大片美味的松枝差不多全都蒼翠欲滴，要去到這一大片綠油油的牧場，只要下降就行了。但是，這些可憐的松毛蟲卻不知這麼做。牠們對那條帶子唯命是從，盲目服從。十點半，我離開了這些飢腸轆轆的蟲子，我相信黑夜會帶給牠們好主意，明天一切都會好起來的。

這是我的過錯。我以為牠們那受到苦難煎熬的胃，應該會讓牠們茅塞頓開，我太過相信牠們了。天一亮，我就去看望牠們。牠們還像昨天晚上那樣排列著，但是一動也不動。天氣有些回暖，牠們擺脫了昏沈遲鈍狀態，復甦之後又走動起來。就像我昨天看見的那樣，環形隊伍又重新開始行進了。牠們行動起來像機械那樣死板固執，分毫不差。

那天夜間十分嚴寒，寒氣忽然降臨。荒石園裡的松毛蟲晚上已先做了預報。儘管根據表面現象，我遲鈍地感覺到好天氣會延長，但這些松毛蟲卻拒不外出。拂曉時分，種著迷迭香的

小路閃著霜光。這是今年出現的第二次寒凍，荒石園的大池塘全部結冰。暖房裡的松毛蟲會做些什麼呢？這就來瞧瞧吧。

　牠們全都關在窩裡，閉門不出。當然，花盆盆緣上那些頑固的松毛蟲除外。這些毛毛蟲沒有隱藏處，似乎度過了一個非常艱苦難熬的夜晚。我看見牠們亂七八糟地聚集成兩堆。牠們這樣堆集在一起，互相緊緊依靠，可以少受些冷凍。

　對某些事物來說，災難和不幸倒是好事。夜晚的嚴寒把松毛蟲組成的環狀群體凍裂成兩段，或許將出現獲救的機會。對每個已復活且重新開始行進的毛毛蟲群來說，不久就會找到領隊。這個領隊不需跟隨在牠前面的松毛蟲，將會有某些行動自由，並且能夠使這個隊伍偏離原來的道路。的確，我們來回想一下吧，在慣常的行進行列中，第一條松毛蟲履行著偵察兵的職責。如果沒有發生什麼騷動不安，其他松毛蟲總是保持在總隊伍裡。這時，領頭的松毛蟲就專心履行牠的領隊職務，不斷朝著某方向彎下頭，探測情況，尋找、探測、選擇。即使是在已經走過且裝飾著帶子的路上，負領導責任的松毛蟲也繼續探索。因此足以相信，在花盆盆緣上迷路的松毛蟲，會有機會獲救。這就來進行監視吧。

　這兩群松毛蟲從昏沈遲鈍中恢復過來後，漸漸排成兩個不

同的行列。這樣就有了兩個行進的領隊。牠們自由行動,獨立
自主。牠們會走出著魔的圓圈嗎?從牠們那東搖西擺、憂愁不
安的黑色腦袋看,有段時間我認為會。然而,不久我就醒悟
了。這根鏈條的兩個截段又會合起來,擴大了原來的隊伍。圓
圈恢復了。某時期的領隊成了普通部屬。松毛蟲又整天轉著圓
圈,列隊行進。

第二個夜晚,萬籟俱寂,滿天星斗,但依然十分嚴寒。白
天,花盆上這些唯一沒有遮蔽、餐風露宿的毛毛蟲,聚集成
堆,向決定命運的帶子兩邊大量漫湧。我看見這些凍僵的松毛
蟲醒來了。領路的松毛蟲臨時越出已經開闢的道路。牠在新地
方冒險,猶豫不決,踟躕不前。牠去到花盆盆緣的邊緣,下到
花盆的泥土裡。另外六條毛毛蟲緊隨其後。此外不再有別的追
隨者了。也許這支隊伍的其他成員,還沒有從夜間的麻木遲鈍
中恢復過來,懶得行動。

由於這個小小的延遲,行進隊伍恢復了正常狀態。松毛蟲
在絲路上行走,圓圈形的行進行列變成了有缺口的圓環。雖然
有這個缺口,可是領頭的嚮導卻沒做任何革新嘗試。最後一個
走出這魔圈的機會出現了,但這個嚮導卻不知道加以利用。

至於那些進入花盆的松毛蟲,牠們的命運並沒怎麼改善。

牠們爬到棕櫚樹頂，饑腸轆轆地尋找牧場。在那裡沒找到什麼合胃口的東西，於是又循著留在原路上的絲線返回，攀爬花盆的凸邊，找到行進行列，插進隊裡，不再忐忑不安。圓環又完整了，圓圈又開始轉動。

那麼，這些松毛蟲到底何時才會得解脫呢？某個傳說曾述及，有些可憐人被下咒不停地繞圈跳舞，永無休止，直到一滴聖水解除這可怕的魔法，才得以解脫。好運會把一滴什麼樣的水，拋灑在這些松毛蟲身上，解除牠們的圓圈，把牠們引回窩裡呢？我只看到兩個能驅散魔法和從圈裡解脫出來的方法。這兩個方法都是艱苦的考驗。痛苦和災難會產生好處，真是奇怪的因果關係。

首先是寒冷引起蜷縮。這時，松毛蟲紊亂無序地聚集起來。一些堆在路中，更多的堆在路旁。在後者當中，遲早會出現某個革命者。牠不屑再走老路，將開闢新路，把隊伍重新帶回老家。我剛剛便看到了一個例子。七條毛毛蟲進入花盆內部，攀登棕櫚樹。沒錯，這是一次沒有取得成果的嘗試，但畢竟嘗試了嘛。要完全成功，只需走對面斜坡就行了。兩次中能有一次好運，就已經夠多了。下一次成功的可能性會更大。

其次是走路走得精疲力盡，肚子餓得衰竭不堪。這時，腳

部受傷的毛毛蟲停了下來，心力交瘁。在這條有氣無力、支持不住的松毛蟲前面，行進行列仍然略微繼續行進。於是，隊伍緊縮，出現了空隙。造成隊伍斷裂的那條松毛蟲甦醒過來，再次行走，成為領隊。牠的前面什麼都沒有，牠只需稍有一些要求解放的意志，就能讓大夥走上一條或將拯救牠們的小路。

總之，要使置身危難的松毛蟲隊伍擺脫困境，在做法上必須與現在背道而馳，越出常軌。而這行動，取決於行進行列領隊的任性。只有牠能夠向左或向右偏離。但圓環不斷裂，就不會產生這個領隊。最後，圓圈斷裂了，這獨一無二的好機會是因混亂導致停頓的後果。而停頓的主要原因，是過度疲勞或者過度寒冷。

使松毛蟲擺脫障礙，從而得以解脫的意外事故，尤其是疲勞產生的事故，經常發生。在同一天，移動的圓周多次分成兩個或三個圓弧。但是，圓弧很快又連接起來，事態沒有發生任何變化。將拯救松毛蟲脫困的大膽革新者，尚未受到啟發。

像前幾晚一樣，第三個夜晚也非常寒冷。第四天沒有發生什麼新鮮事。除了以下要指出的細節外，就別無其他了。昨天我沒有揩擦那幾條松毛蟲進入花盆時留下的足跡，這些足跡在環形路上有個結合點。松毛蟲找到了這些足跡，一半的毛毛蟲

循著這些足跡，到花盆泥土裡去遊覽，攀爬棕櫚樹。另一半則留在花盆盆緣上，繼續在老軌道上遊逛。下午，遷移的團體和另一夥毛毛蟲會合，環圈完整了，事情又回到了老樣子。

現在是第五天，夜晚的嚴寒更加凜烈，但仍未侵襲暖房。繼嚴寒之後，靜寂無聲的萬里碧空上，出現了美麗的太陽。它的光芒一把暖房的玻璃照得溫暖了些，聚集成堆的松毛蟲就甦醒過來，恢復在花盆盆緣上的活動。這一次，起初漂亮的隊伍紊亂起來，出現了混亂。這顯然是即將到來的解放的先兆。昨天和前天探路的毛毛蟲，在花盆裡鋪滿了蟲絲。今天，一部分蟲群循著它走，從它的源頭走起。這群蟲子走了一個短短的之字形後，便拋棄了這條路。其餘的松毛蟲依然循著慣常的帶子走。從這個分叉路口起，產生了兩個近似的行列，在花盆盆緣上朝著同一個方向行走，彼此之間距離很近，時合時分，始終有些紊亂。

疲勞和倦怠增加了混亂。腳受了傷的松毛蟲為數頗多，牠們拒絕前進，行進行列的斷裂現象成倍增加。隊伍分裂成幾個截段。每個截段都有自己的行列領隊。這些領隊的身體前部時而東伸，時而西伸，以便探測地形。一切似乎都預示著，將要發生使毛毛蟲得救的分散解體。可是，我的希望再次落空了。黑夜來臨之前，所有毛毛蟲又排成了一個隊伍，無法遏止的迴

旋恢復了。

炎熱和寒冷一樣突如其來。今天是二月四日，是個美麗溫
和的日子。暖房裡十分熱鬧。大批松毛蟲形成許多花環似的圖
形，牠們走出蟲窩，在坡道的沙土上像波浪般上下起伏。在那
上面，在花盆盆緣上，松毛蟲組成的圓環不時分裂成幾個截
段，接著又結合起來。我第一次看見一些大膽的松毛蟲領隊，
炎熱使牠們極度興奮，磚砌盆緣邊上的最後一對假鐵鉤，阻礙
了牠們。牠們身子騰空，扭來扭去，探測範圍大小。這種嘗試
隨著團隊的停駐，多次重複。牠們的頭突然擺動搖晃，屁股扭
個不停。

一個革新者決定從軌道上溜開。牠鑽滑到盆緣背下面，四
條松毛蟲跟隨在後。其餘的則始終對那個騙人的絲軌深信不
疑，不敢模仿大膽的革新者，仍繼續循著前一天的老路前進。

從總鏈條分離出來的這個短小鏈子，大力摸索，在花盆壁
上遲疑不決了很久。牠們下降到盆壁的一半處，然後又歪斜著
再往上爬，與行進行列會合，並且插入進去。這一次，在花盆
下約兩手寬的地方，雖然有我剛剛為了引誘這些飢腸轆轆的松
毛蟲，而放置的一束松枝，但我的企圖還是失敗了。嗅覺和視
覺都沒有告知這些松毛蟲任何信息。牠們雖然已經接近目標，

卻又爬上去了。

　　不要緊，實驗總會有用的。一些絲線鋪在路上，將爲新的行動充做奠基工程。解脫之路有了第一塊里程碑。的確，在第三天，即實驗的第八天，花盆上的松毛蟲時而各自分離，時而結成小群，時而形成長串，循著標誌里程的小路，從花盆盆緣上下來。夕陽西下時，拖在末尾的松毛蟲也回到了窩裡。

　　現在讓我們稍微計算一下。松毛蟲待在花盆盆緣的時間爲七乘二十四小時。由於某條松毛蟲疲勞而停頓，特別是在夜間最寒冷的時刻休息，讓我們從寬計量，扣除一半的行進時間，還剩下八十四小時在行走。那麼，毛毛蟲平均每分鐘走九公分，總行程爲四百五十三公尺，差不多半公里。對這些碎步奔跑者來說，這是愜意的遊逛散步。花盆的圓周，即跑道的周長正好是一‧三五公尺，那麼，松毛蟲在這個始終沒結果的圓圈裡，始終朝著同一方向走了三百三十五次。

　　雖然我已經充分了解到，發生小小意外時昆蟲表現得渾渾噩噩，極其愚昧。但是，這些松毛蟲仍然令我驚訝不已。我尋思，松毛蟲因爲下降時遇到困難和危險而被阻留的時間，是否和因爲不開竅而被阻留的時間同樣長。事實回答說：「下降和爬上同樣容易。」

松毛蟲有很靈活的脊樑骨，善於繞過物體的突出部分，從下方鑽過去。牠循著垂直線或水平線，背朝上或朝下，行走起來同樣輕而易舉。此外，牠把絲線固定在地上後才前進。腳下有這樣一個緊貼的支撐物，無論身體處於何種位置和姿勢，都不必擔心跌落。

在這八天中，我從眼前的觀察得到了這個證明。我再說一遍：跑道並不在同一平面上，而是兩次起伏彎曲，在花盆盆緣的某處突然下降，接著又在稍遠處折回。因此，在環圈的一段，松毛蟲的行進行列在盆緣背面行走。這種顛倒翻轉的位置和姿態還算方便，也不太危險，這個位置和姿態，所有松毛蟲在每一圈都要從頭到尾重複一遍。

至於說，在花盆盆緣上會失足踏空，這不成理由；因爲在每個拐彎處，毛毛蟲都都靈巧地繞過了。困苦不堪、飢腸轆轆、居無掩蔽、夜裡凍僵的毛毛蟲，頑強地堅持在走過上百次的絲帶上；只因爲缺乏勸告牠們捨棄這條帶子的理性之光。

經驗和思考與牠們無緣。半公里長和三、四百圈行程的考驗，完全沒讓牠們學到什麼。要回到蟲窩，牠們需要偶然的環境和條件予以協助才行。如果沒有夜間紮營時的混亂，如果沒有因極度疲勞而停頓所引起的混亂，如果不把幾根絲線扔投到

環形道路之外的話，松毛蟲就會死在那條狡詐騙人的圈套帶子上。在這些漫無目的放置的奠基工程上，爬來了幾條松毛蟲。牠們迷路了，按照老習慣，牠們準備下降。最後，由於一連串偶獲的短暫幫助，牠們完成了下降。今日，對於渴望在低等動物中找到理性起源的時髦學派，我向你們推薦松樹上成串爬行的毛毛蟲。

第二十一章

松毛蟲的氣象臺

一月，松毛蟲第二次蛻皮。這次蛻皮，松毛蟲有了一些十分奇異的器官，但牠的容貌卻不像過去那樣富麗了。蛻皮的時刻來到，松毛蟲亂糟糟地堆積在蟲窩的圓頂上。如果天氣暖和，牠們就日日夜夜堅持待在那裡，一動也不動。牠們彼此的接觸、堆積所引起的相互阻礙束縛，對牠們來說，似乎產生了耐受力和有利於治癒表皮擦傷的支撐點。

第二次蛻皮之後，松毛蟲背部中央的毛呈暗橙黃色。這種顏色被大量夾雜的白色長毛所沖淡。這種褪色的服裝添加了引起雷沃米爾注意的特殊器官。這位大師對這些器官的作用深感困惑。在原先被醋栗色鑲嵌圖畫占據的地方，松毛蟲的八個體節，現在被一條寬大的橫向狹長切口劈開，那狹長的切口像厚厚的嘴唇，按照松毛蟲的意志全開、半開或者閉合，沒有留下

明顯的痕跡。

從張開的嘴裡，長出一個表面細膩、無色的駝背形隆起物，好似這隻蟲子要把牠體內盛藏的柔嫩物體向外展示，並且讓它在空氣中伸長。內臟差不多就像這樣，穿過像解剖刀切開的皮膚，成為局部鼓泡。兩個黑褐色的大點，占據這個隆起物的前部表面。後面立著橙黃色纖毛形成的兩根平面羽飾。這些羽飾在太陽光下，閃著豔麗的光輝。周圍輻射著長長的白毛，這些白毛近乎平坦地攤開。

這個局部鼓泡敏感萬分，稍受刺激，它就縮回，消失在黑色外皮下面，在那兒形成一個深深的卵形火山口。這是一種巨大的氣孔。氣孔很快合攏其嘴唇，關閉起來，完全消失。在這張嘴的周圍，構成下巴短鬚和小鬍子的白色長纖毛，隨著收縮的嘴唇活動。這些纖毛首先輻射、倒伏，然後，像被風從下面刮起的莊稼那樣重新豎立，並且聚集起來，像橫向的雞冠狀頭盔，與松毛蟲的背垂直。

這種毛髮重新豎立，突然改變了松毛蟲的外貌。閃閃發光的橙黃色纖毛消失了，埋藏在黑色皮膚下面。重新豎立的白毛形成蓬亂的鬃毛。服裝的顏色變得更加灰暗。

　　寧靜恢復了，而且恢復得很快。狹長切口又開啓，半張開。敏感的駝形隆起物再度顯現。如果突然發生引起騷亂的因素，它又馬上消失。這些開闔的交替動作迅速重複。我隨興用種種不同的方式引發這些動作。一陣輕微的煙草氣味，立刻使氣孔半開，突顯出駝形隆起物。據說，這時這隻昆蟲會警覺起來，並且啓動牠的特別情報器官。局部鼓泡很快收縮進去。第二陣煙草味又把這些鼓泡引出。但是，如果煙太多太嗆人，松毛蟲就會扭曲肢體，不打開牠的器官。

　　我用一根稻草稈，輕輕碰觸一個裸露的駝背。這個被碰觸的乳頭，立刻像蝸牛的角那樣收起、縮回，並且被一張打開的嘴唇替代。接著，這張嘴也關閉起來。被稻草稈觸動的那個體節怎麼動作，通常（但並不總是）其他或前或後的各個體節也都會起而仿效，全都漸次關閉自己的器官。

　　松毛蟲安靜休息時，一般說來，牠背上的狹長切口是開著的。牠行走時，這個切口時而打開，時而關閉。在各種情況下，開放和關閉都經常重複。這個切口的兩邊合攏，縮回皮下，最終分開，折裂牠們那由橙黃色纖毛所形成的易脆鬍鬚。如此一來，火山口底部就積存著碎毛屑。

　　這種毛屑由於倒刺，很快集結成絮塊。要是切口驟然開

放，中央的突出部分就把廢毛屑向外拋投到松毛蟲身體的兩側。稍微一吹，廢毛屑就會揚起成金色微粒。對觀察者來說，這種微粒十分令人厭惡。稍後我將談到人們可能患的搔癢症。

這些奇怪的氣孔，其作用僅僅是收集毗鄰的毛被，並且將它搗碎嗎？這些皮膚細嫩、在氣孔隱藏處的底部鼓脹升起的乳突，承擔了把碎毛堆扔投到外面去的職責嗎？還有，這個奇怪器官的獨特功能，是藉由損耗濃密的毛來製備引發搔癢的粉末，以做爲防禦手段嗎？沒有任何情況說明這一點。

當然，松毛蟲並未防備那些要隔很久之後，才會用放大鏡觀察牠們的好奇者。這些熱情愛好者也對昆蟲中的告密廣宥步行蟲、鳥類中的杜鵑抱持好奇，松毛蟲是否會替這些愛好者操心，倒是同樣讓人深感懷疑。以松毛蟲爲食的消耗者，需要有個特製的胃。這個胃無視引起癢痛的毛，而且還可能在這些毛的刺痛中，找到類似開胃酒般的刺激。如果一切僅限於拔去自己的毛髮，以便把刺激性粉末撒進我們眼睛裡，那麼我就無法理解，爲什麼松毛蟲在自己的脊柱中，劈開這麼多的狹長切口。這兒肯定還有別的東西在起作用。

雷沃米爾談到這些已經有人簡略研究過的孔洞。他把這些孔洞稱爲氣孔，傾向將它們視做特殊的呼吸孔。但大師，情況

並非如此。沒有任何昆蟲在自己的背上開空氣入口，而且放大鏡也沒發現任何和內部相通的閘口。呼吸在這裡沒有用處。謎底應該到別處尋找。

從這些開放小孔升起的駝背，由一塊柔軟蒼白且裸露的薄膜構成，讓人聯想到內臟的局部鼓泡；毛毛蟲似乎透過傷口，把牠細嫩的內臟暴露於空氣中。這個部位異常敏感，用刷子尖輕輕碰觸，馬上會使隆起物縮回，並且再度關閉它們的圍牆。

即使用堅固的東西搔它癢也沒用。我用大頭針尖收集到一滴水。我把這滴水給了敏感的駝背。哪怕只是稍觸一下，這個器官便迅速收縮、關閉。蝸牛的觸角把視覺和嗅覺器官收進螺殼時，退縮的速度大概也不相上下。

一切似乎都肯定，這些可以自行決定、根據松毛蟲的意志出現或消失的局部鼓泡，是感覺器官。松毛蟲為了了解情況，取得資訊，因而展現這些器官。牠把這些器官掩藏在皮膚下面，以便保存它們靈敏的感覺能力。然而，這些器官能夠感知、接收什麼呢？這是個難以回答的問題。只有松毛蟲的生活習性，能夠引導我們探索這個問題。

整個冬季，松毛蟲都在夜間活動。白天風和日麗時，牠們

主動來到蟲窩圓頂，在那裡堆在一起，待著不動。這是在十二月和一月的蒼白陽光下，露天睡午覺的時刻，沒有一條松毛蟲拋棄住所。在夜還不很深沈，將近九點時，牠們開始行走，排成行進行列，隊形混亂，去啃食毗鄰枝杈的樹葉。牠們在葉叢中長時間停留。這個蟲群夜深之後才回窩。這時溫度已經急遽下降了。

其次，在隆冬嚴寒時節，一年中最冷的幾個月裡，松毛蟲極為活躍。牠們不知疲倦，日以繼夜地紡織，每天晚上都把一塊新絲綢加到牠們的絲帳篷上。只要天氣許可，牠們都湧到毗鄰的枝杈進食。牠們的身體粗胖起來，更新了紡織的絲絞。

有個例外情況非常值得注意，別的昆蟲在嚴寒季節裡無所事事、嗜眠好寢、昏沈遲鈍，可是對松毛蟲來說，卻是熱氣騰騰、辛勤工作的季節。當然，先決條件是天氣的惡劣不超過某個限度。如果北風過猛，就會刮走這個蟲群；如果嚴寒刺骨，就有冷凍威脅；如果降雨下雪、如果濃霧增厚變為寒冷的毛毛雨，松毛蟲就會謹慎小心地留在窩裡，躲在防水掛毯裡。

哪怕能夠稍稍預見到這種種惡劣天氣都好啊。松毛蟲懼怕這樣的天氣。一滴雨水就會使牠惶恐不安，一片雪花就會惱怒牠。在變幻莫測的天氣中，黑夜裡去牧場是危險的，因為行進

行列去得很遠，而又走得極慢。這個蟲群在返回住所前，萬一
天氣突然驟變（在氣候惡劣的季節裡，這種情況屢見不鮮），
牠就會受到傷害。松毛蟲在冬夜的長途旅行中，為了了解這方
面的情況，是否具有某些氣候方面的才能？讓我來談談我怎麼
會有這樣的猜測想法。

我在暖房裡飼養松毛蟲的事，不知怎的洩露了出去，我因
此小有名聲。村子裡的人都在談論這件事。巡山員──破壞性
昆蟲不共戴天的敵人，他想看看我這些有名的松毛蟲怎樣攝
食。自從他在交付他監護的松樹林裡，收集和毀滅毛毛蟲窩的
那一天起，這個巡山員就對松毛蟲一直保有引發灼痛感的回
憶。我們約定當天晚上會面。

他在約定的時間來了，由一個朋友陪著。我們在爐火前聊
了一會兒。最後，九點的時鐘敲響了，我們三個人點起燈，來
到暖房。他們渴望見到人們議論紛紛，被稱為奇蹟的景象。我
肯定會滿足他們的好奇心。

但是，但是……這是怎麼回事呀？窩裡竟然沒有半條松毛
蟲。在新配給的定額口糧──松枝上不見任何松毛蟲。昨天和
前幾個夜晚，牠們出來時多不勝數。今天卻一條也沒有出現。
這僅僅只是來飯廳遲到了嗎？還是因為現在沒有胃口？難道牠

們平時的守時習性出了差錯？讓我們耐心等待吧！十點了，沒有動靜。十一點了，仍然沒有動靜。等到我們決定放棄，確信這次觀察會無限期拖延下去時，已是半夜時分了。誰是傻瓜？我是第一個。我慚愧萬分地送客出門。

第二天，我隱約看出失敗的原因：夜裡和早上下了雨。已經下的那場雪不是今年的第一場，卻是最大的一場，讓馮杜山的圓形山頂變白了。難道是松毛蟲比誰對大氣的突然變化都更加敏感，預見將發生什麼事而拒不外出嗎？牠們預感到會下雨降雪嗎？可是，沒有任何跡象預告會下雨降雪啊！究竟牠們為什麼不外出呢？繼續觀察下去吧，這是不是偶然將會見真章。

從一八九五年十二月十三日這個值得記憶的日子起，松毛蟲氣象臺就成立了。我沒有半件珍貴的科學儀器，甚至連支簡單的氣壓計都沒有，因為惡運的星宿繼續對我窮追不捨。這個星宿和我過去學習化學時，用煙鍋①當坩堝，用茴香粒小玻璃瓶當曲頸甑的時候，同樣脾氣粗暴。我所能做的，就是每晚察看暖房裡的松毛蟲和荒石園裡的松毛蟲。在天氣有時壞得連狗都不能外出時，荒石園深處的差使，對我來說真是苦不堪言。我把松毛蟲的行動、外出和隱居登錄下來，同時還記下白天和

---

① 煙鍋：煙桿前端裝填菸絲的銅斗。——編注

夜間觀察時的天氣狀況。

　　我把《時報》每日向全歐洲提供的氣象圖，加進這個登記簿中。如果我想得到更準確的材料，就請求亞維農師範學校在出現巨大干擾時，把它們氣象臺的氣壓記錄寄給我。這些就是我掌握的唯一資料。

　　在談論獲得的結果前，讓我再次說明，我的松毛蟲氣象機構有兩個臺站：暖房裡一個，荒石園露天松樹上一個。前一個不受風吹雨打，比較受我喜愛；它向我提供了更有規律、連續性較佳的材料。雖然總體情況順利、良好，但露天的松毛蟲卻經常拒不離開蟲窩外出。只要吹來一陣震撼松枝的狂風，或者在蟲窩網上有些微形成珠滴的濕氣，牠們就老待在住所裡。暖房裡的松毛蟲擺脫了這兩種危險，只需注意更高等級的大氣環境；細小的變化牠們注意不到，只有重大變化才會給牠們留下印象。這種極佳條件將觀察者置於尋求解答的正確道路上，因此，玻璃罩下的移民地是我筆記和記錄的主要來源。當然，露天移民地也將其證據添入記錄裡去，但並非始終順利，沒有麻煩。

　　暖房裡的松毛蟲對我有些什麼表示呢？十二月十三日，牠們拒絕讓我所邀請的巡山員觀看牠們的生活情況。夜裡將下的

雨不可能使牠們忐忑不安，騷動起來；因爲牠們受到嚴密的遮
護。至於即將染白馮杜山的雪，牠們根本不予理睬。這些都是
早先發生的事。況且，無論是雨也好、雪也好，都還沒有降下
呀。如此看來，牠們十二月十三日有那樣的表現，肯定是因爲
產生了異乎尋常、影響深刻、波及面大的大氣現象。這一點，
《時報》的氣象圖和亞維農師範學校的公報都告訴了我。

　　我們這地區籠罩在巨大的低氣壓之下。英倫三島出現了氣
壓驟降現象，正向我們這裡蔓延（這個季節還沒發生過相同的
情況），十三日會抵達本區域，且將持續到二十二日，而且或
多或少有所增強。十三日在亞維農，氣壓計突然從七百六十一
公釐下降到七百四十八公釐。十九日降得更低，降到七百四十
四公釐。

　　在這十來天裡，荒石園松樹上的松毛蟲一次也沒有外出。
沒錯，天有不測風雲，氣候變幻無常。有驟降的細雨，還有陣
陣乾旱而猛烈的北風；但更加屢見不鮮的，卻是晴空萬里、氣
候溫和的白天和黑夜。謹愼小心的隱居者並未上當受騙。低氣
壓持續，暴風雨即將來臨。因此，牠們足不出窩，蟄居家中。

　　在暖房裡，情況稍稍有所不同。松毛蟲外出。外出和次數
仍偏多的隱居交錯進行。松毛蟲似乎先受到氣候反常的震撼，

但接著又放下心來，恢復工作；牠們待在這樣的居所裡，不受外面的雨、雪、猛烈北風的吹打侵襲，什麼也感受不到。當然，如果惡劣氣候的威脅加深，牠們就再度停止工作。

的確，氣壓的變動和這個蟲群的決定，在準確度上是吻合一致的。如果氣壓計的水銀柱略有回升，松毛蟲就外出；如果下降一些，松毛蟲就留在住所。十九日這天晚上，氣壓較低，為七百四十四公釐，因此，沒有一條松毛蟲在外面冒險。

由於風雪和我設在玻璃罩下的移民地沒什麼關連，不起什麼作用；於是，人們就設想，由於氣壓會產生難以精準確定的生理方面的影響，所以氣壓是主要的影響因素。至於溫度，在適當的範圍內，可以略而不談。這個在嚴冬酷寒時露天工作的紡織工，十分堅強勇敢。無論嚴寒多麼刺人肌膚，只要不結冰，工作或用餐的時刻到來，牠們就排列成隊，魚貫而行，來到蟲窩表面或在毗鄰的松枝上用餐。

這裡再舉另一個例子。根據《時報》的氣象圖，一個中心位於浴血群島附近，滯留在阿嘉丘海灣入口處的低氣壓，十九日向我們這地區延伸，最低氣壓為七百五十公釐，將刮起一場帶來風暴的北風。這一年的第一次嚴重冰凍出現了。荒石園裡的大水池整個凍結，凍冰有幾根指頭厚。如此酷寒的天氣延續

了五天。當然，在遭受這般狂風吹打的松樹上，荒石園裡的松毛蟲沒有離窩外出。

值得注意的是，暖房裡的松毛蟲也不在窩外冒險。雖然對牠們來說，枝杈並不會危險搖撼，也沒有刺骨的嚴寒，因為玻璃罩裡不會結冰。十五日，暴風停止，在這個月的剩餘日子及二月大半個月，氣壓計維持在七百六十公釐和七百七十公釐之間。在這段漫長時期裡，松毛蟲每天晚上都愜意地外出，尤其是暖房裡的松毛蟲。

二月二十三日和二十四日，松毛蟲又一次毫無顯著原因地突然隱居起來。在玻璃罩遮護的六個窩中，只有寥寥幾條松毛蟲待在外面的松枝上；而以前我每天晚上都看見，樹簇被這六個窩裡無法勝數的松毛蟲壓彎了背。受到這個預兆警示，我在筆記裡寫道：「某個強大的低氣壓即將到達我們地區。」

情況確實如此。兩天之後，《時報》的公報如是告知：最低氣壓七百五十公釐，二十二日來自比斯開灣；二十三日南下阿爾及利亞；二十四日傳至普羅旺斯海岸；二十五日馬賽下鵝毛大雪。這家報紙說：「船隻的橫桁和船桅的側支索都被染白了，外觀十分奇異。馬賽居民極少目睹這樣的景象，他們的想像飛到了斯匹次卑爾根群島和北極。」

　　我的那些松毛蟲前夜和大前夜拒不外出，肯定是因為預感到了這次狂風；二十五日以及隨後幾天那猛烈冰冷的北風，其中心位在塞西尼翁。我還觀察到，暖房的松毛蟲在低氣壓臨近時，才會動起來。低氣壓引起的第一次焦慮不安一旦平息，在二十五日及隨後幾天的暴風雨中，松毛蟲依然外出，好像什麼特別情況都沒發生過似的。

　　根據我的觀察，可以得出這樣的結論：松毛蟲對於大氣變化有非常敏銳的感受，能夠預感到對外出來說危險至極的暴風雨。這在多季嚴寒的夜晚，是一種卓越的才能。

　　松毛蟲對惡劣氣候的嗅覺，很快就贏得了我們一家子的信任。如果必須去歐宏桔購買食品，就在前一天晚上先請教松毛蟲，根據牠的預言前往或留下。牠的權威判斷從未讓我們上當受騙。為了同樣的目的，我們這些天真率直的人，從前還詢問過糞金龜，另一個夜間的勇敢工作者。但是，這種有名的甲蟲由於囚居在鳥籠中，有些氣餒，看來也沒有什麼特殊的感覺器官，況且，牠們是在秋天的溫和夜晚活動，因此不能和松毛蟲一較高低。松毛蟲在一年當中氣候最惡劣的時期，非常的活躍。而且從種種情況看來，我們都能肯定：牠擁有能夠感知大氣劇烈變化的器官。

在從動物身上取得預報方面，鄉野居民非常聰明。貓在壁爐的爐膛前，用沾著唾液的腳爪反覆塗抹耳朵後面，這預示寒冷將再度降臨。雄雞在非慣例的時刻啼鳴，預報著天氣將放晴。珠雞頑固地發出鋸木般、吱吱嘎嘎的刺耳聲，表示天將下雨。母雞用一隻腳站立，羽毛蓬亂，頭縮進脖子裡，是因為感覺到凜烈的冰凍即將來臨。樹上的綠蛙，這個可愛的雨蛙，在暴風雨將至時，把喉嚨鼓得像氣囊一樣，並且大聲呱叫，根據普羅旺斯農民的說法，牠們是在喊：「要下雨啦，要下雨啦。」這種農村氣象學，是許多世紀的經驗累積所留傳下來的遺產，就算拿來跟學者的氣象學相比，也並不遜色。

我們自己又何嘗不是活氣壓計？老兵在天氣即將變化時，都會抱怨他身上那些光榮的老傷；有的人雖然沒有傷，但會失眠、做惡夢；有的人，我是說那些思想的侏儒，會沒辦法用麻木的腦子思考。每個人都以自己的方式，接受醞釀著狂風暴雨的氣候的考驗。

昆蟲，所有生物中最敏感的構造物，會逃脫這種產生強烈感受的作用嗎？這令人難以相信。做為一種有生命的氣象儀器，昆蟲應該居所有生物之冠才是。如果我們會解讀辨識，那麼在天氣預報方面，昆蟲和人類實驗室裡那些無生命的儀器，比如水銀柱、軟管等，是同樣準確無誤的。所有的昆蟲在不同

程度上，都具有一種普遍的易感性。這種易感性和我們的類
似，並且在沒有明確器官協助的情況下起作用。有幾種昆蟲因
其生活方式而更具天賦，牠們可能裝備著特殊的氣象器官。看
來松毛蟲就屬於這類昆蟲。當牠的那些體節在背部表面有漂亮
的醋栗色鑲嵌畫時，這是牠穿的第二套服裝。這時，牠和其他
昆蟲的區別，似乎是牠的易感性更加敏銳。除非這種鑲嵌畫有
一種別處沒聽說過的能力，情況才有例外。現在，雖然這個夜
間紡織工的裝備仍然比較差，但牠以這種裝備所度過的季節，
幾乎都還算溫和。真正可怕的夜晚，要到一月才開始。到那
時，為了在長途旅行中保護自己，松毛蟲便裂開自己的脊柱，
形成一系列小孔。這些孔洞半開，以便不時呼吸空氣，並且提
醒自己注意狂風。

因此，在未獲得這方面的新資料以前，在我看來，松毛蟲
背上的狹長切口是氣象儀器，是感受大氣遽變的氣壓計。對我
來說，要超越具有充分根據的猜測和懷疑，做出更遠的推論，
是不可能的。對於進一步探索這個問題，我還缺少不可或缺的
儀器。我不過是提醒人們注意這件事而已。至於對這個奇怪問
題進行徹底深入的研究，還是留給那些在設備材料等方面更完
善優良的人吧！

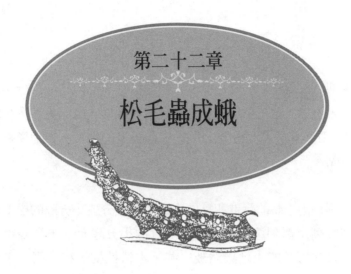

第二十二章
松毛蟲成蛾

　　三月初始，受馴化的松毛蟲不斷結隊行走。很多松毛蟲離開暖房，讓房門敞開。牠們開始尋找下一步變態的合適場地。這是牠們最後一次成群移居，將永遠拋棄蟲窩和松樹。這些聖地朝拜者已經垂垂老矣，渾身微白，背上略帶些橙黃色的毛。

　　三月二十日，我整個上午都在密切跟蹤觀察一群松毛蟲的活動。這個隊伍長三公尺，有一百多個移民。這個隊伍頑強地行進，在滿是塵土的地上，像波浪般地起伏前進，留下一條痕跡。然後，這個隊伍分裂成屈指可數的幾個組群。這些小分隊聚集起來休息，休息時臀部突然擺來擺去。在時間長短不一的休息過後，牠們形成獨立的行列，又開始行進。

　　有的前進，有的後退；有的向右，有的向左。沒有任何行

進規則；沒有任何明確目標。某個隊伍走完一段鉤形路後又往回走，不過，總是朝向暖房的牆。暖房面南，吸收更加暖和的陽光。唯一的嚮導似乎是日照。發熱最多的地方，是最受喜愛的地點。

經過兩小時的行進和反向行進，已經分成小分隊的松毛蟲行進行列全都到達了暖房牆腳。每個小分隊有二十多條松毛蟲。暖房牆角的土地雖然被一些禾本科植物叢稍微固定了一下，但仍然滿是灰塵，十分乾燥，容易挖掘。行進行列的帶頭毛毛蟲用大顎探路，在路上劃出一道道痕跡，以探測了解地形。其他松毛蟲非常信賴領隊，百依百順地跟在後面，別無任何企圖。第一條松毛蟲的決定會被所有松毛蟲採納。在選擇身體變態地點這件非常嚴肅的事情上，沒有個人的主動積極性可言；只有一個意志，那就是領隊的意志。可以說，整個行進行列只有一個頭腦。這個行進行列可比擬做，由一隻巨大環節動物的各個節段所形成的鏈條。

終於找到了一個合適的地點。領頭的松毛蟲停了下來，用額頭推、用大顎挖。其他松毛蟲仍然排列成行，循序到達建築工地，也在那裡停下。這時松毛蟲隊伍解散，然後又聚集成堆，擠來擠去。牠們在這裡恢復了自由。所有的脊柱都亂糟糟地動來動去，所有的腦袋都埋到塵土裡，所有的腳爪都在翻

耙，所有的大顎都在挖掘。這隻環節動物的身體，分成了獨立
的工作小分隊。

　　一個坑穴挖成了，松毛蟲漸漸把自己埋在裡面。過了些時
候，挖鬆的土地開了裂紋，毛毛蟲便微微抬起，蓋上小堆泥
土，然後休息。最後，松毛蟲下到三指深的地下。這就是松毛
蟲在粗硬土地上所能做的一切。在可搬動的泥土上，挖掘工程
進一步向前推進。暖房的坡道上布滿了細沙，向我提供埋在
二、三十公分深處的松毛蟲繭。我並不肯定埋葬的深度是否只
能到此為止。總之，埋葬是集體行動，由松毛蟲結成為數或多
或少的小隊進行，並且根據土質的差異，埋的深度也各異。

　　半個月後，來挖掘一下松毛蟲的埋伏地吧。我們在那裡找
到了一堆繭。繭的外觀十分可憐，被絲線阻留的泥土碎屑弄得
髒兮兮的。它們脫去粗糙的外殼後，倒也不乏標致之處。繭呈
橢圓球形，狹小，兩端尖尖的，約二十五公釐長，九公釐寬。
這些球體的絲十分純細，呈暗白色。在目睹過耗用大量蟲絲來
修建蟲窩的情形後，這時發現繭的內壁並不堅硬，不免令人感
到驚奇。

　　松毛蟲在修建其冬季營地時，是用料闊綽的紡織工。可
是，當結繭時刻到來，牠們那細頸小瓶裡的絲已然耗盡。只得

使用最起碼的必需品，因爲存絲極少，只得用泥土覆蓋層來加固牠們單薄的住所。這不是成蛾的技藝。成蛾把沙粒放置在牠那絲般軟滑的網狀結構裡，並且把收集到的材料，都用來製作一個牢固的小匣子。松毛蟲的技藝十分簡陋粗糙，一點也不精巧細緻，只會把附近的泥土碎屑鬆鬆地黏合起來。

應環境所需，松毛蟲還懂得省去泥土。我偶然在蟲窩內部，找到一些非常潔淨的繭；不過，這種情況極爲罕見。在精緻的白色塔夫網織物上，沒有一鱗半片粗糙不雅的異物。我把鐘形罩下的松毛蟲，放到一個僅僅盛有幾根松枝的瓦缽時，得到了幾個這種繭。還有比這更好的呢。一批爲數眾多的松毛蟲，被及時收納關閉在一個既無沙土、也沒有任何器材的大盒子裡，牠們就在裸露的牆壁——這個簡單支撐物上，織造牠們的繭。之所以出現這些例外，是因爲松毛蟲缺乏可自由行事的環境，但這絲毫無損松毛蟲的生存法則。倘若泥土的硬度許可，爲了讓身體變態，松毛蟲埋在地下的深度會相當於衣服的下襬長。

這時，觀察者的腦海裡必然會生起一個奇怪的問題。松毛蟲蛾是如何從毛毛蟲的地下墓穴裡出來的呢？粗硬的土地可沒法用俗豔浮華的裝飾品——有精美鱗片的大翅膀、觸角的寬大羽毛飾去衝撞的呀！除非成蛾出土時渾身弄得皺巴巴，衣衫襤

襪，以致別人都認不出牠了，牠才可能順利地出來。但情況並不然，遠非如此。此外，成蛾這樣瘦弱，牠是怎樣讓硬土殼破裂的呢？稍微下一點驟雨，就會使原先的塵土變為硬土殼了。

七月末和八月，成蛾出現了。掩埋在三月進行。在這個時期，少不了會突然降雨，把土地壓實加固，一旦水分蒸發，土地還會因此變硬。成蛾如果沒有特別的裝備和穿戴，就永遠無法打開一條通過障礙的出路。牠必須擁有穿孔的工具和極其簡單的服裝，這是出於事物的力量所迫。我在這些思考的指引下，進行了幾次將會揭開謎底的實驗。

四月，我收集了大量松毛蟲繭。我把十到十二隻繭，放在幾支不同口徑的試管底部。我把這些試管盛滿經過篩濾、微濕的多沙泥土。我有所節制地壓緊泥土，不致損壞試管底部的繭。八月來到。壓實的圓柱體泥土起初還濕潤，接著就因水蒸發而凝結起來，以致翻轉試管也流不出一滴水來了。在鐘形罩裡，一些繭裸露著，它們將會告訴我，掩埋在泥裡的繭所無法顯示的情況。

它們的確向我提供了很有意思的資料。松毛蟲成蛾從繭裡出來時，身上包裹著服飾，外觀呈圓柱形。翅膀——進行地下勞作的主要障礙，像狹窄的肩帶那樣貼在胸膛上。觸角——另

一個嚴重障礙，尚未張開其羽毛裝飾，並且沿著胸側突然轉彎。之後將會變得濃密的毛由前到後倒伏。只有腳是自由的，相當活躍且有勁。擁有這樣的裝備，便可能清除妨礙昆蟲活動的泥土，穿過土地上升到地面了。

　　沒錯，任何成蛾在脫離繭殼的時刻，都有這種木乃伊似的狹窄裝備；此外，松毛蟲蛾在地下的羽化，使牠具有一種特殊的能力。其他成蛾一旦從繭出來，就匆匆忙忙展開翅膀，無法自由延遲翅膀的蛻變時間；但松毛蟲蛾卻因為具有一種特殊天賦，能夠根據當時的環境條件，堅持著蜷縮成一個包裹。在我的鐘形罩下面，我看見一些誕生在地面的松毛蟲蛾，在解開肩帶，將其展開成翅膀之前的二十四小時，牠們在沙土上爬行，或者鉤懸在松樹枝杈上。

　　這種延遲對松毛蟲蛾而言，顯然是必要的。從地下上升到露天，牠必須挖掘一條長長的縫隙。這項工作十分耗時費事。牠在冒出地面之前，盡量不展開自己的服飾，如果服飾展開，就會妨礙牠行動，衣服就會被揉皺，會有十分糟糕的褶痕。因此，這個圓柱形木乃伊會堅持到完全解脫為止。如果偶然間提前獲得自由，最終的變化也只能在慣常的時間完成。

　　我們已經了解了，在狹窄地道中的外出裝束打扮，那套必

不可少的齊膝緊身外衣。可是，穿孔打眼的工具在哪裡呢？腳
雖然可以自由行動，但仍然不夠。牠們在旁側抓搔，擴大井的
直徑，但並不能成功地根據自己頭上的垂直線，挖掘出路。這
個工具應該在身體前面。

　　把手指尖放在松毛蟲蛾的頭上，一觸摸就會覺察出一些粗
糙不堪、凹凸不平的東西。放大鏡更清楚地告訴我們，在松毛
蟲蛾的眼睛和更上方，有四個或五個橫向的小薄片。這些小薄
片一層層排列成梯級，堅硬，呈黑色，在頂端被削剪成新月
形。最長且最有力的是上面那一片，它位於成蛾頭部中央，這
就是鑽頭架子。

　　為了在花崗岩上挖掘隧道，我們在鑽頭頂端裝上金剛鑽。
為了進行類似的操作，松毛蟲成蛾這個活鑽頭，在自己額上裝
插了一排尖利而耐用的月牙形工具。這是曲柄手搖鑽真正的鑽
頭。雷沃米爾沒有懷疑它的用途，他仔細察看了這些奇妙的工
具，稱它們為帶鱗片的階梯。他說：「這個有帶鱗片階梯的腦
袋，對松毛蟲蛾有什麼用途呢？這一點我不明白。」

　　大師，我的試管將告訴我們。濕氣的蒸發，使沙土圓柱體
變成一整塊物體。一些好運的毛蟲成蛾通過這個物體從試管底
部上升，有幾隻沿著試管管壁行走，我因而得以跟蹤觀察牠們

的活動。我看見牠們豎直圓筒形的身子，用額頭敲打，先朝一個方向，接著又朝另一個方向擺動。這項操作十分明顯。曲柄手搖鑽在黏結的沙土裡交替鑽孔。塵土殘屑從上面傾注下來，落下後立刻被毛毛蟲的腳向後壓。在拱頂上鑽出多大的空間，毛蟲成蛾就向地面前進多長的距離。第二天，長二十五公分的圓柱體，就被一條垂直的地道穿通了。

現在，想了解整個操作過程嗎？那就把試管翻轉過來吧。我剛才說過，管子裡的東西已經凝成一塊，倒不出來了。但是，從成蛾鑽挖的地道裡，傾倒出了被鑽頭上新月形工具弄成碎屑的沙土。工作的成果是一條圓柱形地道，有鉛筆那樣粗，非常乾淨，並且向下延伸到底部。

大師，您滿意了嗎？現在您看到帶鱗片階梯的大用途了嗎？難道您不認為，有一種為了進行一項特定工作而配製精良工具的極佳例證嗎？我贊同這種看法，因為我像您一樣，認為至高無上的理性在萬事萬物中，把目的和手段配合協調起來。

但是我得跟您說，我們被認為是落伍分子。我們認為世界受某種智慧支配操縱，這觀念不再跟得上事物的發展趨勢了。秩序、均衡、和諧，通通都是空話。宇宙是在可能混亂中的一種偶然安排。白的可能成為黑的；圓的可能成為多角的；整齊

的可能成爲無定形的；和諧的可能成爲不一致的。偶然性決定
了一切。

　　沒錯，當我們稍稍滿意地停留在一些完美奇蹟上的時候，
我們是老頑固。今天還有誰關心這些毫無意義的瑣事呢？所謂
的嚴肅科學，爲人贏得榮譽、利益、名聲的科學，不過是用價
值非常昂貴的儀器，把昆蟲切割成很細的圓形小薄片。我家的
主婦正是這樣切胡蘿蔔的，其目的除了做一道普通菜肴之外，
沒有別的奢望。而且她還不一定總是成功。在生命的問題上，
當人們把一根纖維一劈爲四，把細胞鋸成薄片的時候，他們會
更成功嗎？人們看不到這一點，謎仍然和過去一樣晦澀神秘。
啊，親愛的大師，您的方法多麼可取啊！尤其您的哲學是多麼
高明，多麼充滿活力，多麼於人有益啊！

　　現在，松毛蟲成蛾終於到了地面。這樣棘手的行動，要求
牠緩慢展開牠的翅膀包裹。牠張開牠的羽毛裝飾，膨脹牠的絨
毛。牠的服裝很簡樸：上部翅膀呈灰色，有幾根有稜角的褐色
條線；下部翅膀呈白色，胸部有濃密的灰毛，腹部有鮮橙黃色
的絨毛，最後一個體節有淡金色的光澤。乍一看，這個體節似
乎裸露。然而，實際上並非如此。這一節沒有和其他體節相同
的毛，而在背部表面有鱗片。這些鱗片聚集得很好、很密，好
似一塊連續不斷的天然金塊。

　　讓我們把針尖擱在這個精巧的對象上吧。稍一觸擦，就有大量鱗片脫落；稍有風吹，這些鱗片就飛舞起來，像雲母片那樣閃閃發光。鱗片呈長橢圓形，稍稍凹下，下半部呈白色，上半部呈金橙黃色。鱗片看上去跟矢車菊頭狀花序的鱗片相似，只是面積較小些。這就是雌蛾為了遮護牠所產的卵，將要脫掉的金色絨毛。尾巴根上的金塊被層層剝去，以後將變成玉米穗那般排列的蟲卵屋頂。

　　我想看看這些優美瓦片的置放情況。瓦片蒼白色的一端被一點樹膠固定，有色的那一端空著。環境沒有提供什麼助益。成蛾的生命十分短促，整天無所事事，待在下部樹枝上一動也不動，只在黑夜時才活動起來。交尾和孵卵都在夜間進行，第二天一切都已完結，成蛾的生命已然終結。在這樣的環境下，在提燈昏黃的光線下，跟蹤察看雌蛾在花園裡松樹上的勞作情況，不可能令人滿意。

　　我和鐘形罩下的囚徒打交道，也沒更幸運些。幾個囚徒產了卵，但總在夜深人靜的時刻。這些時刻令我喪失警覺。要更加了解雌蛾置放鱗片那精細微妙的操作，一支蠟燭的光線和強睜鼓脹的睡眼是不大適宜的。對這看不清的事，我們還是略而不談吧。

讓我用幾句林業行話來結束這一章吧！松樹上成串爬行的毛毛蟲，是一種貪得無厭的傢伙。牠在不損害松樹梢受鱗片和含樹脂漆保護的芽苗的情況下，卻把松樹枝杈剝得精光，並且把松樹損傷得光禿禿的。松樹生命力所在的松針——葉簇，一直被剃光到葉柄。該怎樣進行補救呢？

我向鎮上的巡山員請教，他對我說，一般的做法是拿一根柄上裝著長竿的枝剪，從一棵松樹走到另一棵松樹，把蟲窩打落地上燒掉。這種方法操作起來十分艱苦，因爲松毛蟲的絲囊位置往往很高。此外，這種方法並非沒有危險。樹木修剪工人受到松毛蟲的毛蟲灰塵襲擊，立刻感到奇癢難捱。這種討厭的苦刑使工人拒絕繼續做下去。我的意見是，最好在松毛蟲窩出現之前採取行動爲宜。

松毛蟲成蛾的飛翔力很差。牠無法高飛，幾乎就像鼉蛾那樣動來動去，在地上打轉。即使在最佳起飛狀態下，牠頂多也只能達到松樹幾乎曳地的樹枝。在這些樹枝上寄放著蟲卵，高度最多兩公尺。幼小的松毛蟲從一個臨時宿營地到另一個臨時宿營地，越爬越高，一層層地到達松樹梢，在那裡織造永久棲所。了解松毛蟲的這個特點後，剩下的就不言而喻了。

八月，人們巡查松樹的下部樹葉。這種檢查很容易進行，

這些樹葉與人的身體同高。靠近松樹細小的枝梢，很容易看見松毛蟲成蛾一次所產的卵群。這些卵群呈鱗片狀，好似戒指上的寶石基座，厚度和色澤使它們在暗綠中十分顯眼。把這些蟲卵連同載負它們的雙松針一齊採摘後，用腳踩碎，這是防患未然的簡單辦法。

　　我在我的荒石園裡，就是這樣處理那幾棵松樹的。對成片的森林，特別是在花園和公園裡，能夠依樣辦理嗎？在這些地方，整齊的葉群是樹木的優點之一。我再補充一句：剪去所有曳地的樹枝，把針葉樹裸露的樹幹部分保持在兩公尺的高度，這樣才保險。下部的樹枝是松毛蟲成蛾在沈重飛翔時，唯一可及的部分。沒有這些階梯，牠們就無法在松樹上居住。

第二十三章

松毛蟲引起的刺癢痛

　　松樹上成串爬行的毛毛蟲有三套服裝。青年服裝是一層薄薄的、亂蓬蓬的密毛；中年服裝是三套服裝中最華麗的。中年的松毛蟲，各個體節裝飾著金色的枝狀物，以及醋栗色光禿板鑲嵌畫。而老年服裝呢，體節因狹長切口而裂開。這些切口打開、閉合肥厚的嘴唇，時而咀嚼，時而弄碎橙黃色纖毛短鬚，當囊袋底部鼓脹成局部鼓泡時，短鬚就變成了被拋到兩邊胸側的細線團。

　　松毛蟲穿上這最後一套服裝時，人們操縱擺弄牠，就連只是逼近觀察牠，都令人十分不快。我突然了解到的這一點，遠遠超出了我的期望。

　　整個上午，我毫不猶豫地拿著放大鏡，俯下身子觀察這些

蟲子，以便了解牠們那些狹長切口的功能。二十四小時內，我的眼皮和前額發紅，比被蕁麻刺開的小傷口更令人感到疼痛和惡癢難耐，我被弄得痛苦不堪。我下樓來吃午飯時，別人見我一副可憐相：眼睛鼓脹發紅，臉也辨認不出來了。他們於是圍著我，十分不安，問我遇到了什麼事。為了讓一家人放心，我不得不向他們講述我的險遇。

我毫不遲疑地講述那些被弄碎、一片片積起來的橙黃色纖毛，給我帶來的慘痛不幸。事情經過是這樣的：我呼吸吹氣，在打開的小囊袋中尋找這些纖毛，直把它們吹揚到離臉很近的地方。我的手冒冒失失地這裡揩揩那裡抹抹，試著減輕癢的感覺；但是，在弄散引起癢感的灰塵時，卻使疼痛更加厲害。

不，在對松毛蟲背部進行探索研究中，並非所有事都樂觀美好。為了從這起意外事故中恢復過來，我晚上必須休息。這起事故倒也沒有別的什麼嚴重性。讓我們繼續吧！用預先策劃好的實驗，來替換一些偶發事件是恰當的。

我說過，那些由背上狹長切口表示入口的小囊袋，被散亂或組結成塊的殘碎毛屑堵塞起來。當這些囊袋微微打開時，我用鑷子尖收集到一點內部的東西。我把收集物攤放在手腕上或前臂內側表面，進行摩擦。

不需等待就得到了結果。皮膚很快發紅，而且被蒼白的透鏡狀浮腫覆蓋，這和被蕁麻刺傷的後果一樣。痛得並不太厲害，但十分令人煩惱頭疼。第二天，搔癢、紅腫、透鏡狀浮腫等全部消失了。這就是事情的大概經過。但是，千萬別忘記：實驗並非總是成功的，對松毛蟲來說，毛粉塵的效能似乎取決於某些巨大變化。

有時我用整條松毛蟲，或用牠的皮殼，或者用鑷子尖收集到的碎毛塗抹在自己身上，並沒有引起任何不快的結果。刮擦的粉末似乎根據某些我不可能辨清的環境條件而變化無常。

從我進行的不同實驗中，可以明顯看出，松毛蟲纖細的毛被是發癢的原因。松毛蟲背上那些嘴唇似的器官半開、閉合，不斷磨碎這個毛被，損壞自己的短鬣。這些狹長切口的邊緣在拔去自己的毛時，產生引起癢痛的粉塵。

這個事實得到了承認，讓我們進行更加認真的實驗吧。三月中旬，當松毛蟲已經移居地下的時候，我想起要打開幾個蟲窩。為了進行研究，我渴望把窩裡最後的居民收集起來。我的指頭不小心拖帶了絲造的棲所。絲是牢固的材料。我用手指把這個住所撕成碎片，並且搜索、剖開、翻轉這些碎片。

　　我對事情總是那麼漫不經心。我再一次，而且是結結實實地吃了滿不在乎的大虧。操作才剛結束，我的指尖就眞的痛了起來，尤其是在指甲邊比較敏感的部位，痛得更加厲害，好似化膿般陣陣刺痛。

　　這一天的其餘時間以及整個晚上，疼痛不停，弄得我十分苦惱，無法入睡。經過二十四小時的劇痛後，第二天疼痛才平息下來。

　　我的這次新危險是怎麼發生的呢？我並沒有擺弄這些松毛蟲呀，而且這時的毛毛蟲窩裡毛毛蟲很少。我沒有看到脫落的舊皮，松毛蟲不在絲囊袋裡蛻皮。當松毛蟲脫掉牠們的第二套服裝，那套有鑲嵌畫服裝的時刻到來時，牠們成堆聚集在外面的窩頂上，而且把那些混雜著絲線的破爛衣服，弄成一堆留在那裡。還剩下什麼可以解釋被我擺弄的蟲窩爲何使我不快呢？

　　還剩下弄碎的毛，橙黃色老纖毛。如果不聚精會神地仔細察看，這些毛就是肉眼看不見的灰塵。松毛蟲長期在窩裡亂動。牠們來來去去，在前往牧場和返回寢室時，穿越牆壁。牠們靜止不動或者往來行路，都不停地開關背上的嘴，那收集資訊的器官。這些嘴唇狹長的切口關閉時，像軋鋼機一臺在另一臺上滾動，突然咬住毗鄰的毛被，把它拔掉，研磨成細粒。袋

囊的底部於是立刻上升,把這些細粒扔到外面。

這樣成千上萬使人產生劇痛的小碎片就擴散開來,慢慢進入整個窩內。蛾的袍子灼燒身穿這件袍子者的血管。松毛蟲的絲織品,另外一種有毒的布料,則灼燒擺弄牠的人的手指。

令人憎惡的纖毛長期保存其惡毒危害性。我必須對幾個松毛蟲繭進行挑選。在這些繭中,有很多染上了蟹硬化病。繭的內含物堅硬,可能是狀態不佳的跡象。我用手指撕裂打開那些可疑的繭,以便拯救那些沒受污染的松毛蟲蛹。這次篩選,我遭受到和撕開蟲窩時同樣的痛苦,特別是指甲邊緣,更加疼痛難耐。

這次引起搔癢的,有時是松毛蟲在變成蛹時扔拋的乾燥皮殼,有時是由於隱花植物入侵而乾癟成石膏狀的毛蟲。六個月後,同樣不受歡迎的繭又引起了奇癢和紅腫。

用放大鏡觀察橙黃色的纖毛,那搔癢的根源,是前半部裝著倒鉤的小棍子,堅硬,兩端都很鋒利。這些纖毛絲毫沒有蕁麻毛的結構,不過是細長的管殼。管殼的矽質尖端會自行破碎,把一種刺激性液體傾倒在小傷口上。

一種拉丁學名叫「刺癢痛」的植物，從毒蛇鉤牙那裡借來武器。這種植物不是透過傷口，而是經由注入毒液起作用。松毛蟲則使用另一種方法。牠的纖毛完全沒有跟蕁麻毛的壺狀儲水器類似的器官，想必是像卡菲爾人①和祖魯人②那樣，將標槍浸上毒液。

這些纖毛真的鑽進人的表皮了嗎？它們像野蠻人的標槍般，一旦刺進肌肉就拔不出來了嗎？它們那有倒刺的倒鉤，隨著受刺激肌肉的顫動，會鑽得更深嗎？這些說法無一可被接受。我徒勞地用放大鏡探察疼痛點，沒有看到刺入的螯針。橡樹上成串爬行的毛毛蟲使雷沃米爾受到痛苦。他搔癢，但沒有達到目的；他懷疑，但什麼也不能斷言。

不，松毛蟲的橙黃色纖毛儘管具有鋒利的尖端，在放大鏡下看，這些尖端就像可怕的長矛倒鉤；但是，它並不是那種適合插進用它螯開的小傷口、引起搔癢的螯針。

很多毛毛蟲雖然絲毫不傷人，但身上卻布滿絨毛。用顯微鏡看，這些毛是有毛刺的標槍。這些標槍外觀雖然嚇人，卻不

① 卡菲爾人：非洲東南部沿海一帶講班圖語的民族。——譯注
② 祖魯人：講班圖語的非洲民族，現居祖魯蘭地區。——譯注

傷人。且舉兩個手執戈戟而和平的步兵的例子吧。

　　春天開始的時候，一條因其粗硬的毛被而遭人厭惡的毛毛蟲，頑強地穿越小路爬行。牠的毛被像田野裡即將收割的莊稼，呈波浪形。古代的博物學家在他們天眞而虛構的術語中，把這條毛毛蟲稱爲「雌刺蝟」。這隻蟲子配得上這個稱號。發生危險時牠就蜷縮起來，做出刺蝟的樣子，向敵人顯示牠帶刺的盔甲。牠的背上有厚密的黑毛與灰毛混合物。在牠的身子兩側和前面，是粗硬的橙黃色長毛。這粗硬的毛黑中帶灰或者橙黃，帶有大量的刺。

　　人們用手指碰觸這個可怕東西時，猶豫不決。然而，小保爾在我的鼓勵下，儘管他只有七歲，皮膚十分細嫩，卻大把大把地抓住這令人厭惡的毛毛蟲，毫不畏懼，就像抓住一束蝴蝶花一樣。他在盒子裡盛滿榆樹葉，用來餵養毛毛蟲。他每天擺弄牠，因爲他知道，這隻可怕的蟲子將帶給牠非常美麗的蛾。這隻蛾將穿著猩紅色的天鵝絨，翅膀半紅半白，撒滿栗色斑點。

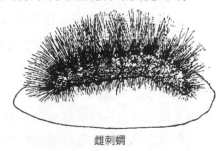

雌刺蝟

　　孩子和這條長毛毛蟲如此親近，會發生什麼呢？在

孩子的細嫩表皮上，連一點類似癢的感覺都沒有。我並不是說我自己的皮膚表層，它已經被歲月染成棕褐色了。

雌刺蛹的成蛾

　　在鄰近的急流艾格河畔的柳樹林中，一種多刺灌木觸目皆是。這種灌木在秋末冬初時，被不可勝數、很酸的紅色漿果覆蓋。它那不易接近、綠葉稀少的枝杈，在一袋袋紅彤彤的彈子中消隱。這就是沙棘。

　　四月，一種豎起毛時相當好看的毛毛蟲，靠吃沙棘的嫩葉為生。這種毛毛蟲背上有五束粗硬的毛。這些毛並排豎起，好像一把刷子。這些毛束中央深黑，邊上呈白色。

　　這種毛毛蟲在前面搖動兩根散開的冠毛，第三根長在臀部，好似尾部的羽毛飾。三根毛都很纖細，像黑色的畫筆。

　　這種淺灰色毛毛蟲的蛾，在樹皮上蜷縮著身子，紋絲不動，讓兩條長長的前腳互相靠著，伸到身體前面。乍看之下，人們還以為長長的前腳是大觸角呢。前臂臂膀的這種姿態，使

伸爪

牠獲得「挖」這個科學名稱，以及另一個更具表現力的俗名「伸爪」。

　　在我的合作下，小保爾沒有忘記飼養帶有刷子和羽飾的溫和毛毛蟲。他那敏感的手指，撫摸過多少次這隻蟲子的皮毛啊！他覺得牠比絲絨更柔軟。然而，這隻蟲子的毛被放大鏡放大後，卻是可怕的有刺長矛，和松毛蟲的毛一樣嚇人。除此之外，它們沒有進一步的相似處。帶刷子的毛毛蟲受人擺弄時，在人的皮膚上不會引起任何紅點。沒什麼比牠濃密的毛更不傷人的了。

　　很顯然，刺癢並不是由有刺纖毛引起的，而應該從別處尋找原因。如果有刺的纖毛足以弄痛手指，那麼大部分多毛的毛毛蟲都是危險的，因為這些毛毛蟲都有帶刺的毛。可是，實際情況正好相反，幹壞事的只是少數毛毛蟲。這些毛毛蟲並沒有毛被這個特殊結構，與其他毛毛蟲有所不同。

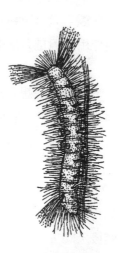

　　這些有倒刺的毛可能具有一種作用，即把引起癢痛的微粒固定在我們的表

伸爪的毛毛蟲

皮上，並讓微粒根深柢固地留下。但是，使人感到針扎似的疼痛，決不可能來自這樣細微魚鏢的簡單一刺。

　　仙人掌上像層層小墊子般聚集的纖毛，雖然細小得多，但兇狠、有刺。過分相信這種絲絨似的手指，可要當心啊！指頭稍微碰到它，就會被它那些魚鏢似的物體刺傷。這些魚鏢向我們的耐心挑戰，要我們耐心地拔出它們。除此之外，沒有任何痛苦，或者說幾乎沒有什麼痛苦；因為在這裡，螯針的動作純粹是物理性的。

　　假設松毛蟲的纖毛能夠穿透表皮（這點非常可疑），如果這些纖毛只有銳利的尖端和有倒刺的毛，它們就能起這樣的穿透作用，但是力量很弱。此外，它們還會有什麼呢？

　　這些纖毛想必不同於蕁麻的毛，它們的刺激物是在表面，而不是在內部。它們可能被塗抹了一種有毒混合物，透過簡單接觸來塗抹，使毒物起作用。

　　讓我們用一種溶劑來提取這種毒素吧。松毛蟲的螯針如果只有那沒啥意義的物理作用，它就不會傷人。相反地，溶劑過濾後，除去一切毛被，卻充滿了蕁麻引起癢痛的成分。我們可以在沒有蟲毛的條件下進行實驗。致癢的成分在隔離和集中

後，並不會在這種操作處理中失去，反而會更加猛烈。這正是我們經過思考所預見到的。

實驗的溶劑限於三種：水、酒精和乙醚。我較偏好使用最後一種，雖然另外兩種，特別是酒精，曾經讓我取得過令人滿意的結果。為了簡化研究工作，我寧願僅使用松毛蟲脫下的皮，而不把整條松毛蟲放到溶劑裡，因為整條松毛蟲會因其脂肪和牠那富營養的漿汁，使得提取出來的物質變得複雜。

因此，我一方面收集松毛蟲第二期蛻皮時，在絲造樓所的圓頂上所留下的乾皮；另一方面收集松毛蟲在變成蛹以前，脫扔在繭裡的皮。我把這兩種毛毛蟲皮，分別放在乙醚裡浸泡二十四小時。浸劑無色，液汁經過細心過濾，讓它自行蒸發。在篩檢程序中，我還用乙醚多次清洗松毛蟲脫下的皮。

現在要進行兩次實驗：對毛毛蟲皮的實驗，和對浸泡產品——溶液的實驗。第一次實驗的結果十分清楚。兩種皮都像在正常狀態時那樣，毛既長又密，乾燥得恰到好處。雖然我狠狠地用它們在我的手指縫，這個對搔癢很敏感的部位拭擦，卻沒有產生任何效應。

毛被還跟未浸泡溶劑前一樣，沒有任何變化。它那有倒刺

　　的毛和標槍尖頭絲毫未損，但卻沒有任何效用，絲毫引不起疼痛了。這數以千計的螯針，被剝奪了塗在表面的有毒黏性分泌物後，就變成了良性無害的絲絨。此時，那叫做雌刺蝟的毛毛蟲和有刷子的毛毛蟲，比它還更加傷害人。

　　　第二次實驗也有了肯定的結果，溶液在痛苦效應方面首屈一指，以致我都不大想再重複這個實驗了。當含乙醚的浸泡液自發地蒸發、濃縮爲幾滴的時候，我把一片疊成四折、大拇指長的吸墨紙方塊浸濕。我沒有提防這種產品，因而在自己可憐的皮膚上大量使用。我勸告以後再進行這種研究的人，不要像我這樣粗心大意。最後，這張吸墨紙，一種新膏藥貼在我的前臂內側表面。一片橡膠把它覆蓋起來，爲了避免乾燥得太快，我又用一條繃帶固定住。

　　　在起初十幾個小時內，什麼也沒有發生。接著，便出現癢感，繼而癢感增加，灼燒的感覺逐漸強烈得讓我大半夜都無法入睡。第二天，紙和皮膚接觸二十四小時後，我把皮膚上的這些玩意通通移開。有毒紙片覆蓋的那塊皮膚，呈現紅腫、脹痛，傷痕非常清晰。

　　　皮膚像被苛性鹼浸過那樣疼痛，看上去像驢皮一樣粗糙，每個小膿瘡都像流淚般流下一滴漿液。這滴漿液凝結成類似阿

拉伯樹膠的有色物質。這種滲漏持續了兩天多。接著，炎症消除，十分令人惱火的疼痛也同樣消失。表皮乾燥起來，散成皮屑。除了還留下紅色斑痕外，現在一切都已恢復正常。松毛蟲提取物的效應多麼難以消除啊！實驗過後三個星期，讓毒素實驗過的前臂上的小方塊，仍然呈紫蒼白色。

我用這樣的烙鐵為自己打上標記，至少會得到一點補償吧？是的，稍稍得到了補償。我了解到一些真實狀況，貼在傷口上的膏藥，這種真理的膏藥是最靈驗的。它不久就會把我們從更加嚴重的不幸中解救出來。

目前，這項痛苦的實驗顯示出，引起刺癢的首要原因，不是松毛蟲的毛皮。這兒沒有一根毛、纖毛或螫針，所有這些都被篩檢程序阻留。我們只有一個被乙醚抽取出來的成品。這個刺激物在某種程度上，使我回想起古希臘的雙耳金屬杯。這個杯子藉由簡單的接觸產生作用。我那一小方有毒的吸墨紙，是一種發瘡藥。它沒讓表皮腫脹成大皰疹，而是讓它布滿小小的膿皰。

有倒刺的纖毛，是空氣稍稍震動就散播在四周的微粒。這些纖毛的作用，僅限於把浸透引起癢痛感的物質，轉移到我們的臉上和手上，而鋸齒狀的倒鉤則將致癢物固定，使毒素能夠

發揮作用。這些纖毛還可能具備另一種功用：幫助引起劇痛的化學物質輕微擦傷表皮。若非如此，這種擦傷就不會被察覺。

細嫩的表皮接觸、擺弄了松毛蟲不久後，就腫脹變紅，疼痛不已。這個現象的產生雖然並不突然，卻很迅速。相反地，乙醚提取物要經過相當長的等待後，才使皮膚發紅、疼痛。要更快速地引起潰瘍，對它來說還缺什麼呢？根據各種表面現象判斷，還缺少毛的介入。

松毛蟲直接造成的刺癢，遠遠沒有幾滴濃縮的乙醚提取物所引起的刺癢那樣嚴重。在我和松毛蟲的絲囊，或者和這些絲囊的居民打交道時，所遭遇過的最慘痛不幸中，從來沒見過表皮蓋滿分泌漿液的水泡，也沒見過表皮一層層地裂成鱗片。現在這是一種真正的傷口，外觀十分難看。

情況的惡化不難解釋。我把五十來張松毛蟲脫下的皮，浸泡在乙醚中。蒸發後濃縮為幾滴液汁，我將它吸到一方墨紙上。這時那一小方紙代表五十倍的單位毒素。身體的某個部位接觸這種小發瘡藥，就等於接觸五十條松毛蟲。毫無疑問，大量浸泡松毛蟲脫下的皮，就可得到一種具可怕能量的提取物。很難說未來某一天，醫學不會利用這種與斑蝥素迥然不同的強大誘導劑。

　　或者我們是出於好奇心而志願犧牲的人。我們除了滿足於了解事物外，沒有什麼別的要滿足。這種好奇心讓我們感到奇癢難捱，或者說，我們是偶然的遭受不幸者。為了稍稍減輕松毛蟲帶來的搔癢，我們該怎麼辦呢？能夠了解災難的根源，當然很好。要是能夠消除這種災難，那會使人更加愉快。

　　有一天，我長時間搜索一個松毛蟲窩，弄得我兩隻手都很疼。我試著用酒精、甘油、油和肥皂水緩解，卻都不成功，什麼都無濟於事。這時，我回想起雷沃米爾對付橡樹毛蟲的刺癢時，所用的一種治標劑。這位大師用歐芹擦身，效果不錯，但他沒說他是怎麼知道這種奇怪特效藥的。他還說，所有的樹葉或許也同樣能夠紓解刺癢。

　　現在，再度研討這個問題的時機已經成熟。在荒石園的角落種著歐芹，它的體型寬大、綠油油的，令人滿意。有什麼別的植物可和它相比呢？我選擇了馬齒莧。它是我那一畦畦菜地的自然主人，富有黏液、多肉，容易弄碎，並且有黏合性的液汁。我用歐芹在一隻手上摩擦，另一隻手上用馬齒莧摩擦，摩擦時緊緊地按住，把葉子壓碾成糊。這樣做的結果值得一提。

　　用歐芹摩擦，沒錯，搔癢的灼痛感減弱了些；但只是減弱而已，灼痛感仍然長時間持續，始終令人厭惡。而用馬齒莧摩

擦，灼痛幾乎立刻停止，而且停止得完全徹底，以致我不再去
注意患處。我這種江湖醫生的馬齒莧藥，有無可爭議的療效。
我把它推薦給受到松毛蟲傷害的人，不做喧囂鬧嚷的廣告。護
林人和松毛蟲窩作戰時，能夠從這種植物中找到大大緩解痛苦
的安慰劑。

　　我用番茄葉和萵苣葉進行實驗，效果也不錯。我雖然沒有
對這種植物做更深入的鑑定，但始終以雷沃米爾為榜樣，深信
一切細嫩和多汁的葉子都有某些藥效。

　　關於這種特效藥的作用方式，我承認一無所知，正如我對
松毛蟲毒素的作用方式一無所知一樣。莫里哀③的候選醫生解
釋鴉片的催眠性質時說：「這裡面有可以呼吸進去的催眠效
能。」讓我們也這樣說：搗碎的草能消除刺癢，因為它有舒緩
搔癢的安定效能。

　　這句俏皮話富於哲理性。關於我們的藥物和世界上的萬事
萬物，我們到底知道些什麼呢？在我居住的村子及周遭地區，
民間認為要緩解蜜蜂或胡蜂刺螫引起的疼痛，只需用三種草擦
拭被螫刺的部位就行了。人們說：「拿你隨便碰到的三種草，

③ 莫里哀：法國著名劇作家，1622～1673年。——譯注

併成一束，使勁地擦。」有人保證，這個藥方絕對靈驗。

　　最初，我以為這是醫療方面的胡說八道，不過是鄉下人想像出來的。經過實驗，我承認，某種表面上荒謬無稽的治療措施，有時倒也有它的正確性。用三種草擦拭，的確能夠緩解蜜蜂和胡蜂的螫刺。

　　我還要趕緊補充一點：用一種草擦拭同樣有效，結果也跟在松毛蟲刺癢這個問題上，歐芹和馬齒莧所展現的效果相同。如果一種草就已足夠，為什麼還需要用三種草呢？三是命中注定的吉數，具有魔法意味，不會消減膏藥的效能。凡是鄉野農村的療法都涉及一些魔法，並且以三來進行總會有好處。

　　也許三種草構成的特效藥，要上溯到古老的醫藥物質。迪約斯科里德讚揚特莉福蘿芙時說，這種草治療毒蛇咬傷的療效很好。要準確明辨這種有三片複葉的著名小葉植物並不容易。這是通俗的三葉草嗎？還是有瀝青味的蒲梭拉莉葉？是泥炭沼的主人——睡菜嗎？還是鄉野田間的酢漿草？對此沒有任何肯定的說法。當時的植物學不像今日植物學，對植物的描述較為嚴格細緻。植物——解毒劑，用三這個數來概稱複葉的小葉，最根本的特點就是這樣。

　　此外，正如最初替人治療者所設想的那樣，神秘難解的數字對醫藥的療效來說必不可少。農民頑固保守，把古代的藥物保存了下來。由於一種吉慶的啟發，他們把原來的三葉草改為三種不同的草。他們讓特莉福蘿芙成為蜜蜂一刺就碎斷的三重葉。我似乎窺見了這些天真的行為和雷沃米爾所談的壓碎歐芹之間，存有某種親子關係。

第二十四章

野草莓樹上的毛毛蟲

在我進行探索研究工作的狹小隱蔽角落，使人癢痛的毛毛蟲種類並不多。我知道的只有兩種：松毛蟲和野草莓樹上的毛毛蟲。後者屬於燈蛾，牠會演變成全身雪白的蛾，十分美麗，腹部末端的幾個環節呈橙黃色，異常鮮豔，酷似毒蛾。牠和毒蛾的區別是：牠的身材較小，尤其是牠毛毛蟲的活動領域與毒蛾的不同。這種昆蟲在我們的昆蟲錄上已經歸了類嗎？這點我並不了解。不過，也用不著去了解。既然不可能弄錯，一個拉丁學名又有什麼要緊？關於野草莓樹上的毛毛蟲，我要吝惜筆墨，不詳細敘述。這種毛毛蟲比起松樹上成串爬行的灰毛蟲來，牠的習性實在叫人興趣缺缺。不過，牠所進行的破壞、造成的災害和產生的毒素，倒是值得特別注意。

在塞西尼翁的丘陵上，地中海植物分布的最北界限的小山

上，陽光朗照，野草莓樹滿山遍嶺，觸目皆是。這種小灌木鬱鬱蔥蔥，十分好看。它的枝葉光鮮油亮，四季常青；果實像草莓一樣，色澤鮮紅，圓鼓多肉；那一串串懸掛的白色小鈴好似鈴蘭的小鈴鐺。約莫十二月，寒冬到來，此時野草莓樹的優雅無物能及。它以果實和花朵來裝飾那宜人的青枝綠葉，這些果實和花朵恰如珊瑚珠和脹鼓鼓的鈴鐺。在我們的植物中，只有野草莓樹把開花期和成熟過程合而為一。

這時，鶇鳥喜愛的紅彤彤覆盆子變軟，有了甜美的味道。老奶奶們採摘這些水果，用來製作質量均佳的果醬。至於野草莓樹這種小灌木，則面臨了砍伐季節。儘管它風姿綽約、亭亭玉立，卻得不到樵夫的尊重。它就像普通粗俗的荊棘一樣，被當成燒爐灶的柴綑。這種漂亮的樹還有一種比樵夫更加令人害怕的蹂躪者——一種毛毛蟲。和熊熊烈火灼燒相較起來，遭受這種貪婪毛毛蟲啃噬的痛苦並不遜於前者。

這種災害源自於一種燈蛾。這種野草莓燈蛾的胸部有漂亮的觸角羽毛飾和絮狀披角。牠渾身雪白、嬌小可愛，在野草莓樹的葉子上產卵。

樹葉上有種披針形小墊子似的東西，長二至三公分，淺白略帶橙黃色，像鴨絨被般厚而柔軟。些許樹膠把它朝向葉梢的

一端固定起來。蟲卵掩沒在這種柔軟、深厚密實的隱藏處裡，具有金屬光澤，酷似細小的鎳粒。

卵在九月孵化。幼蟲孵出後，最初的飲食是出生地的葉簇，接著是毗鄰的樹葉。幼蟲只啃食樹葉的一面，通常是向光那一面。背光面是葉脈形成的網紗，對新孵出的幼蟲來說，那裡有如皮革般堅硬，因此完全不去碰觸。

消耗食物時，幼蟲厲行節約。這個羊群似的群體並非盲目地隨意吃食，或是心血來潮地使用其牧場——葉叢；而是從葉柄出發，一步步蠶食到葉梢。牠們的頭全都排列在進攻的前線，幾乎排成一條直線。樹葉的一面還沒完全吃光，牠們不會去咬一口更遠處的東西。

這個羊群一邊前進，一邊在樹葉被吃光的部分產下幾根絲線，在只剩下反面葉脈和表皮的樹葉上，編織出一張纖細的網來。這張網是遮擋強光的掩蔽所，對這些幼弱的蟲子來說，也是不可或缺的降落傘。因為一陣微風就會把這些蟲子捲走。

由於樹葉遭破壞的那一面乾燥得快，整張樹葉馬上彎曲起來，蜷縮成被一張綿延不斷的網所覆蓋的威尼斯輕舟。這時牧場的草料已被吃光，於是羊群拋棄這塊草地，轉向別處，在附

近一塊狹窄的土地上重新開始。

　　毛毛蟲多次像牲畜那樣臨時進入柵欄。十一月，氣候惡劣的季節到來時，牠們就在一根枝梢定居下來。一束樹葉的趨光面被一片片啃掉後，便更加接近毗鄰的樹葉了。而毗鄰的樹葉也被如此啃食，這樣就形成了一個表面燒焦的捆束。一塊漂亮的白色綢緞加固這捆束，這就是冬季住所。在春回大地以前，還很幼弱的毛毛蟲將待在裡面，不再外出。

　　樹葉構架的鄰近，只不過是樹葉被啃咬的那一面乾燥的結果，並非出自毛毛蟲的特殊技藝。這些毛毛蟲把絲線從一片樹葉延伸到另一片，然後在這些繫帶上使勁用力，把這座建築物的各個房間連接起來。是的，固定的纜繩把因乾燥而彼此靠攏的樹葉牢固地集結起來；但是，這些纜繩在這種集結工作中，絲毫不像動力機械那樣發揮作用。

　　這兒沒有牽引的纜繩，沒有推動構架的絞盤。身體虛弱的蟲子無法做這樣的努力，一切是自然而然完成的。有時，一根因空氣擺弄而飄動的線，纏住一片毗鄰的樹葉，這座偶然架起的天橋於是引誘探險的毛毛蟲，牠們奔去抓傷這個意外的搭接物。另外一片樹葉在別無他物起作用的情況下，彎曲起來加進這個圍圈。房屋的大部分一邊被吃，一邊修建。毛毛蟲一邊擺

設筵席，一邊安頓自己。

　　這是一座舒適的房屋，門窗的縫隙都被堵塞起來了，經得住雨雪襲擊。爲了不受穿堂風的吹刮，牠們在門、窗的接縫裝上防風墊。小野草莓毛蟲鋪張浪費，把牠們的絲絨細帶子放在護窗板上。不管大霧多麼潮濕，在這座房子裡居住，想必十分舒適。

　　在氣候惡劣的季節裡，我的住地陰雨連綿。用樹葉搭建的樓所卻沒有遭受災難。這是因爲有時毛毛蟲具備的一些特長，連人類的靈巧和技能都相形見絀。

　　在氣候最嚴酷的三、四個月裡，毛毛蟲在這個以樹葉和絲建成的住所內，絕對地戒絕飲食。牠們足不出戶，不吃不喝。三月，當大地從昏沈麻木中甦醒過來時，這些飢腸轆轆的隱居者便著手搬遷。

　　這時，毛毛蟲分散在毗鄰的綠葉上。這是大破壞、大蹂躪的時刻。毛毛蟲不再限於只啃咬樹葉的一面，而要整整一片樹葉，直到葉柄，才能滿足牠們貪得無厭的胃。於是，野草莓樹逐漸從一個毛毛蟲生長點到另一個生長點被剪得精光，片葉也不存。

　　這些流浪的毛毛蟲不再返回冬季營地。現在對牠們來說，冬季住所已顯得太狹窄了。牠們成群結隊地集結一起，一些在這裡，一些在那裡，織造無固定形狀的帳篷和臨時棚屋。隨著周圍牧場的草料被耗盡，牠們就拋棄舊帳篷另建新屋。光禿禿的樹杈，好似被大火燒掉了樹葉後，掛著襤褸衣衫的曬衣場，十分淒涼悲慘。

　　六月，毛毛蟲發育成熟、生長完全後，便離開野草莓樹，下到地上，在枯乾的樹葉中精打細算，吐絲做繭。部分毛毛蟲的毛取代了絲。一個月後，出現了成蛾。

　　毛毛蟲的身體最後將近三公分粗。牠的服裝絢麗多彩，十分別致。背上的黑色皮膚有兩串橘黃色的斑點，灰色的毛一束束排列，身體兩側是雪白短簇毛；腹部的頭兩個體節和倒數第三個體節上，有兩個栗色絲絨般的隆起物。

　　但是，毛毛蟲最引人注意的特點，是一對始終張著、火山口似的極小斗杯，好似兩個用一小滴紅色封蠟雕琢成的小巧酒杯。這種朱紅色的小杯狀物，只在背部中央的第六和第七個體節才有。我不了解這些奇怪的斗狀物的功能，或許應該把它們視做資訊器官，類似松毛蟲背部的孔。

村民對這種毛毛蟲驚恐萬分。捆紮木柴的樵夫和拾取荊棘的村婦，都異口同聲地咒罵牠。當他們對我談到毛毛蟲使他們奇癢難熬、劇痛難忍時，他們的表情實在讓我不禁聳聳肩頭，以便紓解我想像中在脊椎深處感到的搔癢。我彷彿感覺到，野草莓樹柴捆在我裸露的皮膚上擦過，而這柴捆上放著毛毛蟲灼熱的破爛衣物。

在烈日炎炎、酷暑難熬的時刻，砍伐長滿孳生毛毛蟲的小灌木，揮起斧頭撼動在樹影裡傾倒毒素的芒齊涅拉樹[1]，看來真是個苦差事。至於我，對自己和這種野草莓樹的破壞者打交道，卻沒什麼好訴苦抱怨的。我常常觸摸擺弄牠。我把牠的毛貼在手指，甚至臉上最敏感的部位。為了進行科學研究，我會連續幾個小時剖開一些蟲窩，但從沒感到有什麼不舒服。除非情況特殊（或許在毛毛蟲即將蛻皮時），否則我這種曬得黑黑的皮膚才不受影響呢。

孩子細嫩的皮膚沒有這種免疫性，小保爾就是最好的明證。他幫我取得了幾個蟲窩，還用鑷子幫助我收集窩裡的居民。做完這些工後，他老是搔抓頸脖，紅色的浮腫使他的脖子上出現一道道虎紋。我這個純樸天真的助手，為科學實驗給他

① 芒齊涅拉樹：產於美洲，果實有毒。——編注

帶來的這種傷痛感到自豪。他也受到我輕率冒失，或是充硬漢的作風所影響。不過，在二十四小時內，浮腫等等都自動消散了，沒有發生其他嚴重的情況。

這和樵夫們跟我說的那些不幸的劇痛遭遇，不大吻合。他們會胡吹誇大嗎？不太可能。因為他們都異口同聲，眾口一詞。那麼，是否我的實驗中缺少某些東西，比如：明顯的有利時機、毛毛蟲的適當成熟度、加劇毒素毒性的高溫等。

想要產生最強烈的刺癢感，需要集合某些不很明確的環境條件，但這種集合卻沒有出現。也許有朝一日我會偶然遇到這種集合現象，甚至還會超出我的期望。如果我像樵夫們那樣受到傷害，我將整夜心煩意亂、輾轉反側，就像躺在燒著炭火的床上一樣。

直接和毛毛蟲交往接觸所得知的東西，後來遠遠出乎我意料地，被化學方法加以證實了。我像處理松毛蟲脫下的皮殼那樣，用乙醚處理野草莓樹的毛毛蟲。被浸泡的害蟲還很幼小，身軀不及成熟時的一半，有百來隻。兩天以後，我過濾浸泡液，任其自然蒸發。我用幾滴剩下的液體，浸濕一張折成四等份的吸墨水紙，用薄橡膠片和繃帶把它貼在我的前臂內側。這是對松毛蟲實驗分毫不差的重複。

這種發瘡藥上午貼上，當天晚上才起作用。搔癢症逐漸變得煎熬難捱，灼痛感強烈得我無時無刻不想把貼在身上的東西撕下。然而，我仍然堅持不屈。不過，付出的代價是慘重的。我焦躁不安，徹夜不眠。

現在我多麼理解樵夫們對我說的話了啊！我的皮膚差不多有四平方公分受到這種痛苦的折磨。如果我的背、肩、頸、臉、臂膀都被弄得這樣疼痛，情況會怎樣呢？飽受這種惹人厭昆蟲之苦的勞動者們，我真的非常同情你們。

第二天，我揭去手臂上那張可怕的紙。皮膚紅腫起來，布滿滲著小滴漿液的小膿瘡。癢感、針扎似的灼痛感和漿液滴，五天之內沒有停止。接著，損傷的表皮開始乾燥，像鱗甲那樣一片片掉下。除了紅色斑塊在一個月內還很明顯外，一切都恢復正常了。

實驗完成後，其結果顯示：野草莓樹上的毛毛蟲在某些情況下，會產生以我的辦法取得的作用和影響；從各方面看，牠那惡名昭彰都實至名歸。

第二十五章

昆蟲的毒素

　　在毛毛蟲引起癢痛的這個問題上，我已經跨出了一步，很小的一步。用乙醚洗滌毛毛蟲皮的結果告訴我們，昆蟲的毛皮在這方面所起的作用十分次要。這種毛皮把它刺激性的塗料連同那弄碎的毛粉塵，貼在我們身上，讓人感到很不舒服。風一吹，這種粉塵就四處飛揚。但是，毒素的根源並不存在於毛毛蟲的絨毛中。它來自別的地方，到底來自何處呢？

　　底下我將談一些細節，對新入門的人或許有助益。這個題目很簡單狹隘；不過，它將顯示一個問題如何引發另一問題，一項實驗怎樣證實或推翻一個假定、臨時拼湊起來的論據；最後還將讓我們看到邏輯，這個嚴格的愛發問者，怎樣做出一般的概論；而此種概論的重要性，將遠超過我們最初的預測。

首先，松樹上成串爬行的毛毛蟲，有個製作毒素的特別腺體器官嗎？就像膜翅目昆蟲分泌毒液的腺體那樣的器官嗎？絕對沒有。解剖證明，引起癢痛的毛毛蟲和良性毛毛蟲的身體內部結構相似，器官不多也不少。

既然不確定毒素產生於何處，那麼這種毒素就源於全身，涉及整個身體組織。因此，它可能以高等動物的尿素方式存在於血液中。這是一種嚴肅的猜測。但是，在實驗尚未道出那無可辯駁的真實的時候，這種猜測畢竟沒有什麼價值。

我用針尖刺五、六隻松樹上成串爬行的毛毛蟲。牠們向我提供了幾滴血。我用這些血浸濕一小方塊吸墨水紙，然後用防水繃帶把這個紙片貼在前臂上。我不無焦慮地等待這次實驗的結果。根據這項實驗的結果，我思考過的化合物將會有可靠的根據，或者在無效的幻想中消散。

夜闌人靜時，我痛到醒來。這一次，這種疼痛對我來說是一種精神上的樂趣，我早已預見到了。毛毛蟲的血液的確含有毒性物質。這種物質引起搔癢、腫脹、灼熱感、膿瘡以及表皮變化。我現在所理解的情況已超出期望之外，實驗結果超出了我和毛毛蟲的單純接觸可能獲致的成果。我並未因為身體的汗毛塗上一點毒素而感到痛苦，反而更加追根究底，尋找引起灼

痛的物質根源。我這麼做，增添了身體的不適。

　　我樂見自己身體遭受的痛苦，因為它把我引上了一條可靠的道路。我繼續一邊了解情況，一邊進行這樣的思考推理：血液的毒素不是參與器官運轉的活性物質，它是一種廢墟、生命的廢棄物，一種邊形成邊自我排除的殘渣。假如情況果真如此，我一定會在毛毛蟲的糞便裡再找到它。這種糞便是消化的殘渣和尿的殘渣的混合物。

　　這就來陳述一下新實驗。它與上次實驗具有同樣的性質。我把幾撮很乾的毛毛蟲糞浸在乙醚裡一、兩天，之後液體變得又髒又綠，像被食物的葉綠素染過一樣。這樣的毛毛蟲糞在舊毛毛蟲窩裡到處都是。喪失有毒塗料的毛是無害的。在證實這種無害性時，我重複了先前提過的操作。我之所以又說一次，是為了有明確的操作方式，並且在即將進行的各種實驗中省去囉嗦重複。

　　浸泡液經過濾、自然蒸發，濃縮成幾滴液體。我用這幾滴濃縮液浸濕我的「蕁麻疹塊」。這是一張為了增加小墊子的厚度，並使它更具吸收力而折成四等份的吸墨紙。寬度二至三平方公分就足夠了，在某些時候甚至還嫌太寬大。我是這種實驗的新手，在自己身上做實驗毫不吝惜。由於我在某些時刻為此

所苦，因此我心存顧慮，不想把這些告訴渴望拿自己來做實驗的讀者。

這塊四方紙浸泡得恰到好處後，貼在我的前臂內側。這裡的皮膚比較嬌嫩敏感。一片薄橡膠把這塊紙片蓋上，橡膠不透水，能確保毒素不會消減。最後則用一條麻布繃帶綁緊。

一八九七年六月四日，對我來說是個值得紀念的日子。這天下午，正如我剛才所說，我在身上實驗著從松毛蟲身上提取的含乙醚的物質。整個晚上，我奇癢難熬，感到灼熱和陣陣刺痛。第二天，在和這塊紙片接觸了二十個小時後，我取下了這塊紙片。

我在沒把握成功時，用了太多有毒的液體，大大滲出這塊四方形紙片的周圍。受損傷的部分，尤其是其中的蕁麻疹塊覆蓋部分，腫了起來，而且很紅，表皮變粗、起皺、壞死，讓人感到有些灼痛發癢。情況就是如此。

第三天，腫脹更加厲害，而且傳到整整一大塊肌肉裡。這塊肌肉用指頭敲擊一下，就像腫痛的面頰那樣微微顫動。顏色是鮮豔的胭脂紅，擴展到紙片覆蓋部位的周圍。跟著出現液體外滲現象，大量漿液像小水滴般滲出。劇烈的搔癢增加，特別

是在晚上，癢得我爲了睡一會兒，不得不求助於硼砂凡士林加碎布。

　　五天內，實驗部位變成了討厭的潰瘍，外形比實際的疼痛更加令人不安。這些被剝去表面的腫肉發紅，微微顫動，令人憐憫。早晚兩次爲我更換碎布和凡士林小墊子的人幾乎要噁心嘔吐。他對我說：「別人還以爲是狗咬了你的手臂呢，希望你以後放棄你那些討厭的蹩腳藥。」

　　任憑同情我的護士去說三道四，我在思考另外一些實驗，其中幾個對我來說代價也會同樣昂貴。神聖的眞理，您的威力多麼強大啊！您爲我把我受到的小小折磨轉化爲一椿樂事，您使我對自己那被剝去表皮的臂膀感到高興。我將會得到什麼呢？我將會弄明白，爲什麼一隻微不足道的毛毛蟲會使我搔抓。我別無所求，這對我已然足矣。

　　三個星期過後，皮膚開始康復，但令人感覺灼痛的膿瘡，在皮膚上留下了花紋。腫脹消減，但紅斑仍在，而且始終很紅，持續了一段長時間。一個月後，我仍感到癢和灼熱的刺激，這種刺激又被床上的熱氣加劇。最後，又過了半個月，除了紅斑外，什麼都消失了。紅斑一直留在皮膚上，不過變得越來越輕微，過了三個多月才完全消失。

問題弄清楚了。松毛蟲的毒素是器官工廠的一種廢物，是生命有機體的殘餘。毛毛蟲把這些東西連同其糞便一起清除。糞便有兩種：大部分是消化的殘餘物；另一部分占的比例很小，主要成分是尿。毒素和這兩者中的哪個有關聯呢？在繼續談下去之前，先來談一點離題的話，這會使研究的後續工作易於進行。讓我們想想松毛蟲從牠那引起癢痛的產品裡，會得到什麼好處吧。

我已經聽到回答了。有人認為，對牠來說，這是一種保護和防禦的手段，牠用牠那有毒的濃密長毛讓敵人深惡痛絕。

對這種說法我持保留意見。這時我想起了受到誘惑的敵人——告密廣宥步行蟲的幼蟲。這種昆蟲生活在橡樹毛毛蟲的窩裡，吞食窩裡的居民，卻絲毫無需擔心這些居民滾熱的毛髮。我想到了杜鵑。據說牠也是毛毛蟲的大量消耗者，牠沒命地吃毛毛蟲，以致牠的沙囊裡塞滿了毛毛蟲的毛。

我不知道松毛蟲是否繳納類似的貢品；但我至少知道一個開發者——就是在絲城裡定居，並且在那裡以死毛毛蟲遺骸為食的皮蠹。這種昆蟲裝殮葬屍工顯示出，其他一些貪得無厭的傢伙確實存在。牠們都有為同樣的辛香食料而特製的胃；這些收割者從不短缺任何活生生的莊稼。

　　還有一種說法是，松毛蟲以及牠在刺癢方面的競爭對手製備特別的毒素，是爲了自我保護。不過下此結論還爲時過早，我很難相信這些毛毛蟲有這樣的智慧。這些蟲子在哪方面比別的蟲子更加需要保護呢？牠們有什麼理由成爲具備特殊防禦性毒素的等級呢？在昆蟲世界裡，有刺毛或裸露的蟲子所扮演的角色沒有什麼區別。裸露的昆蟲沒有能夠威脅進攻者的濃密長髮，似乎更應該有所裝備以應付危險，讓自己的身體浸透腐蝕物，而不致成爲容易捕獲、溫良無害的犧牲品。使人毛骨悚然的昆蟲，用一種可怕的化妝品擦抹自己的濃密毛髮；而光滑的昆蟲與牠那綢緞般的皮下毒素的神秘變化，卻互不相干！這些矛盾使我產生了疑問。

　　具備某種特殊毒素，這難道不是所有蟲子，包括光滑的和有毛的昆蟲，牠們更主要的共同特性嗎？在後者中，有少數受制於尚待確定的特殊條件，藉由刺癢痛來顯示身體有機殘渣的毒素。其餘大多數，則生活在這些條件之外，牠們雖然具備必要的產物，但在進行刺激性的接觸時不夠熟練靈巧。所有的毛毛蟲都具有同樣的毒素。這種毒素是生命作用的產物，有時通過膿瘡的形式突顯出來，有時（往往是這樣）則潛伏著不爲人所知。如果我們不使用妙計良策，就會是後面這種情況。

　　這些妙計良策是什麼呢？再簡單不過了。我用蠶做實驗對

象。如果世界上有不侵犯人類的蟲子之類的昆蟲，那就是蠶了。婦女、兒童在蠶場裡用手和腕擺弄蠶。對細嫩敏感的手指來說，蠶並不討厭。這種如綢緞光滑的蠕蟲，幾乎和牠那柔軟的表皮一樣，完全無害。

但是，這種腐蝕性毒素的缺乏現象，僅僅是表面的。我用乙醚處理蠶的乾糞，把浸泡的液體濃縮成幾滴。根據以往的方法進行實驗，結果清楚得令人驚奇。我的臂膀上出現了一處感到灼痛的潰瘍。它的出現方式和產生的效果，和松毛蟲糞便的危害一模一樣。這處潰瘍向我肯定，邏輯推理很有道理。

不錯，使人狠狠搔抓、皮膚腫脹和腐蝕的毒素，這種防禦性產品並不僅僅歸屬幾種蟲子。由於它不變的特性，就連那些乍看之下似乎並不具有這種毒素的蟲子，我都能辨識出這種毒素來。

在我的村子裡，蠶的毒素並非不為人知。農婦的不明經驗就超前學者準確的觀察。養蠶的成年婦女和姑娘，即養蠶女，都抱怨她們曾吃過蠶的苦頭。她們說：「苦難的根源就是蠶毒。」癥狀就是眼皮紅腫，奇癢難捱。最容易感染這種蠶毒的是前臂，工作時捲起的袖子無法保護前臂。

　　英勇的養蠶女們，你們遭受的那些小苦難的根源，我現在知道了。並不是接觸蠶使你們痛苦，不必害怕擺弄牠。要提防的只是蠶沙。在蠶沙裡有大堆蠶糞和桑葉殘屑混雜在一起。這些蠶糞充滿了腐蝕我的皮膚、令我非常痛苦的物質。在那裡，而且只在那裡，有妳們稱爲毒物的東西。

　　知道了毒素產生的根源及其危害性，對我來說是個慰藉。當人們除去蠶沙、換桑葉的時候，適宜的做法是盡可能少掀起有刺激性的灰塵，避免把手抬到臉上，特別要避免抬到眼睛上。另外，爲了保護手臂，放下袖子是謹慎之舉。採取了這些預防措施，就不會發生任何令人不快的事了。

　　在蠶的問題上所取得的成功，預示著同理可通用在任何蟲子的問題上。事實充分證實了我的預見。我實驗各種蟲子的含糞細粒。這些細粒沒有經過挑選，而是碰運氣有什麼就收集什麼。這些蟲子是緋蛺蝶、紋白蝶、大戟天蛾、大天蠶蛾、雙尾蛾、鬼臉天蛾、野草莓燈蛾等的毛毛蟲。我的所有實驗，無一例外地都引起了不同程度的刺癢。我認爲，這些效果的差異與毒素份量的強弱有關；可是，這些量卻無法測定。

　　我們據此可以肯定，引起癢痛的排泄物是所有毛毛蟲共有的。由於某種看法完全改變，大大出人意料；因此，民眾的厭

惡是有根據的，偏見變成了眞理。所有的毛毛蟲都是有毒的。
不過，讓我們區分一下：在具有同樣一種毒素的蟲子中，有些
不具侵犯性；而具侵犯性的數目卻少的多，但令人畏懼。爲什
麼會有這樣的差別呢？

我注意到會引起癢痛的毛毛蟲過著群居生活，並且爲自己
織造長期居住的棲所。此外，牠們身上毛絨絨的。這類毛毛蟲
中，有松樹上成串爬行的毛毛蟲、橡樹上成串爬行的毛毛蟲，
和各種不同的燈蛾毛毛蟲。

來特地觀察一下松毛蟲吧。牠的窩，那個織造在樹枝梢上
的巨大囊袋，外表像絲那麼白，非常漂亮，內部卻是個令人厭
惡的垃圾場。它的居民整個白天和大部分夜晚都待在那裡。牠
們只爲了啃食附近的樹葉，才在黃昏時分排成宗教儀式行列，
從窩裡出來。這種長時間留在窩內的後果，是住所裡堆積了大
量糞便。

在這個迷宮——蟲窩裡，每條線上都掛著念珠似的東西，
每條通道的內壁都裝飾著掛毯。那些小房間雖然很狹窄，卻都
塞滿了念珠。從一個腦袋瓜大的窩裡，我碰巧用篩子取出了半
升含糞的細粒。

　　毛毛蟲就在這一堆污物中去去來來，東轉西轉，亂動亂
躥，半睡半醒。牠對清潔極端輕忽，後果顯而易見。當然，松
毛蟲接觸這些乾燥的細粒時，並沒弄髒牠濃密的毛。牠從窩裡
出來時衣冠楚楚、光鮮發亮，不會讓人懷疑有什麼污物。這倒
無關緊要。牠的毛不斷地輕輕觸擦糞便，不可避免地會塗上毒
素，並使毛的倒刺染毒。毛毛蟲變得會使人癢痛，是因為其生
活方式使牠長期接觸自己的污物。

　　瞧瞧雌刺蝟吧。為什麼牠雖然有粗糙的毛皮，卻良性無害
呢？因為牠離群索居，到處漂泊。牠那濃密的長毛雖然很適合
收集和保存具刺激性的粒子，卻不會讓人患搔癢症。原因很簡
單：這種毛毛蟲不在牠自己的排泄物上停留。牠們的糞便撒布
在田野裡，微乎其微，而且由於孤單零散，儘管有毒，卻不會
把自身的毒素傳到與之毫無關係的濃密毛上。如果雌刺蝟在垃
圾場般的窩裡群居，肯定會躋身引起癢痛的毛毛蟲之列，而且
獨占鰲頭。

　　乍一看，蠶房的小房間似乎具備充分的條件，可讓蠶寶寶
的身體染上毒素。人們每次清理蠶沙時，都會清除蠶篩裡的糞
便。聚集成堆的蠶寶寶在這些污物堆上亂躥亂動，但牠們怎麼
會沒有染上自己排泄物的毒素呢？

　　我看有兩個原因。首先，這些蠶赤身裸體；而濃密的毛髮刷子對收集毒素來說，卻可能必不可少。其次，牠們不是停留在污物中，而是高居於髒物之上，一層桑葉將牠們與髒物隔開了。這一層桑葉每天多次更換。這些蠶篩裡的居民雖然聚集成堆，其習性卻和成串爬行的毛蟲毫無類似之處。因此，儘管牠們的糞便含有毒素，仍然保持良性無害。

　　這些初步的研究，把我們引向一些非常值得注意的推論。所有的毛毛蟲都排泄一種引起癢痛的物質。這種物質在所有毛毛蟲身上並無二致。但是，爲了顯現出毒素並在我們身上引起搔癢症，毛毛蟲必須在糞便壅塞的絲囊裡長期停留。牠們的糞便提供毒素；毛皮收集毒素，再把它傳給我們。

　　現在，該從另一個角度研究這個問題了。始終伴隨毛毛蟲排泄物的物質，是消化後的殘留物嗎？它難道不更像是器官運作時產生的殘餘物，是那種被統稱爲尿的殘餘物嗎？

　　如果不求助於昆蟲變態的結果，想要隔離並收集這些產品，不大可行。飛蛾離開蛹的時候，都排出一種濃稠的尿酸糊，以及種種還不太爲人了解的汁液。這些排泄物類似一幢大廈重新設計建造後的灰泥殘片，是面貌改變的昆蟲完全變態後的殘渣。這些殘渣主要是尿，被消化的食物並未摻入其中。

要得到這些殘渣，我去找誰好呢？好運讓人能夠做好事。我在荒石園裡的那株老榆樹上，收集到百來條稀奇古怪的毛毛蟲。牠們身上有七行琥珀黃的刺，類似有四、五根樹枝的荊棘。牠們的成蟲將會告訴我，這些毛毛蟲屬於緋蛺蝶。

我用榆樹葉將蟲子餵養在金屬鐘形罩下。牠們將在五月末變態。蛹呈微白色，有褐色小點，下部有六個漂亮的銀白色點。這是一種粗俗的首飾，類似鏡子。蛹在尾部用絲質小墊子固定，懸吊在圓蓋頂端。一有震動蛹便擺動起來，並且以其反射器投射出強烈閃光。我的孩子對這個栩栩如生的燈彩驚奇讚嘆。當我准許他們到我的蟲子作坊來觀看這些燈彩時，對他們來說，這簡直就是節慶。另外一件驚異之事正等待著孩子們，但這次是悲慘事件。十五天後，蛺蝶蛻變出來了。我已經把一大張白紙放在鐘形罩下，迎接到來的客人。我把孩子們叫來。他們在紙上看見了什麼呢？

是大血斑點。就在他們眼前，從那上面，從穹形的頂上，一隻蛺蝶讓一滴紅水掉了下來。嘩啦！今天不再是歡樂，而是焦慮，近乎恐懼。

我把他們打發走，同時對他們說：「記住你們剛才看到的東西。如果以後有人對你們談什麼血雨，別太害怕。一隻美麗

的蝴蝶，有時就是在農村引起恐怖的帶血斑點的緣由。這種蝴蝶一出生，就把毛毛蟲身體的殘餘扔掉，這些殘餘是一種紅色粥狀物。毛毛蟲的身體在華美的形式下重造，獲得新生。全部的秘密都在這裡。」

天真的訪客離開後，我繼續對鐘形罩下的血雨進行研究。每隻緋蛺蝶都仍然懸掛在蛹殼上，排出一大滴紅液掉在紙上。這滴紅液靜止後，沈澱出一種由尿酸鹽形成的玫瑰色粉狀物體，漂浮在上的液體呈深胭脂紅色。

一切都乾透了的時候，我從有污跡的紙上，剪下幾個顏色最濃的斑點。把剪下來的帶斑點小紙片浸泡在乙醚裡。斑點和開始時一樣，在紙上保持紅色，液體呈淡檸檬黃色。這種液體蒸發濃縮成幾滴後，我得到了用來浸那塊吸墨水紙的東西。

如果我不想重複敘述，能說些什麼呢？這次製備的燒灼劑的效果，恰恰和我利用松毛蟲糞便時的效果一樣：

緋蛺蝶

同樣的癢、發燒，同樣的肌肉腫脹發炎、微微顫抖；同樣的漿汁性滲出，同樣的表皮擦傷、頑固紅斑。這種紅斑持續了三、四個月，而這時潰瘍已經消失很久了。

這個傷口並不很痛，但卻非常討人厭，尤其是非常難看，以致我發誓不再上當受騙。從此以後，不等肌膚受腐蝕，只要一感到搔癢足以做出結論時，我就把貼在手臂上的東西揭去。

在這些艱苦實驗的過程中，一些朋友責怪我不用動物，例如用天竺鼠，這個受生理學家折磨虐待的動物充當助手。我不理會他們的責備。動物是淡泊忍耐的，牠對自己的痛苦一聲不吭。倘若牠因受酷刑被觸到痛處，我可沒辦法準確表達其叫聲的意義，並把叫聲和某種感受聯繫起來。

蟲子不會說：「灼熱、發癢、發燒。」牠只會簡單地說：「痛。」我希望仔細了解搔癢的感覺，所以最好還是用自己的皮膚去試，自己才是唯一能夠深信不疑的證人。

我冒著讓人嘲笑的危險，不惜再做一次坦白交代。隨著我逐漸對事物看得更加清楚，我對在上帝之城①裡虐待和毀滅蟲子這件事心存顧慮。哪怕是最低等的動物，牠的生命也應該受到尊重。我們能夠奪走它，但無法創造它。讓這些無辜的動物

得到安寧吧。我們的研究工作跟牠們毫無利害關係，牠們絕對是中立的。我們躁動不安的好奇心，與牠們又有何干呢？對牠們而言，對事物的無知是神聖的、心安理得的。如果希望了解情況，就讓我們盡可能親自出馬，全力以赴吧！只要能夠獲得一種思想，犧牲一點皮肉也很值得。

榆樹的緋蛺蝶由於牠的血雨，可能留下某些疑點。這種奇怪的紅色產物，外表如此特殊，也含有一種特殊毒素嗎？因此，我尋找家蛾、松毛蟲成蛾和大天蠶蛾。並收集剛剛蛻變出來的蛾所排出的尿。

現在，這種排泄物呈微白色，已被別的顏色弄髒，沒有一點血的顏色。然而，實驗結果並未改變，毒素能清晰地表現出來。因此，松毛蟲的毒素在所有毛毛蟲身上，在離開蛹的蛾身上同樣存在。這種毒素是身體的殘餘，一種尿的產物。

我們的好奇心難以滿足。一個問題得到了解答，但這個答案馬上又引發新的疑問。為什麼只有鱗翅目昆蟲具有這種天賦？在材料性質方面，內部機制在牠們身上作用完成的變化，

① 上帝之城：羅馬帝國基督教思想家奧古斯丁，聲稱世俗政權只是「世人之城」，最後將覆滅，並逐步由「上帝之城」完全取代，教會則是「上帝之城」在地上的體現。——譯注

不應該迥異於其他昆蟲身上的變化。其牠昆蟲也製備了一些引起癢痛的殘屑。這個問題，我得立刻用我手邊掌握的資料加以證實。

花金龜給了第一個答案。我在一堆半轉變成泥土肥料的樹葉裡，收集到半打花金龜的蛹。我用一個盒子把發現物收集起來，放在一張白紙上。當這些蛹破碎時，完整的尿糊狀物將會立刻落在這張紙上。

季節有利，等待不長。我成功了。蛹裡排出的物質呈白色，大部分在變態中的昆蟲，其殘餘物一般都呈現這種顏色。這種物質微乎其微，但仍然在我的前臂引起了搔癢症和表皮壞死。壞死的表皮成鱗片脫落，之所以沒出現潰瘍，是因為我認為終止實驗是審慎之舉。熱辣辣的癢感使我充分了解到，過分長期接觸的後果。

現在談談膜翅目昆蟲。很遺憾，過去在鐘形罩下進行實驗的對象，食蜜的蜂也好、狩獵蜂也好，眼前我都沒得到牠們的糞便。手邊只有一隻綠色葉蜂。牠的幼蟲成群結隊地生活在檀木樹葉上。我把這種幼蟲養在鐘形罩下，收集到大量的黑色細糞便，足夠填滿一根頂針。這就已經夠了，它引起的刺癢非常明顯。

　　我用不完全變態的昆蟲繼續進行研究，得到了一堆直翅目昆蟲的糞便。我觀察葡萄樹短翅螽斯和灰蝗蟲的糞便。它們都顯示出，會引起某種程度的癢痛。直到此時，我才終於對我進行實驗時的浪費感到遺憾。

　　正如我被刺上紅方塊的臂膀所提出的呼求，我們到此為止吧！我的臂膀拒絕再增添新的傷痕了。各式各樣的例子已經足以做出這樣的結論：成串爬行的毛毛蟲的毒素，同樣存在於其他昆蟲身上，顯然甚至還存在於整個昆蟲類身上。這毒素是昆蟲身體的尿的產物。

　　昆蟲的排泄物，特別是昆蟲身體變態末期排出的排泄物，包含了尿酸鹽，甚至完全由尿酸鹽組成。引起癢痛的物質是尿酸鹽必然產生的組合物嗎？那麼它應該是鳥類或爬蟲類的排泄物的組成部分（這種排泄物含有大量尿酸鹽）。這又是一個值得用實驗來進行檢驗的疑點。

　　目前，我不可能去詢問爬蟲類動物。不過，詢問鳥倒很容易。只需有牠的答覆就夠了。在一次偶然機會下，我得到了一隻食蟲性鳥類——燕子，和一隻食穀性鳥類——金翅雀。好，牠們的尿在仔細清除了消化的殘留物後，毫無引起癢痛的效力。因此可以肯定，引起搔癢症的毒素並非取決於尿酸；它在

昆蟲綱中伴隨著尿酸，但在其他動物中，並不必然都是尿酸產生的組合物。

　　隔離引起癢痛的物質，取得能對此物質的性質和特性進行精確研究的量。這是我所需做的最後一步工作。在我看來，治療方法似乎可從這種物質中得到訊息。若說這種物質的效能無法超越斑蝥素，但至少能夠和它媲美。這種研究正合我意。我很樂意回到親愛的化學，但必須有試劑、儀器、實驗室，和昂貴的成套設備；而後者是我無法想像的。我正罹患一種可怕的病——貧窮病，我為此痛苦不堪。而貧窮正是研究人員司空見慣的遭遇。

【譯名對照表】

中譯	原文
【昆蟲名】	
土蜂	Scolie
大天蠶蛾	Grand-Paon
大戟天蛾	Sphinx de l'Euphorbe
小飛蟲	moucheron
小螽斯	Xiphidion
中間螽斯	Platycleis intermedia Serv.
切葉蜂	Mégachile
天牛	Capricorne
尺蠖蛾	Phalène
月形蜣螂	Copris lunaire
	Copris lunaris Lin.
毛毛蟲	chenille
牛屎蜣螂	Onthophage taureau
牛糞蟲	Bolbite
	Bolbites onitoïde
包爾波賽蟲	Bolboceras Gallicus Muls.
	Bolbocère
田野蟋蟀	Grillon champêtre
白面螽斯	Decticus albifrons Fab.
	Dectique
	Dectique à front blanc
白蟻	Termite
白邊飛蝗泥蜂	Sphex à ceintures blanches
皮蠹	Dermeste
石蜂	Chalicodome
吉丁蟲	Bupreste
收殘埋葬蟲	Nécrophore vestigateur
	Necrophorus vestigator Hersch.
灰蝗蟲	Criquet cendré
	Pachytilus cinerascens Fab.
灰螽斯	Dectique gris
	Platycleis grisa Fab.

中譯	原文
米隆法那斯	Phanée Milon
西班牙芫菁	Cantharide
西班牙蜣螂	Copris espagnol
西紐阿塔扁屍蚜	Silphe sinuata
伸爪	Orgyia antiqua
	patte étendue
告密廣宥步行蟲	Calosome sycophante
步行蝗蟲	Criquet pédestre
	Pezotettix pedestris Lin.
步行蟲	Carabe
豆娘	Agrion
赤馬陸	iule
夜間埋葬蟲	Necrophorus vespillo
居間麥茄托蒲	Mégathope intermédiaire
松毛蟲	Processionnaire du pin
松毛蟲成蛾	Bombyx du pin
	Chetocampa pityocampa
松樹鰓金龜	Hanneton des pins
	Hanneton du pin
波德雷蟋蟀	Grillon bordelais
	Gryllus Burdigalensis Latr.
直翅目	Orthoptère
花金龜	Cétoine
	Cétoine floricole
虎甲蟲	Cicindèle
金花蟲	Chrysomèle
金龜子	Scarabée
長鼻蝗蟲	Truxale
	Truxalis nasuta Lin.
阿爾卑斯短翅螽斯	Analota alpina Yersin
	Analote des Alpes
青翅束頸蝗蟲	Sphingonotus cœrulans Lin.
亮麗法那斯	Phanée splendide

中譯	原文
亮麗法那斯	Phanœus splendidulus
屎蜣螂	Onthophage
扁屍岬	Silphe
扁屍蟲	Escarbot
毒蛾	Liparis auriflua Fab.
砂潛金龜	opatre
紅斑翅蝗蟲	Œdipoda miniata Pallas.
胡蜂	Guêpe
飛蝗泥蜂	Sphex
食蜜蜂	apiaire
食糞性甲蟲	Bousier
修女螳螂	Mante religieuse
埋葬蟲	Criophilus maxillatus
	Nécrophore
家蚊	Cousin
家蛾	Bombyx du murier
格龍法斯	Gromphas
珠蜂	Calicurge
紋白蝶	Piéride du chou
納斯特里蛾	Bombyx neustrien
草螽	Concéphale
	Conocephalus mandibularis Charp.
鬼臉天蛾	Achérontie Atropos
偽善糞金龜	Géotrupe hypocrite
彩帶圓網蛛	Épeire fasciée
細毛鰓金龜	Anoxia pillosa Fab.
	Anoxie
細腰蜂	Pélopée
野牛蜣螂	Bubas Bison
野牛寬胸蜣螂	Onitis Bison
野草莓燈蛾	Liparis de l'arbousier
麥茹托蒲	Mégathope
喜慶法那斯	Phaneus festivus

中譯	原文
棚簷石蜂	Chalicodome des hangars
犀角金龜	Orycte
短翅螽斯	Ephippigera vitium Serv.
	Éphippigère
蛛蜂	Pompile
象鼻蟲	Charançon
黃翅飛蝗泥蜂	Sphex à ailes jaunes
黃斑蜂	Anthidie
黃鳳蝶	Machaon
黑面蝗蟲	Pachytilus nigrofasciatus de Géer
黑腹舞蛛	Lycose à ventre noir
奧氏寬胸蜣螂	Onitis d'Olivier
	Onitis Olivieri
義大利蝗蟲	Caloptenus Italicus Lin.
	Criquet d'Italie
義大利蟋蟀	Grillon d'Italie
	Œcanthus pellucens Scop.
聖甲蟲	Scarabée sacré
葡萄樹短翅螽斯	Éphippigère des vignes
蜈蚣	Scolopendre
鼠婦	cloporte
蛺蝶	Vanesse
蜉金龜	Aphodie
綠色葉蜂	Tenthrède verte
綠色螽蟖兒	Locusta viridissima Lin.
	Sauterelle verte
蒼蠅	Mouche
蜜蜂	Abeille
蜻蜓	Libellule
蜘蛛	araignée
裸胸金龜	Gymnopleure
雌刺蝟	Hérissonne
雌刺蝟成蛾	Chelonia Caja Lin.

中譯	原文
緋蛺蝶	Vanessa polychloros Lin.
	Vanesse grande tortue
蜣螂	Copris
寬胸蜣螂	Onitis
寬顎金龜	Scarabée à large cou
膜翅目	hyménoptère
蝶蛾	Papillon
蝗蟲	Criquet
蝗蟲類	Acridien
壁蜂	Osmie
燈蛾	Liparis
獨居蟋蟀	Grillon solitaire
	Gryllus desertus Pallas
螞蟻	Fourmi
閻魔蟲	Saprin
鞘翅目	coléoptère
龍蝨	Hydrophile
龜葉蟲	casside
環節珠蜂	Calicurge annelé
糞生糞金龜	Géotrupe stercoraire
糞金龜	Géotrupe
薄翅天牛	Ægasome scabricorne
薛西弗斯蟲	Sisyphe
	Sisyphus Schœfferi Lin.
螳螂	Mante
蟈蟈兒	Sauterelle
蟋蟀	Grillon
隱翅蟲	Staphylin
螽斯類	Locustien
藍翅蝗蟲	Criquet à ailes bleues
	Œdipoda cœrulescens Lin.
蟬	Cigale
蟎蜱	acarien

中譯	原文
雙色麥茄托蒲	Mégathope bicolore
雙尾蛾	Arctie marte
雙翅目	diptère
雙脊埋葬蟲	Coprobie à deux épines
雙斑蟋蟀	Grillon bimaculé
	Gryllus bimaculatus de Géer
蟻獅	Fourmi-Lion
麗金龜	Hoplie
鰓金龜	Hanneton
鐮刀樹螽	Phanéroptère
	Planeroptera falcata Scop.
鱗翅目	Lépidoptère
蠶	ver à soie

【人名】

比利當	Buridan
布封	Buffon
弗羅里安	Florian
伏爾泰	Voltaire
多瑪	Daumas
朱迪里安	Judulien
克萊維爾	Clairville
貝洛	Bellot
貝納丹	Bernardin
亞里斯多德	Aristote
拉・封登	La Fontaine
拉科代爾	Lacordaire
拉特雷依	Latreille
林奈	Linné
阿格拉艾	Aglaé
保爾	Paul
哈伯雷	Rabelais

中譯	原文
柏拉圖	Platon
迪約斯科里德	Dioscoride
格勒迪希	Gledditsch
梅斯特爾	Xavier de Maistre
畢達哥拉斯	Pythagore
莫干-唐東	Moquin-Tandon
莫里哀	Molière
麥克勒維	Mac-Leay
富蘭克林	Franklin
普林尼	Pline
菲迪亞斯	Phidias
塞奧克里托斯	Théocrite
奧迪蓬	Audubon
聖安德烈	Sant-André
達爾文	Darwin
雷沃米爾	Réaumur
雷基安	Requien
瑪麗-波利娜	Marie-Pauline
維吉爾	Virgile
歐麥爾	Omar
讓-雅克	Jean-Jacques

【地名】

中譯	原文
上尼羅河	Haut Nil
土魯茲	Toulouse
戈爾孔達	Golconde
比斯開灣	golf de Gascogne
北極	Pôle Nord
卡宴	Cayenee
尼羅河	Nil
布宜諾斯艾利斯	Buenos-Aires
伊索比亞	Éthiopie

中譯	原文
安地斯	Andes
艾格河	Aygues
西班牙	Espagne
克里特島	Crète
沃克呂滋	Vaucluse
沃克呂滋博蒙	Beaumont(Vaucluse)
亞維農	Avignon
拉嘉德高原	plateau de Lagarde
波爾多	Bordeaux
波德雷	Bordelais
阿里奧尼	Allioni
阿根廷共和國	République Argentine
阿嘉丘	Ajaccio
阿爾及利亞	Algérie
阿爾卑斯	Alpes
侯戴山區	montagnardes ruthénoises
科西嘉	Corse
突儂	Tournon
胡埃格	Rouergue
英倫三島	îles Britanniques
埃及	Égypte
浴血群島	îles Sanguinaires
馬達加斯加	Madagascar
馬賽	Marseille
荷諾索山	monte Renoso
斯匹次卑爾根	Spitzberg
普拉塔	Plata
普羅旺斯	Provence
隆格多克	Languedoc
馮度山	mont Ventoux
塞內加爾	Sénégal
塞尼山	mont Cenis
塞西尼翁	Sérignan

中譯	原文
奧弗涅	Auvergne
聖皮耶	Saint-Pierre
圖塞內爾	Toussenel
維吉尼亞	Virginie
蒙貝利耶	Montpellier
德州	Texas
德爾菲	Delphes
撒哈拉	Sahara
歐宏桔	Orange
潘帕斯	Pampas
邁諾斯	Milo
蘇門答臘	Sumatra

法布爾昆蟲記全集 6

昆蟲的著色

SOUVENIRS ENTOMOLOGIQUES
ÉTUDES SUR L'INSTINCT ET LES MŒURS DES INSECTES

作者——JEAN-HENRI FABRE 法布爾

譯者——吳模信 等

審訂——楊平世

主編——王明雪　　　副主編——鄧子菁

專案編輯——吳梅瑛　　　編輯協力——葉懿慧

發行人——王榮文

出版發行——遠流出版事業股份有限公司

台北市南昌路2段81號6樓

郵撥：0189456-1　　電話：(02)2392-6899　　傳真：(02)2392-6658

著作權顧問——蕭雄淋律師

輸出印刷——中原造像股份有限公司

□ 2002年10月1日 初版一刷　　□ 2018年3月30日 初版十刷

定價 360 元　　（缺頁或破損的書，請寄回更換）

遠流博識網http://www.ylib.com　E-mail:ylib@ylib.com

昆蟲線圖修繪：黃崑謀　　內頁版型設計：唐壽南、賴君勝　　章名頁刊頭製作：陳春惠

特別感謝：王心瑩、林皎宏、呂淑容、洪閔慧、黃文伯、黃智偉在本書編輯期間熱心的協助。

國家圖書館出版品預行編目資料

法布爾昆蟲記全集. 6, 昆蟲的著色 ／ 法布爾（
Jean-Henri Fabre）著；吳模信，梁守鏘譯.
-- 初版. -- 臺北市 ： 遠流， 2002〔民91〕
面 ： 公分
譯自：Souvenirs Entomologiques
ISBN 957-32-4693-7（平裝）

1. 昆蟲 － 通俗作品

387.719   91012408

SOUVENIRS ENTOMOLOGIQUES

SOUVENIRS ENTOMOLOGIQUES